"十二五"普通高等教育本科国家级规划教材

"十二五"江苏省高等学校重点教材

(编号：2013-1-169)

信号

与线性系统

XINHAO YU XIANXING XITONG

第6版 下 册

原著 管致中 夏恭恪 孟 桥

修订 孟 桥 夏恭恪

U0322937

高等教育出版社·北京

内容简介

《信号与线性系统》(第6版)是"十二五"普通高等教育本科国家级规划教材,同时也是"十二五"江苏省高等学校重点教材。作者在第5版的基础上,根据长期的教学实践以及技术发展的需要,对原教材作了修订,使其更加贴近当前的教学要求。

《信号与线性系统》(第6版)将第5版内容进行了扩充,增加了第4版中的随机变量、随机过程、线性系统对随机信号的响应这三章,并参考学校实际教学安排将全书划分为上、下两册,本书为下册。

下册内容包括离散傅里叶变换、数字滤波器、随机变量、随机过程、线性系统对随机信号的响应等方面。这些内容原先出现在一些专业课程之中,有的是数字信号处理中的核心内容,另一些则是通信、雷达等随机信号处理中的基本知识。随着技术的发展,它们逐渐发展成电子信息领域基础课程的基本知识内容。下册内容与上册的内容紧密结合,构成一个完整的体系,由浅入深地对相关方面的基本理论以及分析方法进行了全面的介绍,并结合大量的工程应用实例,加深读者对相关内容的理解。下册的内容,可以作为一些未开设数字信号处理和随机信号处理等相关课程的学校,或者没有学过这些专业课程的读者,在相关领域的知识体系方面的一个必要补充。

本书可作为普通高等学校电子信息类、电气类及自动化类专业本科生"信号与系统"课程的教材,也可以作为相关领域工程技术人员的参考书。

图书在版编目(CIP)数据

信号与线性系统.下册/管致中,夏恭恪,孟桥著.
--6版.--北京:高等教育出版社,2016.3(2024.11重印)
ISBN 978-7-04-044917-4

Ⅰ.①信… Ⅱ.①管… ②夏… ③孟… Ⅲ.①信号理
论-高等学校-教材 ②线性系统-高等学校-教材 Ⅳ.
①TN911.6

中国版本图书馆 CIP 数据核字(2016)第 032026 号

策划编辑	王 楠	责任编辑	王 楠	封面设计	于文燕	版式设计 马敬茹
插图绘制	杜晓丹	责任校对	刘 莉	责任印制	高 峰	

出版发行	高等教育出版社	网 址	http://www.hep.edu.cn
社 址	北京市西城区德外大街4号		http://www.hep.com.cn
邮政编码	100120	网上订购	http://www.hepmall.com.cn
印 刷	北京汇林印务有限公司		http://www.hepmall.com
开 本	787mm×1092mm 1/16		http://www.hepmall.cn
印 张	13.5	版 次	1979年2月第1版
			2016年3月第6版
字 数	290千字		
购书热线	010-58581118	印 次	2024年11月第10次印刷
咨询电话	400-810-0598	定 价	20.20元

本书如有缺页、倒页、脱页等质量问题,请到所购图书销售部门联系调换
版权所有 侵权必究
物 料 号 44917-00

第 6 版前言

这一版最大的变化,是对原来第 4 版和第 5 版的内容进行了综合。在第 4 版以及以前的各版中,都包含随机信号处理方面的内容,从而使得教材内容覆盖了系统对确定性信号的响应和对随机信号的响应两个方面的内容,分上、下两册发行。在第 5 版的改编中,因为考虑到很多学校将这部分内容放到了通信原理或者统计信号处理等课程中讲授,所以删去了这一部分内容,以使得教材内容得以减少到单本教材发行。但是从近年使用的情况看,需要在信号与系统课程中讲授随机信号处理内容的学校也不少,由此就形成了第 4 版和第 5 版并行发行的情况,影响了教材内容的更新。所以在第 6 版中,我们恢复了随机信号分析等相关三章的内容。同时,按照实际教学需求,在章节次序上作了一些调整,将状态变量分析的内容从第十一章调整到了第九章,将前九章的内容组织成为教材的上册,覆盖了大部分学校的教学要求。而离散傅里叶变换和数字滤波器等内容从原来的第九章、第十章推后到第十章和第十一章,并与后面随机信号分析的三章内容一起构成了教材的下册,提供给有增加数字信号处理以及随机信号处理基本内容教学需要的学校选用。由此,读者可以根据各自的需求,决定是否只需要学习上册内容,或者需要学习全部上、下册相关的内容。

在各章具体内容的安排上,依然延续了原教材先连续后离散、先时域后变换域的学习路径。相关的编写思路等可以参考第 5 版和第 4 版的前言部分。在教学进程的组织上,前八章内容是相互关联的,构成了信号与线性系统分析的基础。而后面的内容则是在前八章内容的基础上的进一步延伸,可以分为状态变量分析法(第九章)、离散傅里叶变换与数字滤波器(第十章、第十一章)以及随机信号及其通过系统后的响应(第十二章至第十四章)三个部分,这三个部分之间相互没有联系,可以在教学或者学习中根据实际需要进行取舍或者调整顺序。在教材修订的同时,我们也通过精品资源共享课程以及中国大学 MOOC 等平台,建设了各种新型的教学资源,可以供读者在阅读学习时参考。

在这次修订中,我们还根据当前教学的需求以及计算机辅助分析的发展对分析技术手段的影响,在内容上做了一些修整。例如,杜阿美尔积分目前已经完全被卷积积分所替代,在系统响应分析中不再使用了,所以在第二章中去掉了对这方面内容的介绍;系统的频率特性用计算机很容易绘出,所以再详细讨论波特图的画法就显得比较过时了,所以这次修订中对波特图介绍也进行了简化,只保留了一阶实数极零点的波特图分析,重点放在对波特图构成特点的介绍,去掉了比较繁琐的共轭极点的波特图等内容;在第十二章的例题中,原先采用查表法计算正态分布的相关数值,因为涉及很多查表法转换计算,非常繁琐,而通过计算机辅助计算软件可以使计算过程得以简化,所以这次修订中在例题的最后增加了一个用 MATLAB 进行正态分布数值计算的非常简单的代码实例。此外,在章节上也略微做了一些调整,去掉了原来的 §6.2"系统函数的图形表示"等内容,将相关部分移到了使用这些图示的地方进行介绍;原来的 §6.3、§6.4 合并为一节,集中介绍系统的极零图,以便于教学内容的组织。

近年来,工程专业认证开始进入了各个工科专业,成为高等工程教育质量保障的一个重要环节,并将与华盛顿协议等国际工程认证体系接轨,从而促进我国高等工程教育水平的提高。工程认证从学生的需要出发,对高等工程教育的各个方面进行考核,各个课程需对学生的毕业要求提供必要的支撑。这给我们提供了一个审视课程教学体系、教学内容的新视角。在 2015年版的工程专业认证通用标准中,对毕业达成度提出了 12 点要求。而信号与系统课程则与其前 4 点要求(工程知识、问题分析、设计/开发解决方案、研究)完全或者部分相关。在这 4 点毕业要求中,要求学生能够将数学、自然科学、工程基础和专业知识用于解决复杂工程问题;能够应用数学、自然科学和工程科学的基本原理,识别、表达、分析复杂工程问题,以获得有效结论;能够设计针对复杂工程问题的解决方案,设计满足特定需求的系统、单元(部件)或者工艺流程;能够基于科学原理并采用科学方法对复杂工程问题进行研究,包括设计实验、分析与解释数据等。而以上这些正是信号与系统课程的核心内容,直接支撑了这些毕业要求的实现。这也要求我们在相关的习题或者考卷内容的设计上,必须能够对相关毕业要求的达成度进行观测和评估,以对学生在这些方面达到的程度进行评测,从而能够为专业认证的相关指标提供必要的参考数据。

本次修订工作由孟桥和夏恭恪共同制定了修订原则,具体修订工作由孟桥完成。本次修订工作得到了江苏省教育厅"十二五"重点教材建设项目的支持。樊祥林、王琼、曹振新、董志芳、俞菲、冯曼等教师对相关内容的完善和优化提出了许多宝贵意见;在多年的教学过程中以及在中国大学 MOOC 上与同学们的交流和讨论也为本次修订带来了许多启发;高等教育出版社的各位编辑对本书的校正和排版做了大量的工作。在此一并对这些关心和帮助过本书修订工作的人们致以诚挚的谢意。

由于作者水平有限,教材中可能依然存在疏漏或错误之处,敬请读者批评指正。作者的邮箱地址为:mengqiao@ seu. edu. cn,欢迎提出宝贵意见。

作　者

2015 年 6 月 20 日　于东南大学

"信号与系统"课程是电子信息与电气信息类专业学生的一门非常重要的专业基础课程,它一方面起着连接基础课程和专业课程的重要桥梁作用,同时也为后续相关的专业课程学习打下了坚实的基础。

这套教材从 1979 年第 1 版起,历经多次修改,每一次修改都是与教学需求的改变以及相关技术的发展相联系的。本次修订也不例外。修订版在内容上依然保持了原教材的特色,按照先连续系统后离散系统、先时域分析法后变换域分析法、先输入-输出描述后状态空间描述的顺序,对信号与系统的分析方法进行全面的介绍。教材首先从连续时间系统的时域分析法开始,以学生在物理或者电路中早已熟悉的电路问题为实例,介绍线性系统的时域分析方法。其内容与电路类课程的相关内容有一定的连接,同时也兼顾到高等数学中介绍过的线性微分方程等方面的知识。在时域法介绍完以后,通过信号分解的角度,介绍线性系统的频域分析法;然后,通过对傅里叶变换进行扩展,进一步介绍线性系统的拉普拉斯分析。在介绍线性系统分析方法的同时,结合实例,逐步引出稳定、因果、系统频响等工程中非常重要的概念。

在完整地介绍了连续时间系统分析方法以后,教材转向了对离散时间系统分析方法的介绍。在介绍了离散时间信号和系统等相关概念后,逐步介绍了离散时间系统的时域分析法、频域分析法以及 z 变换分析法。在这部分内容中,离散时间系统对读者而言可能是一个新的概念,但是其分析方法以及稳定、因果、系统频响等概念与连续时间系统有很多相似之处,通过与连续时间系统分析相关概念的比较分析,对这部分内容的理解会容易得多。考虑到当前数字系统已经在各个领域得到广泛的应用,教材中也专门设定了两章,介绍离散傅里叶变换以及数字滤波器的设计。

教材的最后一章介绍了线性系统的状态变量分析方法,并由此引出了可控制性、可观测性等系统特性。这部分内容的介绍以连续时间系统为主,然后将相关的方法和结论扩展到离散时间系统分析。总之,掌握了连续时间系统和离散时间系统分析之间的联系,可以达到事半功倍的效果。

教材内容由浅入深,由简单到复杂,将一些基本概念和基本分析方法逐步引出。在各章内容中,大量结合工程应用中的实例,特别是电路系统方面的例子,加深读者对相关内容的理解。

本版教材是在 2004 年出版的《信号与线性系统(第 4 版)》(上、下册)基础上进一步进行修订的。本次修订的一个主要的工作,就是去除了原教材中关于随机信号分析相关的内容(原教材的第 12 至 14 章),以使得原来的上下册教材可以合并为一册,便于教学。原来的教材从系统对确定性信号响应的分析自然延伸到系统对随机信号的分析,为学生学习通信、雷达信号处理等课程打下了良好的基础,成为原教材的特色之一。但近年来,由于对各门课程教学学时的一再压缩,教学内容受到一定的影响,大多数学校将系统对随机信号分析的内容放在了"通信原理"或者"统计信号处理"等专业课程中讲授,而在"信号与系统"课程中不再介绍。所以这次修订删除了这部分的内容,使得教材与当前的课程体系相适应。

除了删除最后 3 章以外,其他各章基本保持了原有内容,包括例题、图表和习题,但也根据需要进行了一定的修改。为了使教师更快熟悉本书的内容,这里将一些改动之处以及改动时的考虑归纳如下。

在 §2.1 节中,增加了对线性系统零状态响应求解的基本思路的介绍,那就是将复杂信号分解为若干个简单信号的和,通过求解系统对简单信号的响应以及线性系统的叠加性,求得系统对任意信号的响应。第四章对系统频域分解法的介绍部分,原教材重点通过几个电路的例子说明求解过程,$H(j\omega)$ 与一般的线性微分方程之间的关系则通过将微分方程两边同求傅里叶变换的方法简要说明。在这次修订中则反之,着重介绍了 $H(j\omega)$ 与微分方程的关系;而对电路分析的部分(相当于电路的正弦稳态分析),则作为一种不需要写出微分方程而直接从电路得到 $H(j\omega)$ 的快捷方法加以介绍。这样,无论读者是否有电路分析方面的基础,都可以很快掌握系统的频域分析方法。在这一章的最后,增加了对调幅波通过系统后调制信号不失真的证明。第五章中,删除了原来的"阶跃信号作用于 RLC 串联电路的响应"一节,因为相关的内容在很多电路分析教材中都会介绍。在对双边拉普拉斯变换计算的介绍中,强调了对基本的指数型左边信号拉普拉斯变换公式的直接应用,简化了左边信号的正、反变换的求解过程。第六章中,通过极零图画系统频响的内容是一个比较难处理的知识点,因为有了计算机以后,从系统函数画系统频响图变得非常方便,不再有人会采用这种方法来画系统的频响图了。但是其中反映出的极零点对系统频响的影响,以及由此导出的全通系统等概念,在电子线路等其他课程中又是非常重要的概念。与此相似的还有关于波特图的画法。这两个部分的内容虽然直接使用价值不大,但是完全删去也是不合适的,这里仅进行了一些删减。对系统的稳定性的介绍方面,从系统的全响应出发,分别从零输入和零状态两个方面讨论系统的稳定性条件,使得对系统 BIBO 稳定条件的研究更加充分。对于原教材中的根轨迹部分,因为现在用计算机求方程的根以及画根轨迹非常方便,所以这里仅仅保留了根轨迹的定义和使用价值方面的简单内容,删去了对根轨迹作图画法的介绍。在第十一章关于连续时间系统状态方程分析法的介绍中,保留了相对比较简单的复频域分析法,删除了相对复杂且实际使用得很少的时域分析法方面的内容。

教材中,也对一些专有名词做了统一。例如,系统的幅度频率和相位频率特性,有些地方简称为"幅度特性"和"相位特性",有些地方简称为"幅频特性"和"相频特性",这里统一使用后一种说法,因为这种名称可以同时体现出频谱图中的横、纵坐标的意义;"取样""抽样"也是在离散时间系统中互用的两个名词,在本教材中统一为"抽样"。

在修订中,孟桥和夏恭恪共同确定了本次修订的原则,具体修订工作由孟桥完成。清华大学郑君里教授审阅了全文并提出了许多非常宝贵的修改意见,高等教育出版社各位编辑与作者的通力协作为本书的出版提供了有利条件。研究生江敏伟、彭杰等在文字校对、公式图表号调整等方面做了大量的工作。在长期教学过程中与各位从事信号与系统教学的同仁的研讨以及与广大学生的交流,也对本书的修订有着很大的助益。这里一并对这些关心和帮助过本书修订工作的人们致以深深的谢意。

　　由于作者水平有限,本版教材中可能依然存在疏漏和不足之处,敬请读者批评指正。作者的邮箱地址为:mengqiao@ seu. edu. cn,欢迎提出宝贵意见。

作　者

2011 年 4 月 8 日　于东南大学

第 4 版前言

    本书是 1992 年《信号与线性系统》第三版的修订版本。新版本在内容上仍然覆盖了信号与系统课程教学基本要求的所有内容,在体系结构上保留了原书的特色。按照先连续系统后离散系统、先时域分析法后变换域分析法、先输入-输出描述后状态空间描述、先确定信号后随机信号的顺序,对信号与系统的分析方法进行了全面的介绍,由浅入深,由简单到复杂,将一些基本概念和基本分析方法逐步引出。同时,根据当前信息和通信技术的发展动态,结合高校教学改革的形势和要求,综合近十年来教学实践中的经验和教学需要,对教材内容进行了修订,以期能够更好地为各个高校信号与系统课程的教学服务。

    与上一版相比,本书最大区别在于在第八章 z 变换之后增加了离散傅里叶变换和数字滤波器两章的内容,在以往的教学体系中这些内容都是出现在专业课《数字信号处理》中的。增加这两章的原因是多方面的。首先,这些内容已经与前面两章的内容构成了一个完整的体系,引入这些内容使离散时间信号与系统分析的内容更加完善。其次,这也是工程应用的需要。离散傅里叶变换作为一个重要的数学工具,在通信、自动控制和信息处理等各个领域都有广泛的应用,原书仅在第八章中用一个小节介绍这些方面的内容显然不能满足读者的需要,所以在本版中对离散傅里叶变换作了较详细的介绍,包括其性质、应用、快速算法以及由此引出的循环卷积运算等内容,以满足读者对这些方面的要求。同时,随着计算机技术和超大规模集成电路技术的发展,在很多场合连续信号处理的工作是由离散时间系统进行的,数字滤波器在工程中的应用越来越多,这就要求从事这方面工作的技术人员能够深入了解数字滤波器的工作原理,能够根据实际工作的要求设计出数字滤波器。所以在第十章中,我们重点介绍了数字滤波器处理连续信号的工作原理以及 FIR、IIR 滤波器的设计方法。在对 IIR 滤波器设计方法的介绍中,避开复杂的模拟滤波器的设计方法,重点讨论了如何以已知的模拟滤波器的系统函数为原型设计出数字滤波器,而对于如何求出原型模拟滤波器未作详细介绍,只是以例题的方式给出了一个比较容易计算和理解的巴特沃思滤波器设计的例子。在很多工程应用中,利用巴特沃思滤波器设计出的数字滤波器基本上能够满足需要。而对于 FIR 滤波器,由于它容易实现线性相位、设计方法简单、系统稳定性容易得到保证等种种优点,是第十章介绍的重点。通过第十章的学习,读者基本上可以设计出满足工程应用需要的数字滤波器。

    增加离散傅里叶变换和数字滤波器这两章的另外一个重要的原因就是教学的需要。近年来随着教学改革的深化以及人才培养的需要,在很多高校中信号与系统从原来仅对通信和信息类专业本科生开设的课程,变成了通信、信息、自动控制、电气工程、计算机技术、生物医学工程等诸多学科本科生的必修课程,有些高校中还为非电类专业开设了本课程,这些专业的读者对原本在数字信号处理中这两方面的内容也有迫切的需要,但常常由于总课时的限制又无法开设数字信号处理课程。在这种情况下,这两章的内容可以作为对这方面知识的一个补充。同时,考虑到有很多专业(特别是通信和信息专业)在后续的专业课中开设有数字信号处理课程,所以虽然根据内容的连续性将这两章排在了第八章之后,但是与后面第十一章以后的内容并没有联系,完全可以跳过以避免不同课程之间教学内容的重复。所以教师可以根据总的教学计划以及课时的具体情况决定是否在教学中采用这两章的内容。

本书中其他各章的内容中基本保持了大多数原有内容,包括例题、图表和习题,但也根据需要进行了一定的修改。为了使教师更快熟悉本书的内容,这里将一些改动之处以及改动时考虑归纳如下。

在第一章的信号概念中,加入了信号的运算内容,包括算术运算、时延、尺度变换、反褶等,为后面章节里有关内容(如卷积计算、傅里叶变换性质等)的讨论打下基础。在时域分析中,则删除了一些较陈旧的内容,如杜梅尔积分等。同时考虑到原来的数值积分与后面的离散卷积重复,故也一并删去。对连续信号频域分析的内容进行了调整,调整后的第三章主要讨论一般信号的谱分析,而系统的频域分析法以及谱分析的应用(例如调制解调)等集中在第四章中讨论,这样一来使体系更为简明,也更便于教学;同时加强了周期性信号的谱密度函数分析,从而使频域求解方法统一在谱密度函数的基础上,加深了对 FS 与 FT 之间关系的理解。在第六章中,将系统的奈奎斯特判据和根轨迹合并为反馈系统稳定性判据,强调了两种方法的共同应用背景,体系更为合理,同时也使得读者对控制理论有了初步的了解,便于理解和掌握。

在第七章和第八章对离散时间系统时域和频域分析法的介绍中,加强了与连续时间系统分析方法的比较,同时在其中也增加了一些经典的非电离散时间系统的例子,加深读者对离散时间系统的理解,使知识融会贯通。在第八章中还对利用留数法计算反 z 变换的算法进行了深入介绍,不仅讨论了它在单边反变换中的应用,而且也讨论了它在双边反变换中的应用。原来在第八章中的数字滤波器和离散傅里叶变换两个小节现各自分别扩展为第九章和第十章,内容更加完整。

在第十一章状态变量分析法中,对状态方程建立过程的侧重点放到了"由输入-输出方程求状态方程"上,相应的内容也提到"电系统状态方程的建立"之前。这首先是因为由输入-输出方程建立状态方程的过程比较规则和简单,读者容易掌握,通过它可以加快对状态方程和输出方程的理解,也便于引出状态方程的矩阵形式以及介绍状态方程的多样性。另外一个原因是考虑到有些非电专业的读者对电系统分析不是很熟悉,这时可以通过这一节学习状态变量的建立过程,不会被复杂的电网络分析难倒,对于这些读者来说完全可以跳过"电系统状态方程的建立"这一节。此外,鉴于计算机数值分析方法在科研和工程中的广泛应用,在这一章中还加强了对系统的数值分析方法的介绍,在原来欧拉方法的基础上进一步介绍了龙格-库塔方法,并将这种数值分析方法从线性系统分析推广到了非线性系统分析,并通过两个著名的非线性系统的例子向读者揭示了混沌等非线性系统的一些重要的特性。介绍这些内容的目的并不是向读者系统介绍非线性系统的分析方法,而是想通过它向读者打开探索非线性系统的大门。

对于教材中最后三章有关随机信号的内容,基本保持了原来的结构和体系。对其中一些统计量(例如均值、自相关函数等)的物理意义也进行了深入讨论。同时在最后一章对最佳滤波器的设计方法进行了更为详细的介绍,并通过实例分析了匹配滤波器的工作原理和效果,以利于读者进一步学习和掌握在通信、雷达声呐等应用场合的信号处理的原理。在这三章内容中,第十三章为随机信号的分析,第十四章则为系统对随机信号响应的分析方法。而第十二章"随机变量"中的内容似乎与本书的主题"信号与线性系统分析"有些不符。在这次修订过程中,考虑到有些读者可能缺乏这些方面的基础知识,且原书这章有着鲜明的不同于其他数学类教材的特色,就是结合工程实例对概率论进行介绍,对于从事电子技术和通信方面工作的读者仍具有一定的参考价值,所以在新版中依然保留了第十二章。如果读者在先修课程中已经学过这些方面的知识,也可以跳过这章。

为配合双语教学的进行,本版改变了以前各版本中只在索引中给出有关名词和术语的英文形式的方式,在正文第一次出现有关名词和术语时就给出其英文词汇以及缩写,使读者在阅读时能够直接接触和熟悉相应的英文词汇,为今后阅读相关的英文文献打下基础。在索引中,有关名词的排列也由原来按笔画顺序排列改为按汉字的拼音字母顺序排列,以方便读者查找。

本书的原作者管致中参加了修订版大纲的审定。上册内容的具体的修订工作由夏恭恪完成,下册内容的具体修订工作由孟桥完成。清华大学郑君里教授审阅了全文并提出了许多非常宝贵的修改意见,谨致以衷心的感谢。

在本书的编写过程中,熊明珍老师以及梅霆、杨长清、魏强等研究生在文字录入上提供了帮助。此外,在长期的教学过程中与各位从事信号与系统教学的同仁的研讨以及与广大同学的交流,也对本书的编写有着很大的助益。高等教育出版社的各位编辑与作者的愉快合作为本书的出版创造了良好的条件。这里一并对这些关心和帮助过本书修订工作的人们致以深深的谢意。

由于作者水平有限,修订版中可能依然存在疏漏和不足之处,敬请读者批评指正。

作　者
2003 年 9 月 6 日于东南大学

第 3 版前言

本书是 1982 年出版的《信号与线性系统》一书的修订版本。新版本包含了原版本的全部内容，当然也同样覆盖了 1986 年国家教委颁发的高等工业学校"信号与系统"课程教学基本要求的内容，另外还增加了一些新内容。全书扩展为 12 章，仍分上、下两册出版。

与原版本相比，主要的变动是增添了三章有关随机变量、随机过程与随机信号通过线性系统的内容。这是因为实际带有信息的信号都是具有不可预知的随机性的；同时考虑到随着电子科学技术的发展，对微弱信号的检测与分析的重要性日益突出，实际问题中噪声背景多不能忽略。这样，过去为通信类专业学生所要求的有关随机过程的理论和概率方法方面的知识也已为其他非通信类专业学生所需要，而且将成为科技工作者的专业基础知识的重要组成部分。非通信类专业在后续课程中一般不再设有随机信号分析课程。为使这些学生也能有一些这方面的基础知识，因此增添了这部分并未列入课程基本要求的内容，以供各校按自己的教学安排情况自行决定是否选用。

"信号与线性系统"是一门"开放性的"基础理论课程，每一部分内容俱可根据专业需要深化和扩展。如离散信号的 Z 域分析可扩展到数字信号处理的内容；复频域分析可扩展到网络综合的内容；状态变量分析可扩展到状态控制的内容等。本书中所增添的随机信号分析也可扩展到通信理论的内容。

除增添随机信号分析的内容外，其他章节内容也有少量增删。如增加了单边谱与希尔伯特变换、双边拉普拉斯变换、离散系统的稳定性判据、系统的可观性与可控性等，使全书的系统性更加完整。同时对原书中个别不妥的提法也作了相应的订正。原书所选习题与正文内容配合不够密切，有些题目计算较繁，这次对习题作了较大的增删，以使能更好地符合教学要求。

本书由夏恭恪负责上册及全书习题的修订工作，管致中负责下册修订工作。全书承清华大学郑君里教授仔细审阅并提出宝贵的意见，谨致以衷心的感谢。

修订版中仍可能存在疏漏甚至错误之处，欢迎读者随时提出，以便今后进一步修订。

编　者

1991 年 12 月于东南大学

第 2 版前言

《信号与线性系统》是无线电技术类专业的主要技术基础课之一。我们曾一度将此课与电路分析课合并成一课，由于两课程的内容密切相关，这样安排对于统一处理教学内容是有好处的。但是这样一个大课学时过多，在教学计划中安排不便，并且这两部分内容，不少院校是由两个教研组分别开课的；另外也有人主张有关信号与系统方面的理论推迟到高年级学习可能更为有利。所以，在 1980 年春修订的无线电技术专业参考性教学计划中，把这门大课分成为两课。同年 6 月，在高等学校工科电工教材编审委员会电路理论及信号分析编审小组的会议上，审订了《信号与系统》课程的教学大纲。本书就是根据这个教学大纲对原来我们编写的《电路、信号与系统》的下册重新进行改编而成的。

在教材体系的处理上，本书按照由时域分析到变换域分析、由连续时间系统到离散时间系统、由系统的输入–输出方程表示法到状态变量方程表示法这样的顺序安排，以便将一些基本分析方法和基本概念逐步引出，逐步巩固，逐步扩大，使学生较易接受。在本书第一章绪论中，对于信号和系统的概念以及系统分析方法的特点作了一般介绍。第二章是以卷积法为主要内容的连续时间系统的时域分析法。第三章信号分析，先讨论信号表示为正交函数集的一般方法，然后着重研究了信号的频谱特性。第四章则根据信号的频谱特性和系统的频率特性，很自然地引出了连续时间系统的频域分析法。第五章再把频域的概念推广到复频域，得到了用拉普拉斯变换来分析连续时间系统的复频域分析法。鉴于由复频域分析中引出的转移函数的重要意义，特以第六章一章来讨论连续时间系统的特性与转移函数的关系。在对连续时间系统的分析作了全面介绍后，第七、第八两章转而介绍离散时间系统的分析。第七章先讨论离散信号的特性及离散时间系统的描述法，然后研究离散时间系统的时域分析法。第八章是离散时间系统的变换域分析，主要是 Z 变换法，也简要介绍了离散傅里叶变换的概念。最后第九章，介绍了系统在状态空间中的描述法，再用和前面所述的解输入–输出方程相对比的方法，介绍了连续时间系统和离散时间系统的状态方程的变换域解法和时域解法。

和原来我们编写的《电路、信号与系统》一书下册比较，本书有较大的改动。已调波的频谱分析主要应用于通信系统及电路中，可在其他有关课程中去学习，因此在本课程中予以删去。这样，本书的体系也显得更加合理了。书中强调了转移函数的概念。为适应数字技术发展的需要，把离散时间系统提高到与连续时间系统并重的地位。此外，还增加了一些新内容，包括沃尔什函数，根轨迹，数字滤波器，离散傅里叶变换，线性时变系统与非线性系统的状态方程解法，等等。至于根据我们在教学实践中遇到的问题以及兄弟院校提出的建议而作的增删和修改，包括习题的重新选编就更多了,这里不再 ——列举。由于本课程是一技术基础课,学生应当通过本课程的教学集中力量学好有关的基本理论和基本分析方法。所以,和《电路、信号与系统》下册一样,本书不可能也不应当把信号与系统方面的内容包罗无遗。例如随机信号、反馈系统、综合理论等内容,本书基本上均未涉及,留到高年级必修课和选修课中去学习。

当前,我国高等学校教学中存在的较普遍的问题之一是课堂灌输偏多,对于学生自己去掌握知识的积极性则发挥得不够。我们不主张在使用本教材时教师要逐章逐节地依次在课堂上讲一遍。在符合教学大纲基本要求的前提下,教师完全可以根据自己的经验和观点在诸如内容的取舍上、讲解的次序上以及阐明问题的方法上,采取不同的做法,而不必过多地受教材的约束。目前,最好要减少一点讲课时数,留一部分内容让学生自学,以培养学生独立学习的能力。还要告诉学生,学习一门课程不要只读一本教科书,应当尽量读点参考书,以便开阔思路,学得更活。

本书除第四、五两章外均由管致中同志编写,第四、五章由夏恭恪同志编写,全部习题由华似韵同志选编,教研组内还有一些同志对本书初稿提出了建议并参加了出版的辅助工作。

本教材初稿经清华大学常迥教授审阅。郑君里同志也看过书稿。他们都提出了一些宝贵的修改意见。对于我们原编写的教材《电路、信号与系统》,合肥工业大学芮坤生教授以及其他兄弟院校同志曾提出了宝贵的修改建议。这些意见对本书的改编帮助很大,在此我们谨向上述院校的同志们致以衷心的感谢。

由于我们学识水平有限或工作中的疏忽,本书仍可能留有错误或不妥之处。欢迎读者继续提出意见,寄交人民教育出版社或直接寄给我们,以便今后进一步修改。

编　者

一九八一年十二月于南京工学院

第 1 版前言

《电路、信号与系统》是无线电技术类专业的第一门技术基础课。学生在学习了高等数学、物理学等课的基础上，再通过本课程的学习，将进一步掌握专业所需的基本概念、基本理论和基本方法。根据 1977 年 10 月教育部召开的高等学校工科基础课教材座谈会上确定的教材编写计划，属于这一性质的教材有两种类型：本教材是其中之一。同年 12 月，在高等学校工科基础课电工、无线电教材编写会议上，讨论审订了《电路、信号与系统》教材的编写大纲，本书就是根据这个大纲编写的。

按照编写大纲的要求，本课程应当继承原《电路及磁路基础》课和《无线电技术基础》课线性电路部分中有用的基本内容，删除其中陈旧繁琐的内容，同时还要引进一些为适应科学技术迅速发展所需要的新内容。因此，本教材应当包括有关电路定理与电路特性，信号分析方法与信号的频谱特性，线性系统的各种分析方法，以及一些典型信号加十一些典型电路后电路响应的特性等主要内容，并且要将这些内容组成一个新的有机的体系。

在教材体系的处理上，考虑到如果把稳态分析和瞬态分析、时域分析法和频域分析法、连续信号系统和离散信号系统全部一下和盘托出，势必会使初学的低年级学生感到头绪纷繁，概念混杂。从教学法的角度看，这样做是不适当的。因此，各种基本分析方法与基本概念要先易后难逐步引出，逐步巩固，逐步扩大。在组织本书的内容时，我们把激励信号施加于线性系统而后求取系统响应作为贯穿全书的主要线索。在本书上册第一、二、三章，首先研究如何应用电路定理去分析直流和正弦形交流等简单激励源作用于简单电路的方法，继而在第四章中对单频率正弦信号通过 RC、LC 电路这样的简单线性系统进行了分析，再进一步在第五章中介绍了一般的二端对网络的分析法，然后再在第六章把集中参数系统的分析扩展到作为分布参数系统的传输线。这样，在本书上册中，就构成了单频信号作用于线性系统的稳态分析的一个完整体系。在本书下册第七、八章，先介绍信号的频谱分析法及信号的频谱特性，从而将一复杂信号分解为许多正弦分量，同时把激励源的接入也看成为无限多个稳定的正弦分量的作用相叠加；然后在第九章中利用傅里叶积分和叠加定理，就很自然地从线性系统的稳态分析法过渡到瞬态分析法，再在第十章中将频域分析法推广到复频域，引出了重要的分析线性系统的拉普拉斯变换法。在第十一章时域分析法中，也是先将信号在时域中进行分解，然后运用叠加积分，这就构成了另一重要的分析线性系统的卷积法。第十二章是把上述频域、时域分析法应用于求解状态方程；最后，第十三章，把连续时间系统的分析方法扩展引申到离散时间系统。所以，从稳态到瞬态，从频域到时域，从连续到离散，这就是本书的体系，也是本书的特点。本课程应有的基本概念、基本理论和基本方法,都是按这个体系组织起来的。

根据过去的教学经验,我们在编写本书时,对于原《电路及磁路基础》课和《无线电技术基础》课线性电路部分中一些陈旧繁琐的内容,作了删减,例如交流电路的一些部分、磁路、谐振电路中谐振特性的一些部分、影像参数滤波器等。过去有关耦合电路和变压器的内容散处在各课中,从不同的角度去进行分析,各自得出需用的结论,其间缺乏互相关联;现在把这方面的内容集中在第三章中统一处理,用统一的分析方法引出在不同条件下的各种实用等效电路。过去只讨论 LC 电路的频率特性,对于同样重要的 RC 电路的频率特性却很少讨论;现在在第四章中补充了这部分内容。网络拓扑、信号分析中的正交函数集等概念,还有最后三章,都是为适应新技术发展的需要而增加的新内容。

本教材是给低年级学生使用的,不可能也不应当把有关电路、信号与系统的内容包罗无遗。例如,网络综合理论、随机过程、反馈系统、时变系统等,本书均未涉及。这些内容均将在后继的高年级必修和选修课中学习。再如状态方程、离散时间系统等内容,本书也只是对其基本理论和基本分析方法进行介绍,而把进一步深入研究的内容留给后继课程。

科学技术在迅速发展,为适应形势的需要,在学校里应该使学生学什么,课程的内容如何组织,这些始终是教师不断面临的问题。解决这些问题的方案不应该只有一种,而是可以见仁见智、百家争鸣,提出多种方案。因此我们认为,教师在使用本教材时,不宜受过多的约束,在内容的取舍上、讲解的次序上以及阐明问题的方法上,都可以有自己的看法和做法。例如,有的院校把传输线、已调波的频谱等内容划归别的课程,有的院校认为时域分析法可提前学习,而且还要强调古典解法,诸如此类,当然都是可以的。对于学生,我们认为也要告诉他们,不要只读一本教科书,还应该读点参考书,才能思路开阔。

本书一至六章由沙玉钧同志编写,绪论、七、八、十一、十二、十三章由管致中同志编写,九、十章由夏恭恪同志编写,前六章习题由江金蓉同志选编,后七章习题由华似韵同志选编,教研组内还有一些同志参加了辅助工作。本书原稿由华南工学院冯秉铨教授主审,并于 1978 年 12 月举行了审稿会议进行集体审稿。审稿会由冯秉铨教授主持,大连工学院、上海交通大学、北京工业学院、北京航空学院、华中工学院、华南工学院、西北电讯工程学院、西安交通大学、合肥工业大学、重庆大学、南京工学院、浙江大学、清华大学等兄弟院校都派代表参加了审稿,提出了许多宝贵意见。此外,有的兄弟院校还给我们寄来了书面意见。这些意见对于本书的修改定稿帮助很大。在这里我们谨向上述院校和同志们致以衷心的感谢。

由于本书编写的时间紧迫,成书匆促,又由于我们学识水平有限,书中很可能还留有疏漏或错误之处。我们非常欢迎读者提出本书存在的问题,寄交人民教育出版社编辑部,或者直接寄给我们,以便今后据以修改。

编　者

一九七九年元月于南京工学院

目　录

第十章

离散傅里叶变换

§10.1 引言

20 世纪 60 年代开始,集成电路技术和计算机技术得到了飞速的发展,给人们生活的各个方面都带来了巨大的变化。借助于数字电路和计算机的高速、大容量数据处理能力,人们可以完成以往很难完成的复杂的计算和处理工作。例如,可以进行信号的频谱分析和系统传输特性的分析,可以设计出符合实际工作需要的各种各样的系统。

在实际工程中处理的原始信号往往都是模拟信号,要用计算机对这样的信号进行处理,必须考虑以下几个方面的问题。

首先,数字电路和计算机只能实现离散时间系统,处理离散的信号,不能处理连续的信号。所以,必须将模拟信号转换成为离散的序列,以便计算机进行处理,而且这种转换必须保证信号中含有的信息不能损失。这实际上就是第七章中谈到的奈奎斯特抽样定理。

其次,计算机能够给出的结果也是一个离散的序列,这对系统分析所使用的数学工具也提出了一定的要求。例如,在进行系统谱分析时,计算机无法表示出 $H(j\omega)$ 或 $H(e^{j\omega})$ 这样的关于频率变量 ω 的连续函数。所以,必须找到适合于数字电路和计算机进行处理的数学工具。

第三,计算机能够处理和表示的离散序列的长度是有限的。虽然随着大规模集成电路技术的发展,计算机的存储容量越来越大,但是其容量终归是有限的,无法处理无限长的序列,也无法给出无限长的结果。例如,在作傅里叶变换时,一般要对变量作从 $-\infty$ 到 $+\infty$ 的积分运算。然而在实际工作中,离散信号可能是来自对连续信号在有限时间内进行观测的一组实验数据,也可能是为了应用数字计算机进行数值计算而对已知连续信号抽样所得的一组抽样数据。不管何种情况,所要处理的总是有限长度的序列。具体地说,为了便于数字计算机的应用,在时域中表现为有限长度序列的信号,变换到频域后仍应是有限长度的序列;反之亦然。这给它的实际使用带来了一些限制,给处理结果也带来了一定的误差。如何减少这些误差也是工程上必须考虑的问题之一。

离散傅里叶变换(discrete Fourier transform, DFT)是一种适合于计算机处理的离散时间信号的谱分析工具。它可以对有限长的时间序列进行频谱分析,同时其分析结果也是一个有限长的离散序列。但它已经不是通常意义下的傅里叶变换,而是必须另外加以定义了。离散傅里叶变换在实际应用中有很大的实用价值,特别是 20 世纪 60 年代出现了一种称为**快速傅里叶变换**(fast Fourier transform, FFT)的用来计算离散傅里叶变换的高效率算法后,离散傅里叶变换得到了广泛应用。对于一个有 N 个点的序列,应用这种快速算法比之直接用离散傅里叶变换进行计算,速度要提高大约 $\dfrac{N}{\log_2 N}$ 倍。点数 N 愈大,提高速度的倍数也愈大。例如当 $N = 32$ 时,上述倍数为 6.4;$N = 128$ 时为 18.3 倍;$N = 1\,024$ 时为 102.4 倍。这将在实际应用中大幅度提高计算速度,降低计算量。有关这些计算量分析将在 §10.6 节中详细讨论。

本章将对离散傅里叶变换进行详细介绍。由于在本章中,信号和频谱都以离散的形式出现,为了避免混淆,这里约定用 k 表示时间序列的序号,用 m 表示频谱序列的序号。

§10.2 离散傅里叶变换

在实际工作中,经常要对信号的频谱或系统频率特性进行分析。前面介绍的傅里叶变换中,由于给出的频谱都是连续函数 $F(j\omega)$,用计算机很难直接描述,使用起来有些不方便。

离散傅里叶变换是离散时间系列分析中的一个非常重要的工具。它可以对离散的时间序列进行谱分析计算,并且将结果表示为有限长的离散序列,为用计算机进行信号和系统分析提供了一个非常有力的工具。

DFT 的推导方法有很多种,例如直接定义为一对正反计算公式而加以证明,或者通过离散傅里叶级数公式引出等。为了说明 DFT 与连续时间系统的频率分析之间的关系,这里还是采用本书上册第七章中的理想抽样的方法,推导出离散时间序列的 DFT。

1. 离散傅里叶变换(DFT)

为了引出离散傅里叶变换的概念,现在先来回顾一下过去曾经得到的一些信号及其频谱间的关系。在本书上册第三章的内容中,曾经提到过非周期的连续时间信号 $f(t)$ 的频谱是连续频率的非周期函数 $F(j\omega)$,如图 10-1(a)所示。如果对 $f(t)$ 进行理想抽样,得到抽样信号 $f_s(t) = f(t) \sum\limits_{k=-\infty}^{+\infty} \delta(t - kT_s) = \sum\limits_{k=-\infty}^{+\infty} f(kT) \delta(t - kT_s)$,则其频谱 $\tilde{F}(j\omega)$ 将是 $F(j\omega)$ 按 $\omega_s = \dfrac{2\pi}{T_s}$ 周期化而得到的一个关于 ω 的周期性连续函数,$\tilde{F}(j\omega) = \omega_s \sum\limits_{k=-\infty}^{\infty} F[j(\omega - k\omega_s)]$,如图 10-1(b)。

根据傅里叶变换的对偶性,不难想到:如果在频域中同样对频谱 $F(j\omega)$ 以 Ω 为间隔进行理

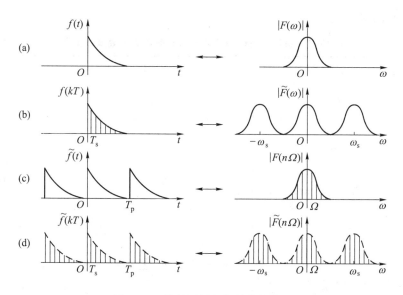

图 10-1　信号时域与频域特性关系

想抽样,得到抽样频谱 $F_s(\omega)=\sum\limits_{m=-\infty}^{+\infty}F(jm\Omega)\delta(\omega-m\Omega)$,则它的反变换 $\tilde{f}(t)$ 一定是原信号 $f(t)$ 以

$T=\dfrac{2\pi}{\Omega}$ 周期化延拓的结果,即 $\tilde{f}(t)=T\sum\limits_{m=-\infty}^{\infty}f(t-mT)$,如图 10-1(c)。再进一步,如果对 $f(t)$ 和

$F(j\omega)$ 同时进行理想抽样,则将导致时域和频域中的函数同时出现周期化。这时,无论是在频域

还是在时域中,函数都是一个周期化的离散冲激序列,如图 10-1(d)。这样就可以在时域和频

域上同时实现离散化。这种既周期化又离散化的操作可以看成是通过表 10-1 中的操作步骤完

成的。假如信号 $\tilde{f}_p(t)$ 是一个间隔为 T_s 、周期为 T 的时域周期性冲激序列,在一个周期中的冲激

个数 $N=\dfrac{T}{T_s}=\dfrac{\omega_s}{\Omega}$;而最终的频谱 $\tilde{F}_p(j\omega)$ 则是一个周期为 ω_s 、间隔为 Ω 的频域周期性冲激序列,它

在一个周期中的冲激个数同样也是 N 。这也就是说,周期化后的时域信号和频域信号在一个周

期内具有相同的脉冲数。为了分析和使用方便,总是要保证时域信号在周期化时的周期 T 是抽

样间隔 T_s 的整数倍,所以实际上 $\dfrac{T}{T_s}$ 或 $\dfrac{\omega_s}{\Omega}$ 总是为整数。

　　在本书上册第七章的内容中我们看到,如果选择合适的抽样频率,使得周期化后的频域信

号的各个周期的频谱分量之间不产生混叠,那么就有可能通过信号的离散抽样值 $f(kT_s)$ 不失真

地恢复出原始的连续信号 $f(t)$ 。同样,**如果在这里能够选择合适的频域抽样频率,使得周期化**

后的时域信号的各个分量之间不产生混叠,那么就可以通过信号频谱的离散点 $F(m\Omega)$ 上的取

值不失真地恢复出原始的连续频谱 $F(j\omega)$ 。换句话说,这时候信号频谱上的离散点的取值包含

了信号频谱所有的信息。

表 10-1 将信号时域和频域同时离散化的等效操作步骤

时域操作	时域信号	频域信号	频域操作
原信号	$f(t)$	$F(j\omega)$	原频谱
按时间间隔 T_s 抽样	$\begin{aligned} f_p(t) &= f(t)\sum_{k=-\infty}^{\infty}\delta(t-kT_s) \\ &= \sum_{k=-\infty}^{\infty} f(kT_s)\delta(t-kT_s) \end{aligned}$	$\tilde{F}(j\omega) = \frac{1}{T_s}\sum_{k=-\infty}^{+\infty} F[j(\omega-k\omega_s)]$	按周期 ω_s 周期化
按周期 T 周期化	$\tilde{f}_p(t) = f_p(t)*\sum_{m=-\infty}^{\infty}\delta(t-mT)$	$\begin{aligned}\tilde{F}_p(j\omega) &= \Omega\,\tilde{F}(j\omega)\sum_{m=-\infty}^{+\infty}\delta(\omega-m\Omega) \\ &= \Omega\sum_{m=-\infty}^{+\infty}\tilde{F}(jm\Omega)\delta(\omega-m\Omega)\end{aligned}$	按频率间隔 Ω 抽样

要使周期化后的时域信号不产生混叠,必须同时满足下面两个条件:

(1) 信号 $f(t)$ 是一个有限长的信号,即信号只在一个有限的区间内为非零值。不失一般性,假设信号只在区间 $[0,T_1)$ 内有非零值。

(2) $f(t)$ 的重复周期满足 $T>T_1$,或者频域的抽样间隔要 $\Omega<\frac{2\pi}{T_1}$。

下面计算 $\tilde{f}_p(t)$ 的傅里叶变换 $\tilde{F}_p(j\omega)$。首先计算 $f_p(t)$ 的傅里叶变换

$$\tilde{F}(j\omega) = \int_{-\infty}^{+\infty} f_p(t)\mathrm{e}^{-j\omega t}\mathrm{d}t$$

$$= \int_{-\infty}^{+\infty}\sum_{k=-\infty}^{+\infty} f(kT_s)\delta(t-kT_s)\mathrm{e}^{-j\omega t}\mathrm{d}t = \sum_{k=-\infty}^{+\infty} f(kT_s)\int_{-\infty}^{+\infty}\delta(t-kT_s)\mathrm{e}^{-j\omega t}\mathrm{d}t$$

$$= \sum_{k=-\infty}^{+\infty} f(kT_s)\mathrm{e}^{-j\omega kT_s}$$

这里考虑到信号是一个有限长的信号,当 $t<0$ 或 $t\geq T$ 时,$f(t)=0$。所以,当 $k<0$ 或 $k\geq N$ 时,$f(kT_s)=0$。所以

$$\tilde{F}(j\omega) = \sum_{k=0}^{N-1} f(kT_s)\mathrm{e}^{-j\omega kT_s}$$

$\tilde{f}_p(t)$ 信号是 $f_p(t)$ 按照时间 T 周期化后的结果,它也等于 $f_p(t)$ 与周期性冲激序列 $\sum_{m=-\infty}^{\infty}\delta(t-mT)$ 相卷积。根据傅里叶变换的性质,信号在时域相卷积,相对应信号的频谱在频域相乘,所以

$$\tilde{F}_p(j\omega) = F_p(j\omega) \cdot \Omega \sum_{m=-\infty}^{\infty} \delta(\omega - m\Omega)$$

$$= \Omega\left(\sum_{k=0}^{N-1} f(kT_s) e^{-j\omega kT_s}\right) \cdot \left(\sum_{m=-\infty}^{\infty} \delta(\omega - m\Omega)\right)$$

$$= \Omega \sum_{k=0}^{N-1}\left(f(kT_s) e^{-j\omega kT_s} \sum_{m=-\infty}^{\infty} \delta(\omega - m\Omega)\right)$$

$$= \Omega \sum_{k=0}^{N-1}\left(\sum_{m=-\infty}^{\infty} f(kT_s) e^{-jmk\Omega T_s} \delta(\omega - m\Omega)\right)$$

再考虑 $\Omega T_s = \dfrac{2\pi}{T}T_s = \dfrac{2\pi}{N}$，有

$$\tilde{F}_p(j\omega) = \Omega \sum_{k=0}^{N-1}\left(\sum_{m=-\infty}^{\infty} f(kT_s) e^{-j\frac{2\pi}{N}mk} \delta(\omega - m\Omega)\right)$$

$$= \Omega \sum_{m=-\infty}^{+\infty}\left[\left(\sum_{k=0}^{N-1} f(kT_s) e^{-j\frac{2\pi}{N}mk}\right) \delta(\omega - m\Omega)\right] \qquad (10\text{-}1)$$

式（10-1）证明了频谱 $\tilde{F}_p(j\omega)$ 是由一系列冲激脉冲组成，在 $\omega = m\Omega$ 频率上冲激脉冲的强度为 $\Omega\left(\sum_{k=0}^{N-1} f(kT_s) e^{-j\frac{2\pi}{N}mk}\right)$。将式（10-1）与表 10-1 中按照傅里叶变换的性质所导出的 $\tilde{F}_p(j\omega)$ 与 $\tilde{F}(j\omega)$ 的关系

$$\tilde{F}_p(j\omega) = \Omega \sum_{m=-\infty}^{+\infty} \tilde{F}(jm\Omega) \delta(\omega - m\Omega)$$

相比较，可以得到

$$\tilde{F}(jm\Omega) = \sum_{k=0}^{N-1} f(kT_s) e^{-j\frac{2\pi}{N}mk} \qquad -\infty < m < +\infty \qquad (10\text{-}2)$$

这是一个分布于整个频率轴上的周期性的离散频谱，如果信号的时域抽样频率满足奈奎斯特抽样率，其频域在周期化后各个频谱分量不会产生混叠，此时，$\tilde{F}(jm\Omega)$ 在区间 $\left(-\dfrac{\omega_s}{2}, +\dfrac{\omega_s}{2}\right)$ 上的取值同时也就是原来信号频谱 $F(j\omega)$ 在这些抽样点上的值的 $\dfrac{1}{T_s}$，它反映了原信号的频谱在该区间的形状，含有信号频谱的全部有效信息。由此可以引导出离散傅里叶变换的定义

$$F(m) = \mathrm{DFT}\{f(k)\} = \sum_{k=0}^{N-1} f(k) e^{-j\frac{2\pi}{N}mk} \qquad (10\text{-}3)$$

这里的 $f(k)$ 是原来的有限区间信号 $f(t)$ 按照抽样频率 ω_s 提取出的离散时间数列；而 $F(m)$ 则是该数列的离散傅里叶变换，它反映了信号抽样后的频谱 $\tilde{F}(j\omega)$ 在以 Ω 间隔的离散的频率点上的频谱的取值。如果信号的频谱在周期化后不产生混叠，则 $\tilde{F}(j\omega)$ 与 $F(j\omega)$ 在区间 $\left(-\dfrac{\omega_s}{2}, +\dfrac{\omega_s}{2}\right)$ 内

的取值相差一个固定的参数 T_s,这时 $T_s \cdot F(m)$ 在这个区间内的值同时也是原信号的频谱 $F(j\omega)$ 按照 Ω 间隔的离散的频率点上的频谱的取值,反映了原信号频谱的形状。通过式 (10-3),可以用一个离散的序列描述信号的频谱。

从式(10-3)可以看出,$F(m)$ 是一个变量为 m、周期为 N 的序列,只要通过式(10-3)计算出其中一个周期内的取值,就可以知道全部。为了方便起见,在计算离散傅里叶变换时,只计算 $F(m)$ 从 0 到 $N-1$ 这 N 个点上的值,由此得到了一个以有限长的序列表示信号频谱的方法。为了便于记忆,定义复数 $W_N = e^{-j\frac{2\pi}{N}}$[①],则离散傅里叶变换的完整定义为

$$F(m) = DFT\{f(k)\} = \sum_{k=0}^{N-1} f(k) W_N^{mk} \quad (m = 0, 1, \cdots, N-1) \tag{10-4}$$

通过上面的推导可以看出,使 DFT 能够描述原来的连续信号的频谱的条件有两个:第一,信号在频域上必须是有限的,其全部非零的频率分量必须集中分布在一个有限的频段内,这样才有能找到使信号频谱周期化后相邻周期的频谱之间不产生混叠的时域抽样频率;其二,信号在时域上也必须是有限的,这样才有可能找到使信号在时域上周期化后相邻周期信号之间不会产生混叠的频域抽样间隔。只有在时域和频域周期化后都没有重叠的条件下,表 10-1 中的 $\tilde{f}_p(t)$ 和 $\tilde{F}_p(j\omega)$ 才是信号时域和频域波形的抽样值。然而,这样的信号实际上是根本不存在的。通过后面 §10.5 的讨论将看到,时域有限的信号,其频域一定是无限的;频域有限的信号,其时域一定是无限的。所以,严格能够用 DFT 描述的连续信号根本不存在。但是,一般实际工程中所遇到的信号往往是时域有限信号,而信号的频谱都具有收敛性,其频率分量随着频率趋向于无穷大而趋向于零,所以可以近似认为是一个时域和频域都有限的信号。

2. 离散傅里叶反变换(inverse discrete Fourier transform, IDFT)

和一般的傅里叶变换一样,这里也需要一个反变换,以便能通过 $F(m)$ 计算出 $f(k)$。离散傅里叶反变换也可以用与上面相类似的方法推导出,但是也可以从逆运算的角度去推导,即研究如何用 $F(m)(m=0,1,\cdots,N-1)$ 计算出原来的序列 $f(k)$。这里直接给出结果,并加以证明。

首先给出 IDFT 的定义如下

$$f(k) = IDFT\{F(m)\} = \frac{1}{N}\sum_{m=0}^{N-1} F(m) e^{j\frac{2\pi}{N}mk} = \frac{1}{N}\sum_{m=0}^{N-1} F(m) W_N^{-mk} \tag{10-5}$$

证明:将式(10-3)代入式(10-5),这里为了防止时间变量与求和变量相混淆,将式(10-3)中的求和变量由用 k 表示变成了用 n 表示。这样可以得到

$$IDFT\{F(m)\} = \frac{1}{N}\sum_{m=0}^{N-1}\left(\sum_{n=0}^{N-1} f(n) e^{-j\frac{2\pi}{N}mn}\right) e^{j\frac{2\pi}{N}mk} = \frac{1}{N}\sum_{m=0}^{N-1}\sum_{n=0}^{N-1} f(n) e^{j\frac{2\pi}{N}m(k-n)}$$

$$= \frac{1}{N}\sum_{n=0}^{N-1}\sum_{m=0}^{N-1} f(n) e^{j\frac{2\pi}{N}m(k-n)}$$

[①] 也有文献上将 W_N 定义为 $e^{j\frac{2\pi}{N}}$,这样相应的 DFT 公式就被记录成另外一种形式。

$$= \frac{1}{N} \sum_{n=0}^{N-1} f(n) \sum_{m=0}^{N-1} e^{j\frac{2\pi}{N}m(k-n)}$$

式中的第二个求和项是一个等比级数的和,对求和结果应该分两种情况讨论:

(1) 当 $k-n=0$ 时,$\displaystyle\sum_{m=0}^{N-1} e^{j\frac{2\pi}{N}m(k-n)} = \sum_{m=0}^{N-1} 1 = N$

(2) 当 $k-n \neq 0$ 时,$\displaystyle\sum_{m=0}^{N-1} e^{j\frac{2\pi}{N}m(k-n)} = \frac{1-e^{j\frac{2\pi}{N}N(k-n)}}{1-e^{j\frac{2\pi}{N}(k-n)}} = \frac{1-1}{1-e^{j\frac{2\pi}{N}(k-n)}} = 0$

综合上面的结果,有

$$\sum_{m=0}^{N-1} e^{j\frac{2\pi}{N}m(k-n)} = N\delta(k-n)$$

将上面的结果代入式(10-5),可以得到

$$\mathrm{IDFT}\{F(m)\} = \frac{1}{N}\sum_{n=0}^{N-1} f(n)\cdot N \cdot \delta(k-n) = \sum_{n=0}^{N-1} f(n)\cdot\delta(k-n) = f(k)$$

证明完毕。

至此得到了完整的离散傅里叶变换对。现将正反变换的公式(10-4)和(10-5)重写如下:

$$F(m) = \mathrm{DFT}\{f(k)\} = \sum_{k=0}^{N-1} f(k) W_N^{mk} \quad (m=0,1,\cdots,N-1)$$

$$f(k) = \mathrm{IDFT}\{F(m)\} = \frac{1}{N}\sum_{m=0}^{N-1} F(m) W_N^{-mk} \quad (k=0,1,\cdots,N-1)$$

借助矩阵,可以将傅里叶变换表达成一个更为简洁的形式。定义向量和矩阵:

$$\boldsymbol{f} = \begin{bmatrix} f(0) \\ f(1) \\ \vdots \\ f(N-1) \end{bmatrix} \quad \boldsymbol{F} = \begin{bmatrix} F(0) \\ F(1) \\ \vdots \\ F(N-1) \end{bmatrix}$$

$$\boldsymbol{W}_N = \begin{bmatrix} W_N^0 & W_N^0 & W_N^0 & \cdots & W_N^0 \\ W_N^0 & W_N^1 & W_N^2 & \cdots & W_N^{N-1} \\ W_N^0 & W_N^2 & W_N^4 & \cdots & W_N^{2(N-1)} \\ \vdots & \vdots & \vdots & & \vdots \\ W_N^0 & W_N^{N-1} & W_N^{2(N-1)} & \cdots & W_N^{(N-1)(N-1)} \end{bmatrix}$$

其中的 $\boldsymbol{W}_N$ 是一个 $N\times N$ 维的方阵,它的第 i 行 j 列上的元素值等于 $W_N^{(i-1)(j-1)}$。容易验证,这个矩阵有下列性质:

$$\boldsymbol{W}_N^{-1} = \frac{1}{N}\boldsymbol{W}_N^* \text{ 或 } \boldsymbol{W}_N\boldsymbol{W}_N^* = N\cdot\boldsymbol{I}_N$$

其中 $\boldsymbol{I}_N$ 为 $N\times N$ 维的单位矩阵。这样,表示离散傅里叶变换的式(10-4)和式(10-5)就可以表示

成为下面的矩阵形式:

$$\boldsymbol{F} = \boldsymbol{W}_N \boldsymbol{f} \tag{10-6}$$

$$\boldsymbol{f} = \boldsymbol{W}_N^{-1} \boldsymbol{F} = \frac{1}{N} \boldsymbol{W}_N^* \boldsymbol{F} \tag{10-7}$$

利用矩阵,可以使 DFT 计算过程的表达得以简化。

例题 10-1 求序列 $f(k) = \left\{ \underset{k=0}{1}, 2, 3, 4 \right\}$ 的 DFT,并进行反变换验证 IDFT 公式。

解: $f(k)$ 是一个长度为 4 的有限长序列。一般情况下,如果没有特别说明,对有限长序列做 DFT 时总是取 N 等于序列的长度。所以这里取 $N = 4$。此时

$$W_4 = e^{-j\frac{2\pi}{4}} = -j$$

由此可以得到

$$\boldsymbol{W}_4 = \begin{bmatrix} W_4^0 & W_4^0 & W_4^0 & W_4^0 \\ W_4^0 & W_4^1 & W_4^2 & W_4^3 \\ W_4^0 & W_4^2 & W_4^4 & W_4^6 \\ W_4^0 & W_4^3 & W_4^6 & W_4^9 \end{bmatrix} = \begin{bmatrix} 1 & 1 & 1 & 1 \\ 1 & -j & -1 & j \\ 1 & -1 & 1 & -1 \\ 1 & j & -1 & -j \end{bmatrix}$$

代入矩阵形式的 DFT 公式

$$\begin{bmatrix} F(0) \\ F(1) \\ F(2) \\ F(3) \end{bmatrix} = \boldsymbol{W}_4 \begin{bmatrix} f(0) \\ f(1) \\ f(2) \\ f(3) \end{bmatrix} = \begin{bmatrix} 1 & 1 & 1 & 1 \\ 1 & -j & -1 & j \\ 1 & -1 & 1 & -1 \\ 1 & j & -1 & -j \end{bmatrix} \begin{bmatrix} 1 \\ 2 \\ 3 \\ 4 \end{bmatrix} = \begin{bmatrix} 10 \\ -2+j2 \\ -2 \\ -2-j2 \end{bmatrix}$$

代入反变换公式验证

$$\begin{bmatrix} f(0) \\ f(1) \\ f(2) \\ f(3) \end{bmatrix} = \frac{1}{4} \boldsymbol{W}_4^* \cdot \begin{bmatrix} F(0) \\ F(1) \\ F(2) \\ F(3) \end{bmatrix} = \frac{1}{4} \begin{bmatrix} 1 & 1 & 1 & 1 \\ 1 & j & -1 & -j \\ 1 & -1 & 1 & -1 \\ 1 & -j & -1 & j \end{bmatrix} \begin{bmatrix} 10 \\ -2+j2 \\ -2 \\ -2-j2 \end{bmatrix} = \begin{bmatrix} 1 \\ 2 \\ 3 \\ 4 \end{bmatrix}$$

与原来序列完全相同。

在这个例题中,如果序列 $f(k)$ 是由一个有限长信号 $f(t)$ 按照抽样频率 ω_s 抽样得来的,而且 $f(t)$ 满足频域和时域同时有限、周期化后各个相邻周期部分没有重叠的条件,那么原信号 $f(t)$ 的频谱在离散的频率点 $\frac{\omega_s}{4}m$ 上的值 $F\left(j\frac{\omega_s}{4}m\right)$ 一定等于 $T_s F(m)$,此时的频域分辨率为 $\frac{\omega_s}{4}$。一般地,利用 N 点 DFT 进行谱分析,可以达到的频域分辨率为 $\frac{\omega_s}{N}$。

DFT 的长度 N 的取值也是很灵活的,不一定要等于有限长序列的长度,只要大于等于这个长度就可以了。例如,在上面的例题中,N 也可以取 8,同时将原来的信号序列右面用 0 补齐到 8

点,新的序列为 $f(k) = \{1,2,3,4,0,0,0,0\}$。这时对信号进行谱分析的精度可以提高到 $\frac{\omega_s}{8}$。所以,增加 N 可以提高谱分析的分辨率。当然,此时的计算量也增加了。所以实际情况下 N 必须根据实际需要选取,不能太大。

§10.3 序列的循环移位与循环卷积

正如在其他变换中会涉及信号的移位(或延时)、反褶、卷积等运算那样,在 DFT 中也会涉及信号的移位(或延时)、反褶、卷积等运算,不过这里遇到的这些运算与前面见到的有所不同,分别被称为循环移位、循环卷积等。本节将详细讨论这些循环运算,为后面讨论 DFT 的性质打下基础。

1. 循环移位(circular shifting)

在第二节中已经讨论论过,为了能够得到离散的频谱,应对原来的信号(或序列)作周期化处理,在周期化以后求其傅里叶变换。在对信号进行移位时,必然要考虑这种周期化对信号产生的影响。

假设原来的有限长序列为 $f(k) = \{\underset{k=0}{1},2,3,4\}$,如图 10-2(a)所示。如果将它直接右移 1 位,则整个序列向右移动 1 个单位,在 $k=0$ 处空出的 1 个点用 0 补上。移位后新的序列为 $f(k-1) = \{\underset{k=0}{0},1,2,3,4\}$。这种移位就是前面见到过的移位,如图 10-2(b)所示。但是,在 DFT 中遇到的序列是将原来序列周期化后的序列,上面的 $f(k)$ 按照 $N=4$ 点周期化后就会变成 $\{\cdots,1,2,3,4,\underset{k=0}{1},2,3,4,1,2,3,4,\cdots\}$,如图 10-2(c)所示。如果对这个信号右移 1 位,序列就成为 $\{\cdots,1,2,3,4,\underset{k=0}{1},2,3,4,1,2,3,4,\cdots\}$,如图 10-2(d)所示。这个序列依然是一个周期 $N=4$ 的序列。习

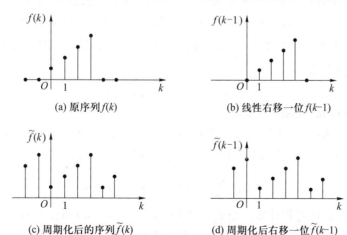

(a) 原序列 $f(k)$

(b) 线性右移一位 $f(k-1)$

(c) 周期化后的序列 $\tilde{f}(k)$

(d) 周期化后右移一位 $\tilde{f}(k-1)$

图 10-2 线性移位与循环移位

惯上依然用 $k=0$ 时刻后的第一个周期内的信号来表示移位后的序列,将移位后的序列表示成 $\{\underset{k=0}{4},1,2,3\}$。将移位前后的序列相比,序列的长度没有变化(都是 4),但是,原来应该移出第一个周期的数(4)好像绕了一圈后,又从序列的头部循环进入了新的序列。可以用符号将这种移位计算表示为

$$f((k-1))_N G_N(k) = \{4,1,2,3\}$$

这里将函数符号 f 后面多加了一层括号,后跟下标 N,表示对信号做 N 点周期化。$G_N(k)$ 为一个离散的门信号,它的定义为 $G_N(k) = \varepsilon(k) - \varepsilon(k-N)$。移位后的序列乘 $G_N(k)$,取出其 $k=0 \sim N-1$ 内的数据。这种移位运算被称为**循环移位**(或圆周移位,周期移位),而一般的移位运算有时也被称为**线性移位**(linear shift),以示其与循环移位的区别。

通过类似的过程可以得到信号的任意次循环移位后结果,例如:

2 次循环右移:$f((k-2))_N G_N(k) = \{3,4,1,2\}$

3 次循环右移:$f((k-3))_N G_N(k) = \{2,3,4,1\}$

4 次循环右移:$f((k-4))_N G_N(k) = \{1,2,3,4\}$

……

显然,经过 N 次(在本例中是 4 次)循环右移后,序列又回到了原始的状态。通过相同的方法,可以得到信号的循环左移运算结果:

1 次循环左移:$f((k+1))_N G_N(k) = \{2,3,4,1\}$

2 次循环左移:$f((k+2))_N G_N(k) = \{3,4,1,2\}$

……

2. 循环反褶

DFT 所涉及的反褶运算也必须考虑到信号的周期性。以信号 $f(k) = \{1,2,3,4\}$ 的反褶运算为例,首先要确定周期化的点数 N,N 要求大于等于序列的长度,这里取 $N=4$。然后,将信号按 N 周期化为周期序列 $\{\cdots,1,2,3,4,\underset{k=0}{1},2,3,4,1,2,3,4,\cdots\}$,再以 $N=0$ 点为中心进行反褶,成为 $\{\cdots,1,4,3,2,\underset{k=0}{1},4,3,2,1,4,3,2,\cdots\}$,最后取其 0 时刻以后的第一个周期中的值作为输出,循环反褶运算的最后结果为

$$f((-k))_N G_N(k) = \{1,4,3,2\}$$

3. 循环卷积(circular convolution)

在本书上册第七章中,讨论过系统的卷积和。在 DFT 中,由于信号的周期性,其卷积也表现出与一般的卷积不同之处。这里定义信号 $f_1(k)$ 与 $f_2(k)$ 的循环卷积:

$$f_1(n) \otimes f_2(n) = \sum_{n=0}^{N-1} f_1(n) \left[f_2((k-n))_N G_N(n) \right] \qquad (10-8)$$

这样的符号"$\otimes$"表示循环卷积计算。公式中的 $f_2((k-n))_N G_N(n)$ 与循环移位中的一样,是一个将信号周期化后,再反褶—平移的运算。为了更清晰地区别一般的卷积运算和这种循环卷积运算,有时将第七章中定义的卷积运算称为**线性卷积**(linear convolution)。循环卷积与线性卷积有

相似之处,但是也有不同。下面用一个例子说明。

例题 10-2 求信号 $f_1(k) = \{1, 2, 3, 4\}$ 与 $f_2(k) = \{1, 1, 1\}$ 的线性卷积 $f_3(k)$ 和四点循环卷积 $f_4(k)$。

解: 这里用列表的方式给出求解过程,同时对比两种卷积的区别。在计算循环卷积时,因为这里已经指定作 $N = 4$ 的循环卷积,两个信号都必须作 4 点周期化,如果原来的信号长度小于 4,则必须通过补零将其长度扩充为 4。

操作	线性卷积	相乘叠加结果	循环卷积	相乘叠加结果
$f_1(k)$	$\{1, 2, 3, 4\}$		$\{1, 2, 3, 4\}$	
$f_2(k)$	$\{1, 1, 1\}$		$\{1, 1, 1, 0\}$	
f_2 反褶	$\{1, 1, 1\}$	$f_3(0) = 1$	$\{1, 0, 1, 1\}$	$f_4(0) = 8$
f_2 右移 1	$\{1, 1, 1\}$	$f_3(1) = 3$	$\{1, 1, 0, 1\}$	$f_4(1) = 7$
f_2 右移 2	$\{1, 1, 1\}$	$f_3(2) = 6$	$\{1, 1, 1, 0\}$	$f_4(2) = 6$
f_2 右移 3	$\{1, 1, 1\}$	$f_3(3) = 9$	$\{0, 1, 1, 1\}$	$f_4(3) = 9$
f_2 右移 4	$\{1, 1, 1\}$	$f_3(4) = 7$	$\{1, 0, 1, 1\}$	$f_4(4) = 8$
f_2 右移 5	$\{1, 1, 1\}$	$f_3(5) = 4$	$\{1, 1, 0, 1\}$	$f_4(5) = 7$
f_2 右移 6	$\{1, 1, 1\}$	$f_3(6) = 0$	$\{1, 1, 1, 0\}$	$f_4(6) = 6$

循环卷积后的结果依然是一个周期为 N 的序列,所以这里也只需要取其前面的 N 个结果即可。从表中可以看到:线性卷积的结果 $f_3(k) = \{1, 3, 6, 9, 7, 4\}$,循环卷积结果 $f_4(k) = \{8, 7, 6, 9\}$。

从例题的求解过程中可以看到,循环卷积也是通过“反褶—平移—相乘—叠加”四步完成的,但是它与线性卷积有一些区别:

(1)循环卷积运算所涉及的移位运算是循环移位,不是线性移位;在做反褶时也必须考虑到信号的周期性,是一种“循环反褶”。

(2)循环卷积运算中的求和(叠加)是由固定 N 个部分相加而成,而线性卷积中的叠加项数受移位的影响会变化。

(3)循环卷积必须事先确定周期 N,N 要求大于等于两个参加卷积的序列中最长的序列的长度。假设两个序列的长度分别为 N_1 和 N_2,则 $N \geqslant \max(N_1, N_2)$。在本题中要大于 4。如果原来的序列长度小于 N,则必须通过补 0 将序列长度统一扩展到 N。

(4)循环卷积的结果的长度等于 N,而线性卷积的结果的长度等于 $N_1 + N_2 - 1$,在本例中其长度等于 $(4 + 3 - 1) = 6$。

循环卷积的长度 N 是可以任意选择的,只要它满足 $N \geqslant \max(N_1, N_2)$。不同的 N 将导致不同的循环卷积结果。如果取 $N = N_1 + N_2 - 1$,这时循环卷积的长度就与线性卷积一样长。不仅长度一样,这时循环卷积和线性卷积的结果也相同。这里还是以例题 10-2 的数据为例,求其 6 点

的循环卷积 $f_5(k)$。这里同样用表格方式说明求解过程。首先将两个序列通过补零将其长度扩展到 6,然后进行循环卷积计算。

操作	循环卷积	相乘叠加结果
$f_1(k)$	$\{1,2,3,4,0,0\}$	
$f_2(k)$	$\{1,1,1,0,0,0\}$	
f_2 反褶	$\{1,0,0,0,1,1\}$	$f_5(0)=1$
f_2 右移 1	$\{1,1,0,0,0,1\}$	$f_5(1)=3$
f_2 右移 2	$\{1,1,1,0,0,0\}$	$f_5(2)=6$
f_2 右移 3	$\{0,1,1,1,0,0\}$	$f_5(3)=9$
f_2 右移 4	$\{0,0,1,1,1,0\}$	$f_5(4)=7$
f_2 右移 5	$\{0,0,0,1,1,1\}$	$f_5(5)=4$

可见,6 点循环卷积的结果 $f_5(k)=\{1,3,6,9,7,4\}$,与线性卷积的结果 $f_3(n)$ 完全相同。这个结论实际上就是后面将要介绍的用 DFT 计算线性卷积的基础。

上面的计算过程中,都是通过列表的方法计算求解卷积和,虽然在概念上比较清晰,但是列写的过程比较繁琐。在本书上册第七章中,曾经介绍过利用类似多项式乘积的方法简化线形卷积的计算过程,在这里也可以通过类似的方法计算循环卷积。这里以例题 10-2 中的循环卷积计算为例。首先按照线性卷积的多项式乘积计算方法,计算线性卷积:

$$
\begin{array}{r}
1\ \ 2\ \ 3\ \ 4 \\
\times \quad\ \ 1\ \ 1\ \ 1 \\
\hline
1\ \ 2\ \ 3\ \ 4 \\
1\ \ 2\ \ 3\ \ 4 \\
1\ \ 2\ \ 3\ \ 4 \\
\hline
1\ \ 3\ \ 6\ \ 9\ \ 7\ \ 4 \\
\end{array}
$$

然后,在计算 4 点循环卷积的时候,可以将上面的线性卷积结果从左至右每 4 个数据构成一组,例如对于上面的结果,可以构成两个数组:$\{1,3,6,9\}$ 和 $\{7,4,0,0\}$。然后将这两个数组相加:

$$
\begin{array}{r}
1\ \ 3\ \ 6\ \ 9 \\
+\ \ 7\ \ 4\ \ 0\ \ 0 \\
\hline
8\ \ 7\ \ 6\ \ 9 \\
\end{array}
$$

其和 $\{8,7,6,9\}$ 就是 4 点循环卷积的结果,与上面做表格计算的结果相同。

信号其他运算都是经过相似的步骤,完成循环运算的。这里就不再一一列举了。

§10.4 离散傅里叶变换的性质

本节将讨论 DFT 的一些基本性质。这些性质对 DFT 的计算、离散系统分析以及诸多信号处理的应用中具有很重要的价值。

1. 线性性质

容易证明,离散傅里叶变换也是一种线性变换,它满足齐次性和叠加性。通常可以用下面的公式表示线性特性的齐次性和叠加性

$$\text{DFT}\{a_1 f_1(k) + a_2 f_2(k)\} = a_1 \cdot \text{DFT}\{f_1(k)\} + a_2 \cdot \text{DFT}\{f_2(k)\} \tag{10-9}$$

在实际情况下序列 $f_1(k)$ 和 $f_2(k)$ 可能有不同的长度。无论序列的长度是否相等,上面公式中的几个 DFT 必须有相同的长度 N。所以,这里的 DFT 的长度必须大于等于 $f_1(k)$ 和 $f_2(k)$ 中较长的那个序列的长度,序列不足 N 的部分用 0 补齐。

2. 循环移位特性

DFT 的移位特性是与信号的循坏移位有关的。假设原信号 $f(k)$ 的 DFT 为 $F(m)$,则循环移位后信号的 DFT 为

$$\text{DFT}\{f((k-n))_N G_N(k)\} = W_N^{mn} F(m) \tag{10-10}$$

即经过循环移位后,信号 DFT 的第 m 个频率分量增加了相位移 W_N^{mn}。该特性的证明如下。

证明:根据 DFT 定义,移位后序列的 DFT 为

$$F'(m) = \sum_{k=0}^{N-1} f((k-n))_N G_N(k) W_N^{mk} = \sum_{k=0}^{N-1} f((k-n))_N W_N^{mk}$$

考虑到 $f((k-n))_N$ 和 W_N^{mk} 都是周期为 N 的序列,可以将求和变量从 $\sum_{k=0}^{N-1}$ 变为 $\sum_{k=n}^{N+n-1}$,在这个区间内信号的循环移位与线性移位等价,即 $f((k-n))_N = f(k-n)$。代入上式,得到

$$F'(m) = \sum_{k=n}^{N+n-1} f(k-n) W_N^{mk}$$

设新的变量 $k' = k-n$,更换原来的求和变量 k,得到

$$F'(m) = \sum_{k'=0}^{N-1} f(k') W_N^{m(k'+n)} = W_N^{mn} \sum_{k'=0}^{N-1} f(k') W_N^{mk'} = W_N^{mn} \text{DFT}\{f(k)\}$$

3. 频移特性

假设原信号 $f(k)$ 的 DFT 为 $F(m)$,则 DFT 的移频特性为

$$\text{DFT}\{f(k) W_N^{-kn}\} = F((m-n))_N G_N(m) \tag{10-11}$$

即原信号与复指数序列 W_N^{-kn} 相乘,相应的 DFT 向右移位 k。应该注意到,这里频域中的移位也

是循环移位。这个性质的证明与上面的循环位移性质相似,读者可以自行完成证明。

这种频谱上的移位在离散时间系统中主要用于完成频谱搬移,其作用类似于连续时间系统中的调制。

4. 时域循环卷积特性

$$\mathrm{DFT}\{f_1(k) \circledast f_2(k)\} = \mathrm{DFT}\{f_1(k)\} \cdot \mathrm{DFT}\{f_2(k)\} \tag{10-12}$$

这个性质与前面遇到的其他变换的卷积性质相似,都是反映了时域中的卷积运算与频域中的乘积运算之间的对应关系。其证明过程如下。

$$
\begin{aligned}
\text{证明：} \mathrm{DFT}\{f_1(k) \circledast f_2(k)\} &= \sum_{k=0}^{N-1}\left(\sum_{n=0}^{N-1} f_1(n)\left[f_2((k-n))_N G_N(n)\right]\right) W_N^{mk} \\
&= \sum_{n=0}^{N-1}\left(\sum_{k=0}^{N-1} f_1(n) f_2((k-n))_N W_N^{mk}\right) \\
&= \sum_{n=0}^{N-1} f_1(n)\left(\sum_{k=0}^{N-1} f_2((k-n))_N W_N^{mk}\right) \\
&= \sum_{n=0}^{N-1} f_1(n)\left(\sum_{k=n}^{N+n-1} f_2(k-n) W_N^{mk}\right) \\
&\xrightarrow{\text{设 } k'=k-n} \sum_{n=0}^{N-1} f_1(n)\left(\sum_{k'=0}^{N-1} f_2(k') W_N^{m(k'+n)}\right) \\
&= \sum_{n=0}^{N-1} f_1(n) W_N^{mn}\left(\sum_{k'=0}^{N-1} f_2(k') W_N^{mk'}\right) \\
&= \left(\sum_{n=0}^{N-1} f_1(n) W_N^{mn}\right)\left(\sum_{k'=0}^{N-1} f_2(k') W_N^{mk'}\right) \\
&= \mathrm{DFT}\{f_1(k)\} \cdot \mathrm{DFT}\{f_2(k)\}
\end{aligned}
$$

利用这个性质,可以通过 DFT 求解信号的循环卷积。这里以例题 10-2 中的循环卷积计算为例。首先求 $f_1(k)$ 和 $f_2(k)$ 的四点 DFT,结果分别为

$$F_1(m) = \{10, -2+\mathrm{j}2, -1, -2-\mathrm{j}2\}, F_2(m) = \{3, -\mathrm{j}, 1, \mathrm{j}\}$$

将两个频域信号对应项相乘,就可以得到序列 4 点循环卷积结果 $f_4(k)$ 的 DFT

$$F_4(m) = \{30, 2+\mathrm{j}2, 2, 2-\mathrm{j}2\}$$

通过 IDFT,可以计算出

$$f_4(k) = \{8, 7, 6, 9\}$$

与例题 10-2 直接计算的结果相同。在计算过程中,如果使用后面将要介绍到的 DFT 的快速算法,可以节省计算卷积时的计算量。所以,用 DFT 计算循环卷积的方法是一个有效的循环卷积的快速算法的实现途径。

如果设定循环卷积的长度 $N \geqslant N_1 + N_2 - 1$,则循环卷积的结果与线性卷积的结果相同,这时候也可以用 DFT 来求解线性卷积。读者可以自行用例题 10-2 中的数据进行验证,为了便于计算可以取 $N = 8$。

5. 频域循环卷积特性

与上面的时域循环卷积特性相对应的是 DFT 的频域卷积特性，或者说，"时域中的乘积运算对应于频域中的卷积运算"。相应的公式为

$$\text{DFT}\{f_1(k)\cdot f_2(k)\}=\frac{1}{N}\text{DFT}\{f_1(k)\}\circledast\text{DFT}\{f_2(k)\} \tag{10-13}$$

这里的频域卷积依然是循环卷积。这个性质的证明留给读者自己完成。

6. 奇偶虚实性

如果将 DFT 式中的 $e^{-j\frac{2\pi}{N}mk}$ 用欧拉公式展开，则 DFT 又可以表示为

$$\begin{aligned}
F(m)&=\text{DFT}\{f(k)\}\\
&=\sum_{k=0}^{N-1}f(k)e^{-j\frac{2\pi}{N}mk}\\
&=\sum_{k=0}^{N-1}f(k)\left[\cos\left(\frac{2\pi}{N}mk\right)-j\sin\left(\frac{2\pi}{N}mk\right)\right]\\
&=\sum_{k=0}^{N-1}f(k)\cos\left(\frac{2\pi}{N}mk\right)-j\sum_{k=0}^{N-1}f(k)\sin\left(\frac{2\pi}{N}mk\right)
\end{aligned}$$

如果信号 $f(k)$ 是一个实信号，则 $F(m)$ 的实部就等于 $\sum_{k=0}^{N-1}f(k)\cos\left(\frac{2\pi}{N}mk\right)$，虚部等于 $-\sum_{k=0}^{N-1}f(k)\sin\left(\frac{2\pi}{N}mk\right)$。由此可以得出：**$F(m)$ 的实部是 m 的偶函数，虚部是 m 的奇函数**，或者 **$F(m)$ 对 m 呈共轭对称**。当然，这种对称性是将 $F(m)$ 以 N 为周期进行周期化后以 $m=0$ 点为中心进行的。可以通过循环运算将这个共轭对称性表示为

$$F(m)=F^*((-m))_N G_N(m) \tag{10-14}$$

实际上 m 的取值范围一般是从 0 到 $N-1$，这时的对称中心应该是 $\frac{N}{2}$。例如，例题 10-2 中的序列 $f_1(k)=\{1,2,3,4\}$ 的 DFT 等于 $\{10,-2-j2,-1,-2+j2\}$，它关于 $m=2$ 共轭对称。这个对称性可以表示成一个比较简单直观的形式

$$F(m)=F^*(N-m) \tag{10-15}$$

再进一步，如果信号 $f(k)$ 是一个实偶信号（当然这里时域的奇偶性也是以 $\frac{N}{2}$ 为中心比较的，偶信号是指 $f(n)=f(N-n)$），则 $F(m)$ 的虚部一定等于 0，或者说 $F(m)$ 一定是一个实偶函数。类似地，可以得到下面一些结论：

（1）实信号的 DFT 的实部为 m 的偶函数，虚部为 m 的奇函数；

（2）实偶信号的 DFT 为 m 的实偶函数；

（3）实奇信号的 DFT 为 m 的虚奇函数；

（4）虚信号的 DFT 的实部为 m 的奇函数，虚部为 m 的偶函数；

（5）虚偶信号的 DFT 为 m 的虚偶函数；

（6）虚奇信号的 DFT 为 m 的实奇函数。

7. 对偶性

DFT 的正反变换的形式十分相似。与傅里叶变换相类似,在正反 DFT 之间也存在对偶性。假设时间序列 $f(k)$ 的 DFT 为 $F(m)$,则时间序列 $F(k)$ 的 DFT 为

$$\text{DFT}\{F(k)\} = N \cdot f((-m))_N G_N(m) \tag{10-16}$$

也就是等于循环反褶后的序列 $f(m)$ 的 N 倍。证明如下。

证明:时间序列 $F(k)$ 的 DFT 为

$$
\begin{aligned}
\text{DFT}\{F(k)\} &= \sum_{k=0}^{N-1} F(k) W_N^{mk} \\
&= N \cdot \frac{1}{N} \sum_{k=0}^{N-1} F(k) W_N^{mk} \\
&= N \cdot \left[\frac{1}{N} \sum_{k=0}^{N-1} F(k) W_N^{-(-m)k} \right]
\end{aligned}
\tag{10-17}
$$

因为时间序列 $f(k)$ 的 DFT 为 $F(m)$,所以 $f(k)$ 是 $F(m)$ 的 IDFT,因此

$$f(k) = \frac{1}{N} \sum_{m=0}^{N-1} F(m) W_N^{-mk}$$

将等式中的求和变量 m 和时间变量 k 对调,可以得到

$$f(m) = \frac{1}{N} \sum_{k=0}^{N-1} F(k) W_N^{-mk}$$

进一步将 m 变成 $-m$,并且考虑到 $f(m)$ 的周期性,可以将 $f(-m)$ 用其循环反褶替代,这样就得到

$$f((-m))_N G_N(m) = \frac{1}{N} \sum_{k=0}^{N-1} F(k) W_N^{-mk}$$

将上式代入（10-17）,可以得到

$$\text{DFT}\{F(k)\} = N \cdot f((-m))_N G_N(m)$$

8. DFT 中的帕塞瓦尔定理

如果信号 $f(k)$ 的 DFT 等于 $F(m)$,则有

$$\sum_{k=0}^{N-1} |f(k)|^2 = \frac{1}{N} \sum_{m=0}^{N-1} |F(m)|^2 \tag{10-18}$$

这个定理的证明过程和物理意义与连续时间系统中的帕塞瓦尔定理相类似,读者可以自行证明。

§10.5 序列的 DFT 与其他变换的关系

序列的 DFT 与 z 变换、离散序列的 DTFT、拉普拉斯等变换之间有非常紧密的关系。通过这

种关系,可以从一种变换的结果推导出另外一种变换的结果。下面就分别讨论 DFT 与其他变换之间的关系。为了避免符号产生混淆,在本节中用 $F_{\text{DFT}}(m)$ 表示离散时间信号 $f(k)$ 的 DFT,用 $F_{\text{Z}}(z)$ 表示 $f(k)$ 的 z 变换,$F_{\text{Z}}(\text{e}^{\text{j}\omega})$ 表示 $f(k)$ 的 DTFT,而用 $F(\text{j}\omega)$ 表示连续时间信号 $f(t)$ 的傅里叶变换。

1. 有限时间信号的 DFT 与其 z 变换之间的关系

假设信号 $f(k)$ 是一个有限时间信号,它只在 $k=0,\cdots,N-1$ 点上可能有非零值,其他时间点上的值都为零,其 DFT 为 $F_{\text{DFT}}(m)$,z 变换为 $F_{\text{Z}}(z)$。则根据定义

$$F_{\text{Z}}(z) = \sum_{k=-\infty}^{+\infty} f(k) z^{-k} = \sum_{k=0}^{N-1} f(k) z^{-k}$$

$$F_{\text{DFT}}(m) = \sum_{k=0}^{N-1} f(k) W_N^{mk} = \sum_{k=0}^{N-1} f(k) \left(\text{e}^{\text{j}\frac{2\pi}{N}m} \right)^{-k}$$

比较两式,不难得到

$$F_{\text{DFT}}(m) = F_{\text{Z}}(z) \Big|_{z=\text{e}^{\text{j}\frac{2\pi}{N}m}} \qquad m=0,1,\cdots,N-1 \tag{10-19}$$

也就是说,序列的 DFT 值实际上就是其 z 变换在 z 平面单位圆上 N 个均匀分布的点上的值,如图 10-3。实际上,在许多文献中也正是由这个角度引出 DFT 的。根据式(10-19),就可以由序列的 z 变换得到它的 DFT。

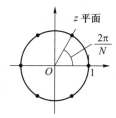

图 10-3 z 平面单位圆上均匀分布的 N 个点

如果先知道信号的 DFT,也可以推导出它的 z 变换。假设已知序列的 DFT 为 $F_{\text{DFT}}(m)$,则根据 IDFT,可以得到原信号为

$$f(k) = \frac{1}{N} \sum_{m=0}^{N-1} F_{\text{DFT}}(m) W_N^{-mk}$$

则其 z 变换为

$$\begin{aligned}
F_{\text{Z}}(z) &= \sum_{k=0}^{N-1} f(k) z^{-k} = \sum_{k=0}^{N-1} \frac{1}{N} \sum_{m=0}^{N-1} F_{\text{DFT}}(m) W_N^{-mk} z^{-k} \\
&= \frac{1}{N} \sum_{m=0}^{N-1} F_{\text{DFT}}(m) \sum_{k=0}^{N-1} (W_N^{-m} z^{-1})^k = \frac{1}{N} \sum_{m=0}^{N-1} F_{\text{DFT}}(m) \frac{1-W_N^{-mN} z^{-N}}{1-W_N^{-m} z^{-1}} \\
&= \sum_{m=0}^{N-1} F_{\text{DFT}}(m) \left(\frac{1}{N} \cdot \frac{1-z^{-N}}{1-W_N^{-m} z^{-1}} \right)
\end{aligned} \tag{10-20}$$

定义内插函数(interpolation function)

$$\Phi_m(z) = \frac{1}{N} \cdot \frac{1-z^{-N}}{1-W_N^{-m}z^{-1}} \tag{10-21}$$

这是一个关于 z 的复变函数。则上式成为

$$F_Z(z) = \sum_{m=0}^{N-1} F_{DFT}(m)\left(\frac{1}{N} \cdot \frac{1-z^{-N}}{1-W_N^{-m}z^{-1}}\right) = \sum_{m=0}^{N-1} F_{DFT}(m)\Phi_m(z) \tag{10-22}$$

可见,已知序列的 N 点 DFT 以后,可以用 N 个内插函数 $\Phi_m(z)$ 各自乘以序列的 DFT 在 m 点上的值,然后相加,就可以得到序列的 z 变换。

2. 有限时间信号的 DFT 与 DTFT $F_Z(\mathrm{e}^{\mathrm{j}\omega})$ 之间的关系

在本书上册第八章中介绍过离散信号的傅里叶变换(DTFT)$F_Z(\mathrm{e}^{\mathrm{j}\omega})$ 以及离散时间系统的频响 $H(\mathrm{e}^{\mathrm{j}\omega})$,它们都可以表示为信号(或系统的单位函数响应)的 z 变换在 z 平面单位圆上的点上的取值。对于信号的 z 变换而言,z 在单位圆上的点 $\mathrm{e}^{\mathrm{j}\omega}$ 上的数值表示信号在某频率 ω 上的分量的大小和相位;对于离散系统的系统函数而言,单位圆上的数值表示了系统对该频率信号的影响。这里研究如何用序列的 DFT 求出其 DTFT $F_Z(\mathrm{e}^{\mathrm{j}\omega})$,这个关系可以从式(10-22)直接导出。既然 DTFT $F_Z(\mathrm{e}^{\mathrm{j}\omega})$ 是信号的 z 变换在单位圆上的特例,那么在式(10-22)中,令 $z=\mathrm{e}^{\mathrm{j}\omega}$,就可以得到 $F_Z(\mathrm{e}^{\mathrm{j}\omega})$

$$F_Z(\mathrm{e}^{\mathrm{j}\omega}) = \sum_{m=0}^{N-1} F_{DFT}(m)\Phi_m(\mathrm{e}^{\mathrm{j}\omega}) \tag{10-23}$$

而

$$\begin{aligned}\Phi_m(\mathrm{e}^{\mathrm{j}\omega}) &= \frac{1}{N} \cdot \left.\frac{1-z^{-N}}{1-W_N^{-m}z^{-1}}\right|_{z=\mathrm{e}^{\mathrm{j}\omega}} = \frac{1}{N} \cdot \frac{1-\mathrm{e}^{-\mathrm{j}N\omega}}{1-\mathrm{e}^{\mathrm{j}\frac{2\pi}{N}m}\mathrm{e}^{-\mathrm{j}\omega}} \\ &= \frac{1}{N} \cdot \frac{1-\mathrm{e}^{-\mathrm{j}N\left(\omega-\frac{2\pi}{N}m\right)}}{1-\mathrm{e}^{-\mathrm{j}\left(\omega-\frac{2\pi}{N}m\right)}}\end{aligned}$$

设函数

$$\Phi(\omega) = \frac{1}{N} \cdot \frac{1-\mathrm{e}^{-\mathrm{j}N\omega}}{1-\mathrm{e}^{-\mathrm{j}\omega}}$$

则有

$$\Phi_m(\mathrm{e}^{\mathrm{j}\omega}) = \Phi\left(\omega-\frac{2\pi}{N}m\right) \tag{10-24}$$

代入式(10-23),可以得到

$$F_Z(\mathrm{e}^{\mathrm{j}\omega}) = \sum_{m=0}^{N-1} F_{DFT}(m)\Phi\left(\omega-\frac{2\pi}{N}m\right) \tag{10-25}$$

可见,已知信号的 DFT 后,可以用连续函数 $\Phi(\omega)$ 分别向右延时 $\frac{2\pi}{N}m$,乘以 $F_{DFT}(m)$,形成 N 个子函数。

再将 N 个子函数相加,就可以得到信号的频响 $F_Z(e^{j\omega})$。

下面研究一下函数 $\Phi(\omega)$ 的特点,根据式(10-24)可以得到

$$\Phi(\omega) = \frac{1}{N} \cdot \frac{1-e^{-jN\omega}}{1-e^{-j\omega}} = \frac{1}{N} \cdot \frac{\sin\left(\dfrac{N\omega}{2}\right)}{\sin\left(\dfrac{\omega}{2}\right)} e^{-\frac{j}{2}\omega(N-1)} \tag{10-26}$$

图 10-4 画出了当 $N=5$ 时 $\Phi(\omega)$ 的幅度随频率 ω 变化的波形。可见,$\Phi(\omega)$ 函数的形状有些类似于抽样函数 $\mathrm{Sa}(x) = \dfrac{\sin x}{x}$。当 $\omega=0$ 时,$\Phi(\omega)=1$。当 $\omega=\dfrac{2\pi}{N}m$ 时,只要 $m \neq kN$,$\Phi(\omega)$ 在这些点上的值都是零。也就是说,在 $(0,2\pi)$ 区间内所有 DFT 的频率抽样点 $\omega=\dfrac{2\pi}{N}k(k=0,1,\cdots,N-1)$ 上,函数 $\Phi\left(\omega-\dfrac{2\pi}{N}m\right)$ 除了在 $k=m$ 的点上的取值为 1 以外,其他各点上的值都是 0,也就是说,$\Phi\left(\omega-\dfrac{2\pi}{N}m\right)$ 不会对 $k=m$ 点以外的其他 DFT 抽样点上的值产生影响。反过来说,对于每一个 DFT 抽样点而言,只会有一个内插函数对其有影响。

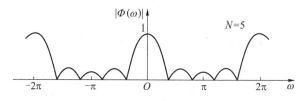

图 10-4 $\Phi(\omega)$ 的幅度随频率 ω 变化的波形

3. 连续有限信号 $f(t)$ 的傅里叶变换 $F(j\omega)$ 与其抽样序列 $f(k)$ 的 DFT 之间的关系

DFT 的一个很重要的用途,就是分析连续信号的频谱。假设有一个时间和频带上都有限的信号 $f(t)$,信号的时间长度是 T,傅里叶变换为 $F(j\omega)$。用满足奈奎斯特抽样定理的抽样率 ω_s $\left(抽样间隔 T_s = \dfrac{2\pi}{\omega_s}\right)$ 对其进行抽样,可以得到一个长度为 $N_0 = \dfrac{T}{T_s}$ 的序列 $f(k)$。对这个序列做 $N(\geq N_0)$ 点的 DFT,就得到 $F_{DFT}(m)$。通过 §10.2 的分析知道,原信号在频率点 $\dfrac{\omega_s}{N}m$ 上的频谱值为

$$F\left(j\frac{\omega_s}{N}m\right) = T_s F_{DFT}(m) \quad m=0,1,\cdots,N-1 \tag{10-27}$$

所以,通过 DFT,可以得到信号的频谱在频率点 $\dfrac{\omega_s}{N}m$ 上的值。将这些点在频谱中(包括相频和幅频)的位置标出,用直线连接起来,就可以近似作出 $f(t)$ 频谱。N 取值越大,频率分辨率就越高,

做出的频谱曲线就越精确。这个工作用计算机是很容易完成的,在本章最后一节中的例题 10-5 就给出了用 DFT 计算连续信号频谱的一个例子。

下面将要进一步讨论的问题是:根据频谱上的 N 个抽样点上的值,能否精确地恢复 $F(j\omega)$?结论是只要信号满足在时间和频带上同时有限,这是可以做到的。频谱的恢复过程与本书上册第七章中使用的理想抽样的方法相同,只不过这里使用的是频域抽样。

假设原来信号 $f(t)$ 的频谱是 $F(j\omega)$。如果用冲激序列 $\sum\limits_{m=-\infty}^{+\infty}\delta\left(\omega-m\dfrac{\omega_s}{N}\right)$ 对频谱 $F(j\omega)$ 进行抽样(相乘),相应的时域信号则与冲激序列 $\dfrac{N}{\omega_s}\sum\limits_{n=-\infty}^{+\infty}\delta(t-nNT_s)$(频域冲激序列 $\sum\limits_{m=-\infty}^{+\infty}\delta\left(\omega-m\dfrac{\omega_s}{N}\right)$ 的傅里叶反变换对应的时间函数)相卷积,此时时域和频域信号分别为

$$f_1(t)=f(t)*\left[\frac{N}{\omega_s}\sum_{n=-\infty}^{+\infty}\delta(t-nNT_s)\right]$$
$$=\frac{N}{\omega_s}\sum_{n=-\infty}^{+\infty}f(t)*\delta(t-nNT_s)$$
$$=\frac{N}{\omega_s}\sum_{n=-\infty}^{+\infty}f(t-nNT_s)$$
$$F_1(j\omega)=F(j\omega)\cdot\sum_{m=-\infty}^{+\infty}\delta\left(\omega-m\frac{2\pi}{N}\right)$$
$$=\sum_{m=-\infty}^{+\infty}F\left(jm\frac{2\pi}{N}\right)\cdot\delta\left(\omega-m\frac{2\pi}{N}\right)$$

由式(10-27)可得

$$F_1(j\omega)=\sum_{m=0}^{N-1}\frac{1}{T_s}F_{\mathrm{DFT}}(m)\cdot\delta\left(\omega-m\frac{2\pi}{N}\right)$$

显然,$f_1(t)$ 是 $f(t)$ 按周期 NT_s 进行周期化后的结果。如果信号时域周期化后各个相邻周期部分没有重叠,则将 $f_1(t)$ 乘以一个门函数 $G(t)=\dfrac{\omega_s}{N}[\varepsilon(t)-\varepsilon(t-NT_s)]$,就可以恢复出原来的信号 $f(t)$。这时,对应的频谱就等于 $F_1(j\omega)$ 与 $G(t)$ 的傅里叶变换卷积所得结果乘以 $\dfrac{1}{2\pi}$,这个频谱也应该等于 $F(j\omega)$。$G(t)$ 的傅里叶变换为 $G(j\omega)=2\pi\cdot\mathrm{Sa}\left(\dfrac{NT_s\omega}{2}\right)\mathrm{e}^{-\mathrm{j}\frac{NT_s}{2}\omega}$,由此可以得到

$$F(j\omega)=\frac{1}{2\pi}F_1(j\omega)*G(j\omega)$$
$$=\frac{1}{2\pi}\int_{-\infty}^{+\infty}\left(\sum_{m=0}^{N-1}\frac{1}{T_s}F_{\mathrm{DFT}}(m)\cdot\delta\left(\Omega-m\frac{2\pi}{N}\right)\right)\cdot2\pi\cdot\mathrm{Sa}\left(\frac{NT_s(\omega-\Omega)}{2}\right)\mathrm{e}^{-\mathrm{j}\frac{NT_s}{2}(\omega-\Omega)}\mathrm{d}\Omega$$

$$= \sum_{m=0}^{N-1} \frac{1}{T_s} F_{DFT}(m) \cdot \int_{-\infty}^{+\infty} \delta\left(\Omega - m\frac{2\pi}{N}\right) \cdot Sa\left(\frac{NT_s(\omega-\Omega)}{2}\right) e^{-j\frac{NT_s}{2}(\omega-\Omega)} d\Omega$$

$$= \sum_{m=0}^{N-1} F_{DFT}(m) \cdot \frac{1}{T_s} Sa\left(\frac{NT_s\left(\omega-m\frac{2\pi}{N}\right)}{2}\right) e^{-j\frac{NT_s}{2}\left(\omega-m\frac{2\pi}{N}\right)} \tag{10-28}$$

定义内插函数 $\Psi(\omega) = \frac{1}{T_s} Sa\left(\frac{NT_s\omega}{2}\right) e^{-j\frac{NT_s}{2}\omega}$,则上式变成

$$F(j\omega) = \sum_{m=0}^{N-1} F_{DFT}(m) \cdot \Psi\left(\omega - m\frac{2\pi}{N}\right) \tag{10-29}$$

这就是频域中的内插公式(frequency-domain interpolation formula),这个公式与本书上册时域内插公式(7-9)类似。利用(10-29),可以通过信号 $f(t)$ 抽样后产生的序列的 DFT,得到信号的频谱 $F(j\omega)$。

比较式(10-29)和式(10-25),可以看到,两个内插公式形式上是相同的,差异在于各自使用的内插函数不同。就两个内插函数 $\Phi(\omega)$ 和 $\Psi(\omega)$ 而言,两者的波形相类似,但 $\Phi(\omega)$ 是一个周期性函数,而 $\Psi(\omega)$ 是一个非周期函数。这两个公式还原的对象不同,不可混淆。

下面再进一步研究函数 $\Psi(\omega)$,这个函数与本书上册第三章中介绍过的抽样函数类似,只不过幅度和相位发生了一些变化。这不是一个有限区间函数,它的非零值可以延续到 $\omega = \pm\infty$。所以,根据式(10-29)得到的频谱也不可能是一个有限频带的频谱,这与前面所假设的信号具有有限频带的假设是矛盾的。这就说明了时间有限的信号的频谱宽度是无限的,"频域有限"和"时域有限"两者之间是一对矛盾,不可能同时实现。但是 $\Psi(\omega)$ 具有收敛性,其函数幅度的大小随 ω 趋向无穷大而趋向于零。所以,根据式(10-29)得到的频谱同时也具有收敛性,在频谱的频率大于一定的数值以后,其频谱分量近似为零。所以,可以通过增加抽样频率,达到减小频谱混叠的目的。但是,抽样频率的增加,必然导致信号抽样点数 N 的增大,DFT 的计算量也会大大增加。

在式(10-29)的基础上,可以进一步讨论 $F_{DFT}(m)$ 与 $f(t)$ 的拉普拉斯变换之间的关系。如果信号的傅里叶变换存在,而且傅里叶变换的表达式中没有奇异函数存在,则只要将傅里叶变换中的 $j\omega$ 换成 s,或者将 ω 换成 $-js$,就可以得到信号的拉普拉斯变换。将此式代入式(10-29),可以得到

$$F(s) = \sum_{m=0}^{N-1} F_{DFT}(m) \cdot \Psi\left(-js - m\frac{2\pi}{N}\right) \tag{10-30}$$

4. 带限周期性信号(band-limited periodic signal)$f(t)$ 的傅里叶级数与抽样序列 $f(k)$ 的 DFT 之间的关系

在工程中,经常要对周期性信号进行谱分析。常用的方法是将周期为 T 的周期性信号 $f(t)$ 在一个周期内按抽样间隔 T_s 进行抽样,得到 $N = \frac{T}{T_s}$ 个抽样点(选择 T_s 时必须保证 N 为整数)的序列 $f(kT_s)$。通过 $f(kT_s)$ 的 DFT 得到信号的频谱。下面就来讨论此时的 $f(kT_s)$ 的 DFT($F_{DFT}(m)$)与原来周期性信号频谱之间的关系。

周期性信号 $f(t)$ 的频谱是一个离散的频谱,它只在基频 $\Omega = \dfrac{2\pi}{T}$ 的整数倍频率点上存在,其他各点都为零。一般用傅里叶级数的各个谐波分量的大小来表示周期信号的频谱。对这个时间信号按间隔 T_s 抽样后,信号的傅里叶级数频谱同样也会按 $\omega_s = \dfrac{2\pi}{T_s}$ 周期化。如果原来的信号是一个频带有限的信号,只要抽样频率 $\omega_s = \dfrac{2\pi}{T_s}$ 满足奈奎斯特抽样定理,周期化后的频谱的各个相邻周期部分同样不会产生混叠,每个周期中的频率点数同样等于 N。对抽样后的时间信号直接用定义求傅里叶级数,可以得到

$$
\begin{aligned}
F_1(jm\Omega) &= \frac{1}{T}\int_0^T f(t)\left[\sum_{n=-\infty}^{+\infty}\delta(t-kT_s)\right]e^{-jm\Omega t}\,dt \\
&= \frac{1}{T}\int_0^T\left[\sum_{n=0}^{N-1}f(kT_s)\delta(t-kT_s)e^{-jm\Omega kT_s}\right]dt \\
&= \frac{1}{T}\sum_{n=0}^{N-1}f(kT_s)e^{-jm\Omega kT_s}\int_0^T\delta(t-kT_s)\,dt \\
&= \frac{1}{T}\sum_{n=0}^{N-1}f(kT_s)e^{-j\frac{2\pi}{N}mk} = \frac{1}{T}F_{\mathrm{DFT}}(m)
\end{aligned}
\tag{10-31}
$$

而根据傅里叶变换的性质,$f(t)$ 在时域中抽样,则频域中的 $F_1(jm\Omega)$ 应该等于 $F(jm\Omega)$ 按照 ω_s 为周期进行周期化、同时幅度乘以 $\dfrac{1}{T_s}$。也就是说,在原信号的频率范围内,有

$$
F_1(jm\Omega) = \frac{1}{T_s}F(jm\Omega) \qquad m = 0,1,\cdots,N-1
\tag{10-32}
$$

对照式(10-31)和式(10-32),同时考虑到 $F_1(jm\Omega)$ 和 $F_{\mathrm{DFT}}(m)$ 的周期性,可以得到

$$
\begin{aligned}
F(jm\Omega) &= \frac{T_s}{T}F_{\mathrm{DFT}}(m) \\
&= \begin{cases}
\dfrac{1}{N}F_{\mathrm{DFT}}(m) & \text{当 } m \text{ 为小于 } \dfrac{N}{2} \text{ 的正整数时} \\[2mm]
\dfrac{1}{N}F_{\mathrm{DFT}}(N+m) & \text{当 } m \text{ 为大于 } -\dfrac{N}{2} \text{ 的负整数时}
\end{cases}
\end{aligned}
\tag{10-33}
$$

如果 $f(t)$ 是一个实信号,频谱满足共轭对称性。这时只要求出 $0 \le m \le N/2$ 部分的频谱就可以了。

§10.6 快速傅里叶变换

快速傅里叶变换(fast Fourier transform,FFT)并不是一种新的变换,而是 DFT 的一种快速

算法。

在介绍 FFT 之前,先看一看 DFT 计算的计算量。将 DFT 的公式(10-4)重写如下

$$F(m)=\text{DFT}\{f(k)\}=\sum_{k=0}^{N-1}f(k)W_N^{mk} \quad (m=0,1,\cdots,N-1) \tag{10-4}$$

从公式中可以看到,计算一个频率点上的频谱值需要进行 N 次乘法和 $N-1$ 次加法,而要计算全部 N 个频率点的频谱值则需要 N^2 次乘法和 $N(N-1)$ 次加法。计算 DFT 的计算量与 N^2 成正比,这就意味着 N 每增加一倍,计算量就上升四倍。

事实上,DFT 的计算中有很多冗余成分,如果能够去除这些冗余,就可以减少计算量,提高计算速度。FFT 就是这样一种去除 DFT 计算冗余成分的高速算法。自从 20 世纪 60 年代中期由 Cooley 和 Tukey 提出后,立即得到了人们的重视,并很快被应用到工程中,大大推动了数字信号处理技术的发展。FFT 算法又分为基 2 时间抽取算法和基 2 频率抽取算法,这里一一加以介绍。

1. 基 2 时间抽取 FFT 算法(radix-2 decimation in time FFT)

基 2 时间抽取 FFT 算法又称库利-图基算法(Cooley-Tukey algorithm)。假设 N 是一个偶数,可以将序列 $f(k)$ 分为两个序列:一个只含有原序列中偶数位置的数,$f_e(k)=f(2k)$;而另一个是只含有原序列中奇数位置上的数,$f_o(k)=f(2k+1)$。信号 $f_e(k)$ 和 $f_o(k)$ 的长度都是 $N/2$。则 DFT 公式可以表示为

$$
\begin{aligned}
F(m) &= \sum_{k=0}^{N-1}f(k)W_N^{mk} = \sum_{k=0}^{\frac{N}{2}-1}\left[f(2k)W_N^{m2k}+f(2k+1)W_N^{m(2k+1)}\right] \\
&= \sum_{k=0}^{\frac{N}{2}-1}\left[f(2k)W_N^{m2k}\right]+\sum_{k=0}^{\frac{N}{2}-1}\left[f(2k+1)W_N^{m(2k+1)}\right] \\
&= \sum_{k=0}^{\frac{N}{2}-1}\left[f_e(k)W_N^{2mk}\right]+W_N^m\sum_{k=0}^{\frac{N}{2}-1}\left[f_o(k)W_N^{2mk}\right] \tag{10-34}
\end{aligned}
$$

而

$$W_N^{2mk}=\text{e}^{-\text{j}\frac{2\pi}{N}2mk}=\text{e}^{-\text{j}\frac{2\pi}{\frac{N}{2}}mk}=W_{\frac{N}{2}}^{mk}$$

将此代入式(10-34),可以得到

$$F(m)=\sum_{k=0}^{\frac{N}{2}-1}\left[f_e(k)W_{\frac{N}{2}}^{mk}\right]+W_N^m\sum_{k=0}^{\frac{N}{2}-1}\left[f_o(k)W_{\frac{N}{2}}^{mk}\right] \tag{10-35}$$

当 $m<N/2$ 时,式(10-35)中的两个求和式实际上就是长度为 $N/2$ 信号 $f_e(k)$ 和 $f_o(k)$ 的 DFT,设

$$F_e(m)=\text{DFT}\{f_e(k)\} \qquad F_o(m)=\text{DFT}\{f_o(k)\}$$

则

$$F(m)=F_e(m)+W_N^mF_o(m) \quad m=0,1,\cdots,\frac{N}{2}-1 \tag{10-36a}$$

而当 $m\geq N/2$ 时,因为

$$W_{\frac{N}{2}}^{mk}=e^{-j\frac{2\pi}{\frac{N}{2}}mk}=e^{-j\frac{2\pi}{\frac{N}{2}}\left(m-\frac{N}{2}\right)k}=W_{\frac{N}{2}}^{\left(m-\frac{N}{2}\right)k}$$

代入式(10-35),可以得到

$$F(m)=\sum_{k=0}^{\frac{N}{2}-1}\left[f_e(k)W_{\frac{N}{2}}^{\left(m-\frac{N}{2}\right)k}\right]+W_N^m\sum_{k=0}^{\frac{N}{2}-1}\left[f_o(k)W_{\frac{N}{2}}^{\left(m-\frac{N}{2}\right)k}\right]$$

$$=F_e\left(m-\frac{N}{2}\right)+W_N^m F_o\left(m-\frac{N}{2}\right)\qquad m=\frac{N}{2},\frac{N}{2}+1,\cdots,N-1$$

或者记为

$$F\left(m+\frac{N}{2}\right)=F_e(m)+W_N^{m+\frac{N}{2}}F_o(m)$$

$$=F_e(m)-W_N^m F_o(m)\qquad m=0,1,\cdots,\frac{N}{2}-1 \tag{10-36b}$$

其中第二个等号考虑到了

$$W_N^{\left(m+\frac{N}{2}\right)k}=e^{-j\frac{2\pi}{N}\left(m+\frac{N}{2}\right)k}=-e^{-j\frac{2\pi}{N}mk}=-W_N^{mk}$$

可见,根据两个长度为 $N/2$ 信号 $f_e(k)$ 和 $f_o(k)$ 的 DFT 计算结果 $F_e(m)$ 和 $F_o(m)$,通过式(10-36a)、式(10-36b)可以计算出原来长度为 N 的信号 $f(k)$ 的 DFT。因此,长度为 N 的序列的 DFT 可以用两个长度为 $N/2$ 的序列的 DFT 结果加权相加而成,这样就可以大大减少计算量。例如,要直接完成 1 000 点的 DFT 必须经过 1 000 000 次乘法和 999 000 次加法。而将其分为两个 500 点的 DFT 以后,每个 500 点的 DFT 的计算量是 250 000 次乘法和 249 500 次加法,两个 DFT 共用 500 000 次乘法和 499 000 次加法。再加上用式(3-32a)、式(3-32b)合成 $F(m)$ 用去的500 次乘法(两个公式中的乘法可以一次完成)和 1 000 次加法,一共使用了 500 500 次乘法和 500 000 次加法。与原来直接计算 DFT 的计算量相比,计算量节省了近一倍。由于这种算法将信号按时间顺序间隔提取,拆解成两个序列,故被称为基 2 时间提取算法。

式(10-36a)、式(10-36b)的合成运算可以用一个非常形象的图形来表示。这里引入一种特殊的运算单元来完成公式(10-36a)和(10-36b)中经常用到的一对乘加运算——$a+wb$ 和 $a-wb$,其运算可以用图 10-5(a)所示的流图表示,而其另外一种更加简洁的表示方式如图 10-5(b)所示。该图形有五个节点和四个线段,构成 X 状。左边两个节点分别表示两个输入的参量 a 和 b;中间的节点完成加减运算对;连接中间节点和左下方节点的线段旁边的参数 w 表示对下节点参量 b 上乘以的加权因子,而连接中间节点和其他节点的线段上没有参量,表示参量直接输出;右侧的两个节点表示运算单元的输出,其中右上节点接受中间节点的加性输出 $a+wb$,而右下节点接受中间节点的减性输出 $a-wb$。因为这个运算单元的形状很像一个蝴蝶,所以又被称为**蝶形运算单元**(butterfly computation unit)。

图 10-6(a)用框图的形式表示了公式(10-36a)、(10-36b)表示的运算过程。图中假设 $N=8$。输入数据首先按序号的奇偶性分为了两个长度为 4 的序列 $\{f(0),f(2),f(4),f(6)\}$ 和 $\{f(1),f(3),f(5),f(7)\}$,然后分别做 $N/2$ 点的 DFT。将其结果分别输入到 4 个蝶形运算单元,

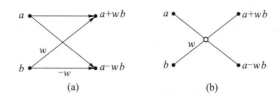

图 10-5 时间抽取蝶形运算单元

就可以计算出原序列的 DFT 结果 $F(m)$。

如果 $N/2$ 也是一个偶数,在计算 $N/2$ 点的 DFT 时,同样也可以将其分为两个长度为 $N/4$ 点的 DFT 进行计算。如图 10-6(b)所示,通过将两个 4 点的 DFT 拆解成为两个 2 点的 DFT,计算可以进一步简化。这样的拆解过程可以一直不断地做下去,直到 DFT 的点数不是一个偶数为止。如果 DFT 的点数 N 等于 2 的幂次,即 $N=2^k$,则这种拆解一共可以做 k 次,直到最后要完成的 DFT 的点数 $N=1$ 为止,见图 10-6(c)。通过 DFT 的公式可以知道,$N=1$ 点的 DFT 结果直接就是数据本身,不需要任何计算。

细心的读者可能会注意到,图 10-6(b)中在用 2 点 DFT 合成 4 点 DFT 时,蝶形运算左下臂上的加权系数不是 4 点 DFT 的因子 W_4,而是依然使用的 8 点 DFT 的因子 W_8。这是因为 $N/2$ 点 DFT 的因子 $W_{\frac{N}{2}}$ 与 N 点 DFT 的因子 W_N 之间有如下关系

$$W_{\frac{N}{2}} = \mathrm{e}^{-\mathrm{j}\frac{2\pi}{\frac{N}{2}}} = \mathrm{e}^{-\mathrm{j}\frac{2\pi}{N} \cdot 2} = W_N^2$$

所以 $W_{\frac{N}{2}}$ 可以用 W_N 来计算出,如:$W_{\frac{N}{2}} = W_N^2$,$W_{\frac{N}{2}}^2 = W_N^4$,等等。这样在 8 点的 FFT 计算框图中的加权系数统一使用 W_8,在进行 DFT 计算的设备中只要准备一套加权系数就可以满足 FFT 计算的需要。

FFT 算法在 N 等于 2 的幂次时效率最高。这里计算一下此时的计算量。根据前面对 FFT 算法的分析,参考图 10-6(c),$N=2^k$ 点的 DFT 可以拆解 k 次,用 k 层蝶形运算单元完成。每一层蝶形运算单元包含 $N/2$ 个蝶形运算单元,每一个运算单元的计算涉及 1 次乘法和 2 次加法。这样,完成整个 FFT 计算需要进行乘法 $\dfrac{Nk}{2} = \dfrac{1}{2}N\log_2 N$ 次,加法 $N\log_2 N$ 次。以 1 024 点 FFT 为例,如果用式(10-4)直接计算,则需要进行乘法 1 048 576 次,加法 1 047 552 次。而如果用 FFT 计算,则共需要进行乘法 5 120 次,加法 10 240 次。相比之下,所需要乘法的计算量比原来降低了 208 倍,加法计算量降低了 102 倍,运算效率的提高幅度相当可观。FFT 算法的计算量与 $N\log_2 N$ 成正比,而原来 DFT 直接算法的计算量与 N^2 成正比,FFT 算法计算量随 N 增大的增加速度低于 DFT 直接计算的速度。所以,N 愈大,FFT 算法的效率愈高。

因为当 $N=2^k$ 时,FFT 计算的效率最高,所以,一般在进行 DFT 或进行其他信号处理计算时,总是选择 N 为 2 的幂次,这样可以大大节省计算量。例如,对一个 1 000 点的序列进行谱分析时,通常先通过补零将信号延长到 1 024 点再进行处理。

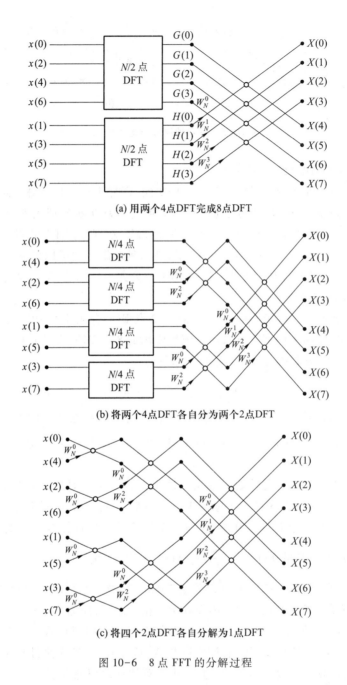

(a) 用两个4点DFT完成8点DFT

(b) 将两个4点DFT各自分为两个2点DFT

(c) 将四个2点DFT各自分解为1点DFT

图 10-6　8 点 FFT 的分解过程

在图 10-6(c)中可以看到,要完成 FFT,首先要将输入信号的顺序重新排列。排列是按照一种比特反置的顺序完成的。这种序号排列过程列举在表10-2中。其中第一列表示了数据在

FFT 中排列的位置,第二列是用二进制表示的位置,第四列是在该位置上的数据的序号,第三列是序号的二进制表示。从表格中可以看出,位置的二进制表示与序号的二进制表示相比,高低位排列的顺序正好相反,两者互成比特反置(bit-reversal)关系。只要将位置的二进制表示中的高低位互换,就可以得到应给在此位置的数据的序号。

信号的序号也可以用另外一种方法——反向进位加法——来产生,而且这种方法适合于硬件实现。常规的二进制加法是将低位溢出的数进位到高位,而反向进位加法则是将高位溢出进位到低位。例如,对于 $N=8$,从 **000 B** 开始(数字的末尾的 B 用以表示这是一个二进制数),每次在最高位(第三位)加 **1**。第一次加 **1**,得到 **100 B**;第二次加 **1**,第三位会产生溢出,将溢出进位到第二位,就可以得到第三个数 **010 B**;第三次加 **1**,得到 **110 B**;第四次加 **1**,连续两次向低位进位,得到 **001 B**……以此类推,由此可以得到全部的序号。

表 10-2 $N=8$ 时的 FFT 输入数据的排序方法

位置(十进制)	位置(二进制)	序号(二进制)	序号(十进制)
0	000	000	0
1	001	100	4
2	010	010	2
3	011	110	6
4	100	001	1
5	101	101	5
6	110	011	3
7	111	111	7

基 2 时间抽取 FFT 算法还有另外一种实现方法,它在运算结构上做了一些改动,使得输入信号按正常顺序排序。但是,这时,输出的频谱就必须按比特反置的顺序排序了。所以,这种结构方便了输入,但是给输出带来了麻烦。也有资料上提出了输入输出都按照自然顺序排列的运算结构,但比较杂乱,不容易记忆,所以一般不被使用。

例题 10-3   用 FFT 计算信号 $f(n)=\{1,2,3,4\}$ 的 4 点 DFT。

解:首先计算系数 $W_4=-j$。FFT 的过程借助于图形完成,首先将输入序列按照比特反置顺序排列,然后按照蝶形单元进行计算,见图 10-7。计算结果与前面按照 DFT 定义得到的结果完全相同。

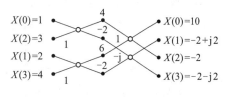

图 10-7   4 点 FFT 计算过程

2. 基 2 频率抽取 FFT 算法(radix-2 decimation in frequency FFT)

在 Cooley 和 Tukey 提出基 2 时间抽取 FFT 算法之后,Sande 和 Tukey 又提出了一种快速算法,又称桑德-图基算法(Sande-Tukey algorithm)。这种算法不是将序列按奇偶分为两个部分,而是按序列的原来顺序直接将数列对半分开。假设

$$f_a(k) = f(k), \quad f_b(k) = f\left(k+\frac{N}{2}\right) \quad k = 0,1,2,\cdots,\frac{N}{2}$$

则

$$
\begin{aligned}
F(m) &= \sum_{k=0}^{N-1} f(k) W_N^{mk} = \sum_{k=0}^{\frac{N}{2}-1} f(k) W_N^{mk} + \sum_{k=\frac{N}{2}}^{N-1} f(k) W_N^{mk} \\
&= \sum_{k=0}^{\frac{N}{2}-1} f(k) W_N^{mk} + \sum_{k=0}^{\frac{N}{2}-1} f\left(k+\frac{N}{2}\right) W_N^{\left(k+\frac{N}{2}\right)m} \\
&= \sum_{k=0}^{\frac{N}{2}-1} f_a(k) W_N^{mk} + W_N^{\frac{N}{2}m} \sum_{k=0}^{\frac{N}{2}-1} f_b(k) W_N^{mk}
\end{aligned}
\tag{10-37}
$$

对式(10-37),可以分两种情况来讨论:

(1) 当 m 为偶数,即 $m = 2r$ 时,式(10-37)等于

$$
\begin{aligned}
F(2r) &= \sum_{k=0}^{\frac{N}{2}-1} f_a(k) W_N^{2kr} + W_N^{Nr} \sum_{k=0}^{\frac{N}{2}-1} f_b(k) W_N^{2kr} \\
&= \sum_{k=0}^{\frac{N}{2}-1} f_a(k) W_{\frac{N}{2}}^{nk} + \sum_{k=0}^{\frac{N}{2}-1} f_b(k) W_{\frac{N}{2}}^{kr} \\
&= \sum_{k=0}^{\frac{N}{2}-1} \left[f_a(k) + f_b(k) \right] W_{\frac{N}{2}}^{kr} \\
&= \mathrm{DFT}\{f_a(k) + f_b(k)\}
\end{aligned}
\tag{10-38a}
$$

此时频谱就是长度为 $N/2$ 点的序列 $f_a(k) + f_b(k)$ 的 $N/2$ 点 DFT。

(2) 当 m 为奇数,即 $m = 2r+1$ 时,式(10-32)等于

$$
\begin{aligned}
F(2r+1) &= \sum_{k=0}^{\frac{N}{2}-1} f_a(k) W_N^{2kr+k} + W_N^{Nr+\frac{N}{2}} \sum_{k=0}^{\frac{N}{2}-1} f_b(k) W_N^{2kr+k} \\
&= \sum_{k=0}^{\frac{N}{2}-1} f_a(k) W_N^{k} W_{\frac{N}{2}}^{kr} - \sum_{k=0}^{\frac{N}{2}-1} f_b(k) W_N^{k} W_{\frac{N}{2}}^{kr}
\end{aligned}
$$

$$= \sum_{k=0}^{\frac{N}{2}-1} \{[f_a(k)-f_b(k)]W_N^k\}W_{\frac{N}{2}}^{kr}$$

$$= \mathrm{DFT}\{[f_a(k)-f_b(k)]W_N^k\} \qquad (10\text{-}38b)$$

此时频谱就是长度为 $N/2$ 点的序列 $[f_a(k)-f_b(k)]W_N^k$ 的 $N/2$ 点 DFT。

通过式(10-38a)和式(10-38b),同样可以将 N 点 DFT 运算分解成两个 $N/2$ 点的 DFT 运算,从而减少计算量。这两个 $N/2$ 点的 DFT 分别完成了偶数频率点和奇数频率点上的频谱的计算。也可以这样认为:这种算法将频谱按奇偶分为两部分,分别计算。所以,它被称为基 2 频率抽样算法。

这种算法同样可以用蝶形图来表示。图 10-8 显示了基本的蝶形运算单元。与图 10-5 相比,频率抽取蝶形运算单元的加权从左下臂转移到了右下臂。其余的部分与原来相同。通过蝶形运算单元可以用蝶形的结构来描述这种 FFT 计算,见图 10-9(a)。

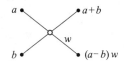

图 10-8　频率抽取蝶形运算单元

与基 2 时间抽取算法一样,这里也可以进一步将 $N/2$ 点的 DFT 拆成 $N/4$、$N/8$ 等更小的 DFT,直到不能拆为止。见图 10-9(b)、(c)。同样,当 $N=2^k$ 时,计算的效率最高。

这种算法的计算量与基 2 时间抽取算法完全一样,在计算中同样也必须考虑到输入或输出序列的排序问题。这里就不再一一讨论了。

除了上面提到的两种最著名的 FFT 算法以外,DFT 计算还有其他一些快速算法。例如,基 4FFT 算法也是实际工程中常用的算法之一;如果 N 不等于 2 的幂次,只要它能够表示成一系列小的整数的乘积,也可以通过相近的方法,将 DFT 的计算过程拆解成多个小点数的 DFT 计算,以降低计算量;当 N 为素数时,可以采用基于数论变换的 FFT 算法提高计算速度。感兴趣的读者可以参阅有关数字信号处理的书籍。

IDFT 也有快速算法,称为快速傅里叶反变换(inverse fast Fourier transform, IFFT)。它的实现方法与 FFT 相似。比较正反 DFT 变换公式,可以看到,只要将 DFT 计算中的 W_N 变成 W_N^{-1},并将结果乘以 $\frac{1}{N}$,就可以得到 IDFT。所以,只要将蝶形图中的各个 W_N 因子改为 W_N^{-1},并且将结果乘以 $\frac{1}{N}$,就可以得到 IFFT 的计算结构。或者也可以使用下面的公式用 DFT 完成 IDFT 运算

$$\mathrm{IDFT}\{F(m)\} = \frac{1}{N}\mathrm{DFT}^*\{F(m)^*\} \qquad (10\text{-}39)$$

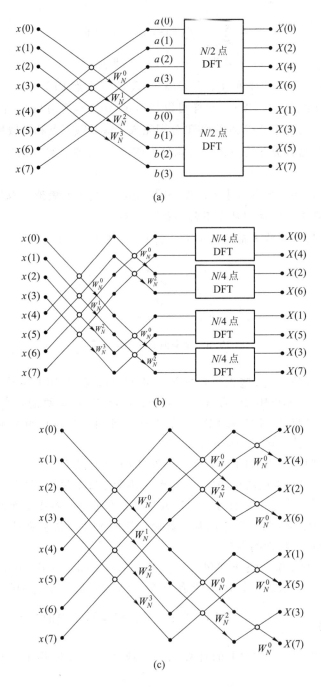

图 10-9　基 2 频率抽取法完成 FFT

通过这个公式,可以用 FFT 完成 IFFT 计算。这种方法的好处是只要准备一个程序(或硬件)就可以同时完成 FFT 和 IFFT。

§10.7　DFT 和 FFT 的应用

DFT 和 FFT 在实际工程中有很大的应用价值。借助于计算机强大的数据处理能力,完成 DFT 计算成为一件轻而易举的事,而 FFT 的应用则加快了计算速度,为实时数据处理创造了条件。现在,很多高速信号处理芯片中都设计了专门的硬件,完成信号排序和蝶形运算,以方便 FFT。目前,在通用信号处理芯片中,1 024 点浮点复数序列的 FFT 可以在 0.5 ms 或更快的时间内完成。如果采用专用 FFT 芯片,计算速度还可以进一步提高。

下面列举几个 DFT 和 FFT 的应用。

1. 信号的谱分析

DFT 的最直接的用途就是进行谱分析。根据前面 §10.4 节讨论的 DFT 与其他各种频谱之间的关系,可以用 DFT 求出有限长连续信号、有限长序列、周期性信号的频谱。DFT 与其他各种频谱的关系在 §10.4 节中已经以公式的形式给出,这里不再赘述。

如果原来的信号不是一个时域有限的信号,就必须选取包含绝大部分信号能量的时间区间,将信号截断,近似成为一个有限时间信号后再进行分析。当然这样做会产生误差,这种误差又被称为截断误差。为了减小这种误差,必须根据实际需要和数据处理能力的大小尽可能地扩大时间区间,尽量减少截断对信号频谱产生的影响。如果原来的信号不是一个频域有限的信号能量,则必须选取合适的信号等效带宽,保证通带内包含绝大部分信号,将信号近似成为一个有限频带信号后再进行分析。等效带宽必须选取合理,保证频谱分析能够达到预定的精度。

在用 DFT 进行连续信号的频谱分析时,首先要确定抽样频率 ω_s 和 DFT 点数。抽样频率 ω_s 的选择依据是信号的频带。如果信号本身是一个带限信号,根据奈奎斯特抽样定理,抽样频率只要大于信号最高频率分量的两倍以上就可以了。但是,对于一个时间有限信号,其非零频谱分量一直可以延续到频率无穷远处,所以,无法按奈奎斯特抽样定理确定抽样频率。这时,只能根据信号频谱的收敛性,选择足够大的抽样频率,使信号频谱混叠对频谱分析带来的误差尽可能地小,保证频谱分析的精度。

DFT 点数的选择与频谱分析的频率精度有关。DFT 的频率分辨率 Ω 等于 $\Omega = \dfrac{\omega_s}{N}$,根据这个关系得到

$$N = \frac{\omega_s}{\Omega} \tag{10-40}$$

如果考虑到使用 FFT 加快计算速度,则 N 可以取比式(10-40)给出的数字更大的、同时又是 2 的幂次的最小整数,便于 FFT 算法的实现。

例题 10-4 用 DFT 计算图 10-10 所示的三角脉冲信号的频谱:

$$f(t)=\begin{cases} 1-\dfrac{|t-\tau|}{\tau} & 0\leqslant t<2\tau \\ 0 & \text{其他} \end{cases}$$

其中 $\tau=0.5$ ms。要求频率分辨率 $\Delta f=10$ Hz,最高频率为 $f_H=10$ kHz。

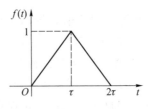

图 10-10 三角信号波形

解: 在本书上册第三章表 3-1 中曾经给出过三角脉冲信号的频谱,这里的三角脉冲信号与之相比,增加了一个时延 τ,容易得到其频谱函数的数学表达式为

$$F(j\omega)=\tau\cdot \text{Sa}^2\left(\frac{\omega\tau}{2}\right)e^{-j\omega\tau} \tag{10-41}$$

现在用 DFT 计算其频谱,并将其与用式(10-41)计算出的频谱相比较。

首先确定信号的抽样频率。这里虽然指定了所要求得到的频谱图中的最高频率为 10 kHz,但是这并不等于信号的频带局限在 10 kHz 内。事实上,这个有限时间信号的频谱是无限的。所以必须尽可能地增加抽样频率,减小频谱混叠对谱估计造成的影响。为了对比计算效果,这里分别采用了两种抽样频率进行计算。

(1)取 $f_s=20$ kHz。这时,可以得到抽样点数 $N=f_s/\Delta f=2\,000$。按照这个参数对连续信号抽样,可以得到序列

$$f(k)=\begin{cases} 1-\dfrac{|N-k|}{N} & 0\leqslant k<20 \\ 0 & 20\leqslant k<2\,000 \end{cases}$$

对该序列进行 DFT,得到 $F(m)$,然后根据式(10-27),可以得到

$$F\left(j\frac{2\pi f_s}{N}m\right)=T_s\cdot F(m)=F(m)/f_s=F(j2\pi m\Delta f)$$

因为 $N=f_s/\Delta f$(即 $f_s/N=\Delta f$),故

$$F(j2\pi m\Delta f)=F(m)/f_s$$

请注意在本题中频率都使用的是频率,而不是角频率。通过计算机程序实现的 DFT 计算程序对 $F(m)$ 进行计算后,可以画出信号在 0~10 kHz 内的幅频特性曲线和相频特性曲线,如图 10-11(a)。

将这里的结果与本书上册用的信号频谱公式(3-49)得到标准结果相比,相频和幅频曲线的误差曲线如图 10-11(b)。从图中可以看到,幅频曲线的最大值为 5×10^{-4},用 DFT 得到幅频特性误差最大值为 2.6×10^{-6},误差最大值约等于幅频最大值的 $\dfrac{1}{200}$。这个精度还是能够令人满意的。

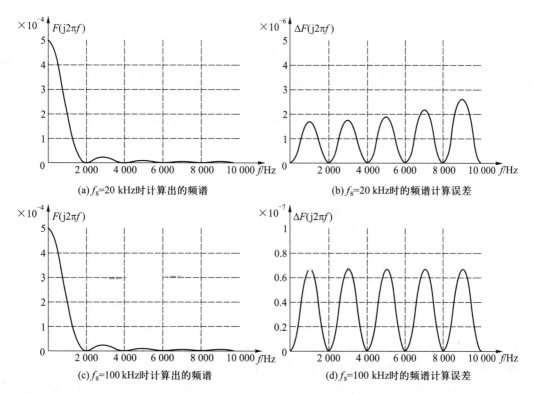

(a) f_s=20 kHz时计算出的频谱   (b) f_s=20 kHz时的频谱计算误差

(c) f_s=100 kHz时计算出的频谱   (d) f_s=100 kHz时的频谱计算误差

图 10-11 用 DFT 分析信号的频谱

(2) 取 f_s = 100 kHz,N = 10 000。其余的过程同上。这时的结果如图 10-11(c)和(d)。从图上可以看出,此时幅频特性的误差最大值为 6.6×10^{-8},比 f_s = 20 kHz 情况下的误差减小了约 50 倍,精度有了很大的提高,效果更加理想。

在实际工程中,常常设法使 N 等于 2 的幂次。例如,在上题中,可以先确定 $N = 2^{13} = 8\ 192$,然后确定抽样频率 $f_s = N\Delta f = 81.920$ kHz。这时可以使用基 2FFT 算法来加快计算速度。

2. 快速卷积计算

在求解离散时间系统的响应时,常常要进行卷积和计算。利用 DFT 的卷积特性,可以将卷积通过 DFT 完成。利用 FFT,可以加快卷积和的计算速度。

但是,利用 DFT 的卷积特性,只能完成循环卷积计算,而在实际工作中常常要进行的是线性卷积计算。通过 §10.2 节中介绍的线性卷积和循环卷积计算的关系可知道:如果对两个长度分别为 N_1 和 N_2 的序列做 $N \geqslant N_1+N_2-1$ 点的循环卷积,其结果与线性卷积一样。为了使用 FFT 算

法,一般取 N 等于 2 的幂次。具体的计算过程如下:

(1) 确定 N 等于满足 $N \geqslant N_1 + N_2 - 1$ 条件的最小的 2 的幂次;

(2) 分别将两个输入序列 $f_1(k)$ 和 $f_2(k)$ 用 0 补齐到 N 点;

(3) 对两个序列分别求 N 点的 FFT,得到 $F_1(m)$ 和 $F_2(m)$,并且将结果相乘;

(4) 通过计算 $\text{IDFT}\{F_1(m) F_2(m)\}$,求出线性卷积的结果。

这里以两个长度为 500 点的实数序列的卷积为例,比较一下直接计算和用 FFT 计算线性卷积的计算量。在直接计算线性卷积时,共需要 250 000 次实数乘法和 249 001 次实数加法计算;而在使用 FFT 时,将序列补齐到 1 024 点,这时的计算量的计算比较复杂,用表格的形式列出了各步计算所需要的计算量如下:

计算内容	复数乘法次数	复数加法次数	实数乘法次数	实数加法次数
$F_1(m) = \text{DFT}\{f_1(k)\}$	2 060	5 120	0	0
$F_2(m) = \text{DFT}\{f_2(k)\}$	2 060	5 120	0	0
$F(m) = F_1(m) \cdot F_2(m)$	1 024	0	0	0
$f(k) = \text{IFFT}\{F(m)\}$	2 060	5 120	1 024	0
总计	7 204	15 360	1 024	0

考虑到复数运算比加法运算复杂,每次复数乘法运算必须经过 4 次实数乘法和 2 次实数加法,每次复数加法运算必须经过两次实数加法运算,所以,实际总共需要 29 840 次实数乘法和 45 128 次实数加法计算。这与直接计算的计算量相比,减少了很多。

在 §10.6 节的内容中我们看到,如果要用 FFT 完成 DFT 计算,必须进行数据排序。但在用 FFT 计算线性卷积的过程中,可以不进行序列的排序计算。这里可以采用时间序列为原序、频谱为反序的 FFT 算法,得到按反序排序的 $F_1(m)$ 和 $F_2(m)$。直接将两个反序的频谱相乘,得到反序排列的 $F(m)$。最后,采用频谱反序排列、时域原序排列的 FFT 算法,直接得到正常排序的输出序列 $f(k)$。

在离散时间系统的时域求解过程中,有时系统的单位函数响应是一个长度很短的序列,而输入的信号是一个时间长度很长的序列。这时,如果要将很短的序列补上很多 0 而达到线性卷积的要求,就会白白浪费很多计算量,结果会得不偿失。这时,可以采用分段卷积的方法,将长的信号序列分割成为一系列短序列的和,然后用 FFT 分别求各短序列与单位函数响应之间的卷积。最后将所得到的卷积结果相加,得到总的卷积结果。有关这方面的内容,请参考其他数字信号处理方面的书籍。

3. 快速相关计算

相关(correlation)运算是信号处理中经常会遇到的一种计算,它在雷达、声呐和地震波分析等信号处理中的应用尤其广泛。它的定义类似于卷积计算。在连续时间系统中信号 $f_1(t)$ 与 $f_2(t)$ 的相关运算的定义为

$$f(t) = \int_{-\infty}^{+\infty} f_1(\tau) f_2(\tau+t) \, d\tau \tag{10-42}$$

在离散时间系统中信号 $f_1(k)$ 与 $f_2(k)$ 的相关运算的定义为

$$f(k) = \sum_{n=-\infty}^{+\infty} f_1(n) f_2(n+k) \tag{10-43}$$

这里同样有线性相关和循环相关两种算法。式（10-43）表示的相关称为线性相关,而循环相关的定义为

$$f(k) = \sum_{n=-\infty}^{+\infty} f_1(n)\left(f_2((n+k)_N)G_N(n)\right) \tag{10-44}$$

可以证明

$$\mathrm{DFT}\left\{\sum_{n=-\infty}^{+\infty} f_1(n)\left(f_2((n+k)_N)G_N(n)\right)\right\} = \mathrm{DFT}\{f_1(k)\} \cdot \mathrm{DFT}^*\{f_2(k)\} \tag{10-45}$$

这个性质与 DFT 的卷积特性很相似,只是后面的一个 DFT 上多了一个共轭运算。同样可以利用 FFT 快速算法来计算序列的循环相关运算和线性相关运算,计算过程与快速卷积计算相类似,读者可以自行推导。

以上列举了一些 DFT 和 FFT 的应用实例。从中可以看出,利用 FFT 可以加快许多信号处理的速度,减少计算量,对实时数字信号处理有很大的帮助。

当然,DFT 和 FFT 在实际系统中的具体应用方法,会因信号处理软硬件的特点而有所差异,并不是一成不变的。例如,常用的快速傅里叶变换中除了上面介绍的基 2FFT 算法(radix-2 FFT algorithm)外,还有一种基 4FFT 算法(radix-4 FFT algorithm),在有的信号处理芯片中,采用基 4FFT 算法的处理速度要比基 2FFT 算法快,这时如果要进行卷积、相关或谱分析计算,最好采用基 4FFT 算法。也有一些专用的信号处理芯片,可以以极高的速度直接完成序列的卷积运算,这时就不用通过 FFT 来完成序列的卷积了,反之倒还可以用卷积来进行 DFT 计算。此外,在计算 DFT 时还必须考虑到其他一些因素,例如有限字长效应对计算结果产生的误差,对无限长序列截断后产生的效应以及消除这些干扰的方法等等。这里只是介绍了 DFT 和 FFT 的一些基本的原理和方法。有兴趣进一步研究的读者可以参阅有关信号处理的书籍。

§10.8　离散沃尔什变换与离散余弦变换

除了离散傅里叶变换以外,还有一些离散正交变换在实际应用中被广泛地采用,离散沃尔什变换和离散余弦变换就是其中应用的最广泛的两个,在数据加密、静态和动态图像压缩等应用中经常能遇到这些计算,这里简要介绍这两种变换。

1. 离散沃尔什变换(discrete Walsh transform)

在本书上册第三章中曾经介绍过沃尔什函数和连续信号的沃尔什级数表达形式。任意一

个函数 $f(t)$ 在区间 $[0,1)$ 上可以展开为由沃尔什函数组成的系数,相应地

$$d_m = \int_0^1 f(t)\text{Wal}(m,t)\,\mathrm{d}t \quad m=0,1,2,\cdots$$

$$f(t) = \sum_{m=0}^{+\infty} d_m\text{Wal}(m,t) \quad 0 \leqslant t < 1$$

这里的 $\text{Wal}(m,t)$ 是一个连续函数,在用计算机进行处理时很不方便。这里同样可以采用对时间抽样的方法,在时间区间 $[0,1)$ 内取其等距离的 N 个时间抽样点上的值构成离散沃尔什序列

$$\text{Wal}_N(m,k) = \text{Wal}\left(m,\frac{1}{N}k\right)$$

其中的 k 是时间序号。当 $N=8$ 时,根据 $\text{Wal}(0,t)$、$\text{Wal}(1,t)$、$\cdots$、$\text{Wal}(7,t)$(见本书上册第三章中图 3-31)可以得到 $m=0\sim7$ 时的沃尔什序列分别为

$$\text{Wal}_8(0,k) = \{1,1,1,1,1,1,1,1\}$$
$$\text{Wal}_8(1,k) = \{1,1,1,1,-1,-1,-1,-1\}$$
$$\text{Wal}_8(2,k) = \{1,1,-1,-1,-1,-1,1,1\}$$
$$\text{Wal}_8(3,k) = \{1,1,-1,-1,1,1,-1,-1\}$$
$$\text{Wal}_8(4,k) = \{1,-1,-1,1,1,-1,-1,1\}$$
$$\text{Wal}_8(5,k) = \{1,-1,-1,1,-1,1,1,-1\}$$
$$\text{Wal}_8(6,k) = \{1,-1,1,-1,-1,1,-1,1\}$$
$$\text{Wal}_8(7,k) = \{1,-1,1,-1,1,-1,1,-1\}$$

由沃尔什级数可以得到正反离散沃尔什变换对的定义为

$$X(m) = \text{DWT}\{x(k)\} = \sum_{k=1}^N x(k)\text{Wal}_N(m,k) \quad m=0,1,\cdots,N-1$$

$$x(k) = \text{IDWT}\{X(m)\} = \frac{1}{N}\sum_{k=1}^N X(m)\text{Wal}_N(m,k) \quad k=0,1,\cdots,N-1$$

离散沃尔什变换也可以表示成矩阵形式。定义矩阵

$$\boldsymbol{x} = \begin{bmatrix} x(0) \\ x(1) \\ \vdots \\ x(N-1) \end{bmatrix} \quad \boldsymbol{X} = \begin{bmatrix} X(0) \\ X(1) \\ \vdots \\ X(N-1) \end{bmatrix}$$

$$\textbf{Wal}_N = \begin{bmatrix} \text{Wal}_N(0,0) & \text{Wal}_N(0,1) & \cdots & \text{Wal}_N(0,1) \\ \text{Wal}_N(0,1) & \text{Wal}_N(0,1) & \cdots & \text{Wal}_N(0,1) \\ \vdots & \vdots & & \vdots \\ \text{Wal}_N(0,1) & \text{Wal}_N(0,1) & \cdots & \text{Wal}_N(0,1) \end{bmatrix}$$

则离散沃尔什变换可以表示成

$$X = \mathbf{Wal}_N \cdot x$$

$$x = \frac{1}{N}\mathbf{Wal}_N \cdot X$$

可以证明,矩阵 $\mathbf{Wal}_N$ 满足

$$\mathbf{Wal}_N = \mathbf{Wal}'_N \qquad \mathbf{Wal}_N \cdot \mathbf{Wal}_N = N \cdot \mathbf{I}_N$$

其中 $\mathbf{I}_N$ 为 $N \times N$ 的单位矩阵。由上面两个性质,不难证明正反沃尔什变换的正确性。

例题 10-5 求序列 $f(k) = \{1,2,3,4,5,6,7,8\}$ 的 8 点离散沃尔什变换,并用反变换进行验证。

解: 当 $N=8$ 时,$\mathbf{Wal}_N$ 矩阵等于

$$\mathbf{Wal}_8 = \begin{bmatrix} 1 & 1 & 1 & 1 & 1 & 1 & 1 & 1 \\ 1 & 1 & 1 & 1 & -1 & -1 & -1 & -1 \\ 1 & 1 & -1 & -1 & -1 & -1 & 1 & 1 \\ 1 & 1 & -1 & -1 & 1 & 1 & -1 & -1 \\ 1 & -1 & -1 & 1 & 1 & -1 & -1 & 1 \\ 1 & -1 & -1 & 1 & -1 & 1 & 1 & -1 \\ 1 & -1 & 1 & -1 & -1 & 1 & -1 & 1 \\ 1 & -1 & 1 & -1 & 1 & -1 & 1 & -1 \end{bmatrix}$$

由此可以得到正反变换为

$$\begin{bmatrix} X(0) \\ X(1) \\ X(2) \\ X(3) \\ X(4) \\ X(5) \\ X(6) \\ X(7) \end{bmatrix} = \begin{bmatrix} 1 & 1 & 1 & 1 & 1 & 1 & 1 & 1 \\ 1 & 1 & 1 & 1 & -1 & -1 & -1 & -1 \\ 1 & 1 & -1 & -1 & -1 & -1 & 1 & 1 \\ 1 & 1 & -1 & -1 & 1 & 1 & -1 & -1 \\ 1 & -1 & -1 & 1 & 1 & -1 & -1 & 1 \\ 1 & -1 & -1 & 1 & -1 & 1 & 1 & -1 \\ 1 & -1 & 1 & -1 & -1 & 1 & -1 & 1 \\ 1 & -1 & 1 & -1 & 1 & -1 & 1 & -1 \end{bmatrix} \begin{bmatrix} 1 \\ 2 \\ 3 \\ 4 \\ 5 \\ 6 \\ 7 \\ 8 \end{bmatrix} = \begin{bmatrix} 36 \\ -16 \\ 0 \\ -8 \\ 0 \\ 0 \\ 0 \\ -4 \end{bmatrix}$$

$$\begin{bmatrix} x(0) \\ x(1) \\ x(2) \\ x(3) \\ x(4) \\ x(5) \\ x(6) \\ x(7) \end{bmatrix} = \frac{1}{8} \begin{bmatrix} 1 & 1 & 1 & 1 & 1 & 1 & 1 & 1 \\ 1 & 1 & 1 & 1 & -1 & -1 & -1 & -1 \\ 1 & 1 & -1 & -1 & -1 & -1 & 1 & 1 \\ 1 & 1 & -1 & -1 & 1 & 1 & -1 & -1 \\ 1 & -1 & -1 & 1 & 1 & -1 & -1 & 1 \\ 1 & -1 & -1 & 1 & -1 & 1 & 1 & -1 \\ 1 & -1 & 1 & -1 & -1 & 1 & -1 & 1 \\ 1 & -1 & 1 & -1 & 1 & -1 & 1 & -1 \end{bmatrix} \begin{bmatrix} 36 \\ -16 \\ 0 \\ -8 \\ 0 \\ 0 \\ 0 \\ -4 \end{bmatrix} = \begin{bmatrix} 1 \\ 2 \\ 3 \\ 4 \\ 5 \\ 6 \\ 7 \\ 8 \end{bmatrix}$$

离散沃尔什变换有很多与离散傅里叶变换相类似的性质,例如线性特性、帕塞瓦尔定理等。但是也有一些与离散傅里叶变换不同的性质,例如它的卷积特性与离散傅里叶变换不同,这里的卷积不再是循环卷积,而是一种被称为并矢卷积(dyadic convolution)的卷积运算。离散沃尔什变换也有一些快速算法,例如将其序列重新排列后可以得到沃尔什-阿达马变换,可以用结构与 FFT 相似的一系列蝶形运算单元实现,由此可以大大降低运算量。详细内容请参阅有关资料,这里不再详细讨论。

2. 离散余弦变换

离散余弦变换(discrete cosine transform,DCT)也是目前使用得很多的一种离散变换。其定义为

$$X(m) = \text{DCT}\{x(k)\} = \begin{cases} \sqrt{\dfrac{1}{N}} \displaystyle\sum_{k=0}^{N-1} x(k) & m=0 \\[4mm] \sqrt{\dfrac{2}{N}} \displaystyle\sum_{k=0}^{N-1} x(k)\cos\left[\dfrac{(2k+1)m\pi}{2N}\right] & m=1,2,\cdots,N-1 \end{cases}$$

$$x(k) = \text{IDCT}\{X(m)\} = \frac{1}{\sqrt{N}}X(0) + \sqrt{\frac{2}{N}}\sum_{m=1}^{N-1} X(m)\cos\left[\frac{(2k+1)m\pi}{2N}\right] \qquad k=0,1,2,\cdots,N-1$$

这种变换也可以记成矩阵形式。定义矩阵

$$\boldsymbol{x} = \begin{bmatrix} x(0) \\ x(1) \\ \vdots \\ x(N-1) \end{bmatrix} \qquad \boldsymbol{X} = \begin{bmatrix} X(0) \\ X(1) \\ \vdots \\ X(N-1) \end{bmatrix}$$

$$\boldsymbol{C}_N = \sqrt{\frac{2}{N}} \cdot \begin{bmatrix} \dfrac{1}{\sqrt{2}} & \dfrac{1}{\sqrt{2}} & \dfrac{1}{\sqrt{2}} & \cdots & \dfrac{1}{\sqrt{2}} \\[3mm] \cos\left(\dfrac{\pi}{2N}\right) & \cos\left(\dfrac{3\pi}{2N}\right) & \cos\left(\dfrac{5\pi}{2N}\right) & \cdots & \cos\left[\dfrac{(2N-1)\pi}{2N}\right] \\[3mm] \cos\left(\dfrac{2\times\pi}{2N}\right) & \cos\left(\dfrac{2\times3\pi}{2N}\right) & \cos\left(\dfrac{2\times5\pi}{2N}\right) & \cdots & \cos\left[\dfrac{2\times(2N-1)\pi}{2N}\right] \\[3mm] \vdots & \vdots & \vdots & & \vdots \\[3mm] \cos\left[\dfrac{(N-1)\times\pi}{2N}\right] & \cos\left[\dfrac{(N-1)\times3\pi}{2N}\right] & \cos\left[\dfrac{(N-1)\times5\pi}{2N}\right] & \cdots & \cos\left[\dfrac{(N-1)(2N-1)\pi}{2N}\right] \end{bmatrix}$$

则 DCT 公式可以记成

$$\boldsymbol{X} = \boldsymbol{C}_N \cdot \boldsymbol{x} \qquad \boldsymbol{x} = \boldsymbol{C}_N' \cdot \boldsymbol{x}$$

例题 10-6 求序列 $f(k) = \{1,2,3\}$ 的 3 点离散余弦变换,并用反变换进行验证。

解: 当 $N=3$ 时,$\boldsymbol{C}_N$ 矩阵等于

$$C_3 = \begin{bmatrix} \dfrac{1}{\sqrt{3}} & \dfrac{1}{\sqrt{3}} & \dfrac{1}{\sqrt{3}} \\[3mm] \dfrac{1}{\sqrt{2}} & 0 & -\dfrac{1}{\sqrt{2}} \\[3mm] \dfrac{1}{\sqrt{6}} & -\sqrt{\dfrac{2}{3}} & \dfrac{1}{\sqrt{6}} \end{bmatrix}$$

由此可以得到正反变换为

$$\begin{bmatrix} X(0) \\ X(1) \\ X(2) \end{bmatrix} = \begin{bmatrix} \dfrac{1}{\sqrt{3}} & \dfrac{1}{\sqrt{3}} & \dfrac{1}{\sqrt{3}} \\[3mm] \dfrac{1}{\sqrt{2}} & 0 & -\dfrac{1}{\sqrt{2}} \\[3mm] \dfrac{1}{\sqrt{6}} & -\sqrt{\dfrac{2}{3}} & \dfrac{1}{\sqrt{6}} \end{bmatrix} \begin{bmatrix} 1 \\ 2 \\ 3 \end{bmatrix} = \begin{bmatrix} 2\sqrt{3} \\ -\sqrt{2} \\ 0 \end{bmatrix}$$

$$\begin{bmatrix} x(0) \\ x(1) \\ x(2) \end{bmatrix} = \begin{bmatrix} \dfrac{1}{\sqrt{3}} & \dfrac{1}{\sqrt{2}} & \dfrac{1}{\sqrt{6}} \\[3mm] \dfrac{1}{\sqrt{3}} & 0 & -\sqrt{\dfrac{2}{3}} \\[3mm] \dfrac{1}{\sqrt{3}} & -\dfrac{1}{\sqrt{2}} & \dfrac{1}{\sqrt{6}} \end{bmatrix} \begin{bmatrix} X(0) \\ X(1) \\ X(2) \end{bmatrix} = \begin{bmatrix} 1 \\ 2 \\ 3 \end{bmatrix}$$

从 DCT 的变换公式中可以看出,DCT 实际上与 DFT 一样,都是将信号分解为许多个正弦序列之和,所不同的是正弦信号的频率不同。由于两者都采用了相似的信号,所以 DCT 也可以通过 DFT 完成。例如,当 $m>0$ 时,有

$$\begin{aligned} X(m) = \mathrm{DCT}\{x(k)\} &= \sqrt{\frac{2}{N}} \sum_{k=0}^{N-1} x(k) \cos\left[\frac{(2k+1)m\pi}{2N}\right] \\ &= \sqrt{\frac{2}{N}} \mathrm{Re}\left\{ \sum_{k=0}^{N-1} x(k) \mathrm{e}^{-\mathrm{j}\frac{(2k+1)m\pi}{2N}} \right\} \\ &= \sqrt{\frac{2}{N}} \mathrm{Re}\left\{ \mathrm{e}^{-\mathrm{j}\frac{m\pi}{2N}} \sum_{k=0}^{N-1} x(k) \mathrm{e}^{-\mathrm{j}\frac{2\pi}{2N}km} \right\} \end{aligned}$$

其中的求和部分与 $2N$ 点的 DFT 公式很相似,只不过求和的上限是 $N-1$ 而不是 $2N$ 点的 DFT 公式所必需的 $2N-1$。为了与 $2N$ 点的 DFT 公式一致,这里通过补零将原来 N 点的序列 $x(k)$ 扩展成长度为 $2N$ 的序列 $x_1(k)$,则

$$X(m) = \sqrt{\frac{2}{N}} \mathrm{Re}\left\{ \mathrm{e}^{-\mathrm{j}\frac{m\pi}{2N}} \sum_{k=0}^{2N-1} x_1(k) \mathrm{e}^{-\mathrm{j}\frac{2\pi}{2N}km} \right\} = \sqrt{\frac{2}{N}} \mathrm{Re}\left\{ \mathrm{e}^{-\mathrm{j}\frac{m\pi}{2N}} \mathrm{DFT}[x_1(k)] \right\}$$

可见通过 $2N$ 点的 DFT 可以完成 N 点的 DCT 计算。从 DFT 和 DCT 的定义公式上看,用 $2N$ 点的 DFT 求解 N 点的 DCT 可能计算量更大一些,再加上 DFT 会牵涉到复数计算,所以用 DFT 完成 DCT 计算似乎有些不合算。但是考虑到 DFT 可以用 FFT 完成,计算量可以大大节省,所以当 N 很大时,用 DFT 完成 DCT 还是可以节省很多计算量的。还有一种快速余弦算法(fast cosine transform,FCT),它采用了与 FFT 算法一样的思路,将 N 点的 DCT 计算转换为两个 $\dfrac{N}{2}$ 点的 DCT 计算(假设 N 为偶数),从而降低计算量。与 FFT 算法一样,如果 N 是 2 的幂次,这样的分解也可以一直不断地做下去,计算量可以降至最低。这种 FCT 算法所需要的乘法次数为 $\dfrac{N}{2}\log_2 N$,加法次数为 $\dfrac{3N}{2}\log_2 N-N+1$,从数量上看,其计算次数与 FFT 相近。但是 FCT 中的加法和乘法运算都是实数运算,而 FFT 中的乘法和加法都是复数加法。每个复数加法要用两个实数加法实现,每个复数乘法则要用四个实数乘法和两个实数加法实现。所以,同样长度的 FCT 的计算量比 FFT 要小得多。有兴趣的读者可以参考有关文献。

   DWT 和 DCT 的一个共同特点是其计算中只涉及实数运算,所得到的结果也是一个实数序列,这使它们比 DFT 简单很多。从运算量上看,DWT 和 DCT 都只涉及实数乘法和加法计算,DWT 中甚至不需要乘法计算,所以它们的计算量比需要复数运算的 DFT 要小得多。DWT 和 DCT 在实际应用中的用途与 DFT 不同,它们不能用于信号的频谱分析,也不能用于快速卷积和快速相关运算,而在其他一些场合,例如语音、心电和图像数据压缩等方面有很广泛的用途,特别是 DCT 变换更容易体现图像信号的基本特征,通过以 DCT 为基础的 2 维 DCT 运算可以降低记录一幅图像所需要的数据量,从而可以降低图像存储占用的存储空间,减少图像传输需要的时间,已经被广泛地用于图像信号的标准压缩算法(例如 JPEG 和 MPEG)中。

习　题

10.1　求下列序列的离散傅里叶变换。

(1) $f(k)=\{5,2,4,9\}$,　　　　$N=4$

(2) $f(k)=\{16,17,15,20\}$,　　　　$N=4$

(3) $f(k)=\{1,1,1,1,1,1,1,1\}$,　　　　$N=8$

(4) $f(k)=\{1,1,1,1,0,0,0,0\}$,　　　　$N=8$

(5) $f(k)=\cos(2\pi k/8)$,　　　　$k=0,1,2,\cdots,7$,　　　$N=8$

(6) $f(k)=\cos[2\pi(k+0.5)/8]$,　　　$k=0,1,2,\cdots,7$,　　　$N=8$

10.2　求下列序列的 N 点离散傅里叶变换。

(1) $f(k)=\delta(k)$

(2) $f(k)=\delta(k-k_0)$

(3) $f(k)=a^k$　$(k=0,1,2,\cdots,N-1)$

（4）$f(k)=1$　$(k=0,1,2,\cdots,N_0$,其中 $0<N_0<N)$

10.3　求下列序列的 IDFT。

（1）$F(m)=\{18,-2+j2,-2,-2-j2\}$,　　　$N=4$

（2）$F(m)=\{150,-30+j60,-50,-30-j60\}$,　　　$N=4$

（3）$F(m)=\{152,-8+j40,-8,-8-j40\}$

（4）$F(m)=\{32,20,40,60\}$

10.4　已知序列的 DFT 结果如下,求其原序列。

（1）$F(m)=\delta(m),m=0,1,2,\cdots,N-1$

（2）$F(m)=\delta(m+N_0)+\delta(N-m-N_0),m=0,1,2,\cdots,N-1,0<N_0<N$

10.5　求有限长离散余弦序列 $f(k)=\cos(\omega_0 k+\phi_0)(k=0,1,2,\cdots,N-1)$ 的 N 点离散傅里叶变换。

10.6　计算下列序列之间的 4 点循环卷积。

（1）$f_1(k)=\{4,2,10,5\}$,$f_2(k)=\{3,7,9,11\}$

（2）$f_1(k)=\{1,2,3,4\}$,$f_2(k)=\{1,1,1,1\}$

（3）$f_1(k)=\{1,1,1,1\}$,$f_2(k)=\{1,1,1\}$

（4）$f_1(k)=\{1,2,3,4\}$,$f_2(k)=\{0,1,0\}$

10.7　计算上题中各对序列间的 6 点圆周卷积和线性卷积,并比较其结果。

10.8　设 $x(k)$ 为长度为 N 的有限长序列,其 N 点 DFT 为 $X(m)$。现通过补零将 $x(k)$ 的长度扩大 L 倍,成为长度为 LN 的序列 $y(k)$,即

$$y(k)=\begin{cases}x(k)&0\leqslant k<N\\0&N\leqslant k<LN\end{cases}$$

求 $y(k)$ 的 DFT。

10.9　设 $x(k)$ 为长度为 N 的有限长序列,其 N 点 DFT 为 $X(m)$。现通过在 $x(k)$ 的每两点间补上 $L-1$ 个零将其扩展为长度等于 NL 的新的序列 $y(k)$,即

$$y(k)=\begin{cases}x\left(\dfrac{k}{L}\right)&k=iL(i=0,1,2,\cdots,N-1)\\0&k\text{ 等于其他值}\end{cases}$$

求这个新序列的 NL 点 DFT。

10.10　设 $x(k)$ 为长度为 N 的有限长序列,其 N 点 DFT 为 $X(m)$。现以 N 为周期将其周期延拓成长度等于 NL 的新的序列,即

$$y(k)=\sum_{i=0}^{L-1}x(k+iN)$$

求这个新序列的 NL 点 DFT。

10.11　设 N 点复数序列 $x(k)$ 的 DFT 为 $X(m)$,证明其共轭序列 $x^*(k)$ 的 DFT 等于 $X^*(N-m)$。

10.12　设复数序列 $c(k)=x(k)+jy(k)$,其中 $x(k)$ 和 $y(k)$ 是两个实数序列,分别对应于 $c(k)$ 的实部和虚部。假设已知 $c(k)$ 的 DFT 等于 $C(m)$,求 $x(k)$ 和 $y(k)$ 的 DFT。

10.13　已知序列 $x(k)$ 的 N 点 DFT 为 $X(m)$,利用 DFT 的移频特性求下列序列的 DFT。

（1）$x(k)\cos\left(\dfrac{2\pi N_0 k}{N}\right)$　　　　　　（2）$x(k)\sin\left(\dfrac{2\pi N_0 k}{N}\right)$

10.14　利用 DFT 的卷积性质求习题 10.5 中各对序列的 4 点循环卷积。

10.15 利用 DFT 的卷积性质求习题 10.5 中各对序列的线性卷积(提示:为了 DFT 计算方便可以取 $N=8$)。

10.16 试证明 DFT 性质中的频域卷积特性(式 10-13)。

10.17 试证明 DFT 性质中的帕塞瓦尔定理(式 10-18)。

10.18 由离散门信号 $G_N(k)=\varepsilon(k)-\varepsilon(k-N)$ 的 DFT 求其 z 变换,并与直接计算结果相比较。

10.19 一连续时间信号的持续时间为 2.048 s,信号在 256 个等距点处抽样,求抽样所得序列的频谱的周期,如要求不产生频谱混叠,则对 $f(t)$ 的频谱有何限制。

10.20 通过 DFT,对一个连续的持续时间为 1 ms 的方波脉冲信号的频谱进行分析。假设该信号在 20 kHz 以上的频谱分量可以忽略不计。

(1)如果通过 DFT 直接分析该信号的频谱,要求频谱分辨率达到 1 Hz,抽样频率应该达到多少? 抽样时间应该多长?进行 DFT 的点数 N 应该等于多少?

(2)如果指定抽样时间 $T=1$ ms,则直接通过 DFT 可以达到的频域分辨率为多少? 此时 DFT 的点数 N 为多少?

(3)在抽样时间 $T=1$ ms 的前提下,直接计算得到的频谱分辨率为多少? 如果依然要做到频谱分辨率达到 1 Hz,应该如何计算?

(4)通过编写计算机,验证上面的结果,并与实际门函数的频谱函数相比较,观察计算误差并分析误差产生的原因。如果要提高计算精度,应该在哪些地方采取措施?

10.21 证明 W_N 的下列性质。

(1)$W_N^k=W_N^{k+N}$,即 W_N 是一个周期为 N 的序列。

(2)$W_N^k=-W_N^{k+\frac{N}{2}}$

(3)$W_N^k=(W_N^{-k})^*=(W_N^{N-k})^*$

(4)$W_{N_0}^{N_0 k}=W_N^{k}$,这里 N 等于 N_0 的倍数。
$\quad\frac{N}{N_0}$

10.22 试分别用基 2 时间抽取和基 2 频率抽取 FFT 算法计算下列序列的离散傅里叶变换

(1)$f(k)=\varepsilon(k)-\varepsilon(k-8),0\leqslant N<8$

(2)$f(k)=\dfrac{1}{2}[1+(-1)^k]\varepsilon(k),0\leqslant N<8$

(3)$f(k)=k(k-1)\varepsilon(k),0\leqslant N<8$

(4)$f(k)=\cos\dfrac{k\pi}{2}\varepsilon(k),0\leqslant N<8$

10.23 假如用 FFT 算法完成 32 点 DFT 运算,输入序列采用自然顺序排序,输出采用比特反置顺序排序。写出输出序列的排列顺序。

10.24 已知一个 8 点实信号 $f(k)$ 的 DFT 为 $F(m)$,$F(m)$ 的前五项分别为 $F(0)=5,F(1)=j,F(2)=1+j$,$F(3)=2+j3,F(4)=2$,利用 W_N 的性质求 $F(5)$、$F(6)$、$F(7)$,并用帕塞瓦尔定理求 $f(k)$ 的平均能量。

10.25 利用 FFT 计算下列序列组中各序列两两之间的循环卷积和循环相关函数。

$f_1(k)=\{1,1,1,1,1,1,1,1\}$,$f_2(k)=\{1,1,1,1,-1,-1,-1,-1\}$

$f_3(k)=\{1,1,-1,-1,1,1,-1,-1\}$,$f_4(k)=\{1,-1,1,-1,1,-1,1,-1\}$

10.26 在计算实数序列 $f(k)$ 的 FFT 时,可以结合习题 10-10,进一步降低运算量。试推导此时的计算过程,估计计算量(复数加法和乘法的次数)。

（提示:如图 10-6(a)所示将 N 点 DFT 分解为两个 $\dfrac{N}{2}$ 点的 DFT 计算以后,考虑到这两个序列都是实数序列,可以按照习题 10-10 将其合成一个复数序列,根据这个复数序列的 DFT 可以一次性求出两个实数序列的 DFT。这样只用进行一次 $\dfrac{N}{2}$ 点的 DFT,从而节省了计算量。)

10.27　计算下列序列的 8 点离散沃尔什变换。

（1）$f(k)=\{10,20,30,29,50,100,37,22\}$

（2）$f(k)=\{1,3,5,7,9,11,13,15\}$

（3）$f(k)=\{21,23,25,27,29,31,33,35\}$

10.28　计算下列序列的 3 点离散余弦变换。

（1）$f(k)=\{15,20,32\}$

（2）$f(k)=\{1,3,5\}$

（3）$f(k)=\{11,13,15\}$

第十一章

数字滤波器

§11.1 引言

在本书上册第七、八章中,介绍了离散时间系统的分析方法。在通信、自动控制等实际应用中,却很少遇到自然存在的离散系统,更多的是根据信号处理的需要,人工设计并实现的离散系统。本章将要介绍的,就是如何根据实际工程需要,设计出有用的离散时间系统。

在实际应用中,很多连续时间系统或离散时间系统都担负着对输入信号进行传输和处理的任务,这些系统的任务可以归结为抑制或滤除输入信号中的干扰或干扰成分,修正输入信号中各个频率分量的大小和相位,输出有用的信号,等等。这类系统往往被称为滤波器(filter)。例如,在本书上册第四章中曾经介绍的低通滤波器(low-pass filter),就是让有用的低频信号通过、滤除无用的高频干扰的滤波器。处理连续时间信号——又称模拟信号(analog signal)——的滤波器称为模拟滤波器(analog filter),而处理离散时间信号的滤波器被称为离散滤波器。在通过数字电路、计算机等数字技术实现的数字系统中,滤波器所处理的信号是数字化后的离散时间信号,这样的离散滤波器称为数字滤波器(digital filter)。模拟滤波器一般用电阻、电容、电感、运算放大器等模拟元器件构成;数字滤波器则可以由数字乘法器、数字加法器、数字延时器等数字元器件组成,也可以通过软件在计算机系统中实现。

数字滤波器与模拟滤波器相比,有着很多优点。首先,数字滤波器可以做到很高的精度,可以达到很多模拟滤波器难以达到的指标。模拟滤波器所使用的器件(例如电阻和电容等)的精度一般不可能很高,参数值存在一定的离散性。由于受到这些器件精度的限制,模拟滤波器往往不能十分精确地实现设计指标。而数字系统中的参数很容易达到很高的精度,实现系统的指标自然就比模拟滤波器容易。其次,数字滤波器的性能不易受温度、湿度等外界环境因素的影响,其各项性能的稳定性很高。数字滤波器中的延时器、加法器、乘法器等很多单元都是用数字电路(digital circuit)实现的,不易受外界干扰,滤波器参数值也不会随温度等外界环境变化。而模拟滤波器则因为器件(如电阻、电容)的参数容易受温度等外界因素的影响而变化,系统参数的稳定性不易得到保证。第三,数字系统的灵活性强,它的结构、系数等可以根据需要随时变化。例如,很多滤波器是用高速信号处理芯片实现的,只要更改软件中的参数,就可以调整系统的性能。也有很多数字滤波器是通过可编程器件用硬件方式实现的,只要更改可编程器件中的参数就可以改变滤波器的性能。而模拟滤波器一旦确定后就无法变化。数字滤波器也有一些不足之处,例如,处理速度往往不如模拟滤波器高,输入数字信号总是存在一定的量化误差,在干扰信号远大于有用信号时,很难保证输入端的有用信号分量的精度等。所以,数字滤波器并不能完全替代模拟滤波器。但是随着超大规模集成电路的高速发展,数字技术和计算机数据处理容量和速度的不断提高,数字滤波器的优势越来越明显,应用范围越来越广泛。现在,越来越多的信号处理任务都用数字滤波器实现。数字滤波器不仅能够实现一维信号的处理,而且能够实现二维或更高维信号的处理,这在图像传输、静态图像压缩、动态图像压缩等方面都有很大的应用价值。

本章对数字滤波器的构造、设计和实现等问题进行讨论,介绍一些数字滤波器的基本设计方法,讨论如何根据模拟信号处理的要求(频率特性、冲激响应、传输函数等)设计数字滤波器以及数字滤波器实现的基本方法。

§11.2　模拟信号的数字化处理系统

在实际工程应用中,原始待处理的信号往往都是连续信号,系统的输出通常也要求是连续信号。如果要使用数字滤波器对它进行处理,则必须对信号进行适当的预处理和后处理。所以,在本节中首先介绍用数字信号处理技术处理模拟信号的系统的基本组成结构。这也是后面将要谈到的数字滤波器设计的基础。

一般用于处理模拟信号的数字滤波器的系统框图如图 11-1 所示。系统由三部分组成。首先,通过连续-离散转换器(continues-time to discrete-time converter),按照抽样频率 ω_s 对输入信号进行抽样,将连续时间信号转换为离散时间系统可以处理的离散的时间信号;然后,通过事先设计好的离散时间系统(数字滤波器),对离散时间信号进行处理,得到离散的输出信号序列;最后,将输出序列通过离散-连续转换器(discrete-time to continues-time converter),将输出序列转换成为系统需要的连续时间输出信号。如果将整个系统看成一个黑盒子,忽略系统内部结构,则这个系统可以完全等效于一个真正的连续时间系统。

连续-离散转换器完成的工作,就是本书上册第七章曾经介绍过的连续信号的抽样工作,也就是通过一个特定的系统,取得信号在 kT 时刻的数值,形成一个离散时间信号。在实际应用中,实现这个连续-离散信号转换电路的系统框图如图 11-2(a)所示。它由两个部分组成。信号首先通过如图中虚线框部分的取样/保持电路(sample and hold circuit,SHC),这个电路的输出信号如图 11-2(b)所示。在图 11-2(b)阴影部分标注的时间里,电路中的开关闭合,电路进入

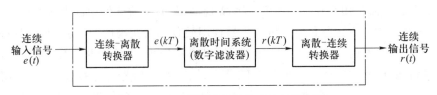

图 11-1　处理模拟信号的数字滤波器框图

跟踪阶段,取样/保持电路的电容电压跟随输入信号变化;在阴影部分时间结束的 kT 时刻,开关断开,此后的时间里,电路进入保持阶段,电容上的电压一直保持在开关断开前瞬间时刻(也就是 kT 时刻)的电压,直到下一个阴影时间来临、开关闭合为止。在这段稳定的保持时间内,后面的模-数转换器(analog to digital converter, ADC)对信号大小进行测量,将模拟信号转换成为数字电路和计算机可以识别的数字信号(digital signal),以便处理。模-数转换电路对信号的转换需要经过一定的时间才可以完成,取样/保持电路的保持功能正是为了保证在信号转换的过程中,ADC 的输入稳定在一个固定的电平上,保证转换工作的正常进行。

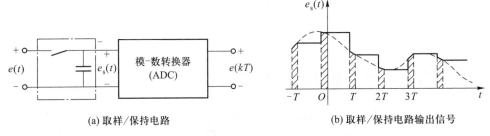

(a) 取样/保持电路　　　　　　　　　(b) 取样/保持电路输出信号

图 11-2　实际的连续-离散信号转换系统框图

　　离散-连续信号转换系统负责将经过离散时间系统处理后的数字信号还原为模拟信号。其理想的原理性框图如图 11-3 所示。系统前面是一个冲激序列发生器(impulse-train generator),它根据数字滤波器产生的离散时间系列中各个离散点上数值的大小,在各个抽样时刻 $kT(T=\dfrac{2\pi}{\omega_s}$ 为抽样间隔)形成一个个的冲激脉冲,构成脉冲序列。然后,通过一个带宽为 $\dfrac{\omega_s}{2}$、增益为 T 的低通滤波器,恢复出连续的输出信号。

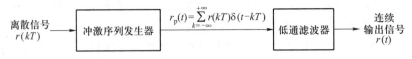

图 11-3　离散-连续信号转换器原理性框图

　　为了更清楚地说明连续和离散信号之间的转换过程,这里暂且假设系统的设计目标是将信号原封不动地输出(但是可以有延时),此时数字滤波器的传输函数应为 $H(z)=1$,数字滤波器

的输入 $e(kT)$ 和输出 $r(kT)$ 相等,冲激序列发送器的输出为

$$r_p(t) = \sum_{k=-\infty}^{+\infty} r(kT)\delta(t - kT) = \sum_{k=-\infty}^{+\infty} e(kT)\delta(t - kT)$$

这实际上就是输入信号 $e(t)$ 经过理想冲激抽样得到的信号 $e_p(t)$。图 11-4 分别给出了输入信号 $e(t)$、经过理想冲激抽样后的信号 $e_p(t)$、冲激脉冲发生器产生的输出冲激序列 $r_p(t)$ 和经过低通滤波器输出后信号 $r(t)$ 的频谱。可见,经过整个系统后,输出信号的频谱没有发生变化,这说明这个系统可以不失真地传输输入信号。

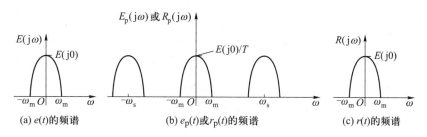

(a) $e(t)$ 的频谱 (b) $e_p(t)$ 或 $r_p(t)$ 的频谱 (c) $r(t)$ 的频谱

图 11-4 $H(z)=1$ 时系统的各点的频谱图

图 11-3 所示的原理性框图对于数字滤波器系统工作原理的理论分析很方便,但是在实际应用中,由于无法产生幅度为无穷大、宽度为无穷小的冲激信号,所以其中的冲激序列发生器电路难以实现。实际的转换系统的结构与图 11-3 中的原理性框图的结构有所不同。

图 11-5 实际的离散-连续信号转换系统

实际的离散-连续信号转换系统的结构如图 11-5 所示。这个系统由三个部分组成。首先,通过数-模转换器(digital to analog converter, DAC)在各个抽样时刻 kT 根据数字滤波器的输出数字将信号还原成为模拟信号 $r(kT)$;然后再通过脉冲产生电路产生一个脉冲序列,脉冲幅度的大小由 DAC 的输出决定;最后将所产生的脉冲序列通过一个低通滤波器,就可以将离散时间序列还原成为连续的抽样信号。因为冲激信号在工程上无法实现,所以一般都用方波等其他脉冲信号代替。工程上常通过使 DAC 输入端的数值量在取样间隔 $(kT,(k+1)T)$ 内保持不变,使得 DAC 输出值在这段时间内保持恒定,从而形成一个宽度为 T 的矩形脉冲信号。这时系统的输出信号如图 11-6(a)所示,它可以表达为

$$r_1(t) = \sum_{k=-\infty}^{+\infty} r(kT)g_T(t - kT)$$

其中的 $g_T(t)$ 是一个高度为 1、宽度为 T 的单个矩形脉冲信号

$$g_T(t) = \begin{cases} 1 & 0 \leqslant t < T \\ 0 & \text{其他} \end{cases}$$

$r_1(t)$也可以看成是理想冲激抽样信号$r_p(t)$与$g_T(t)$的卷积

$$r_1(t) = r_p(t) * g_T(t)$$

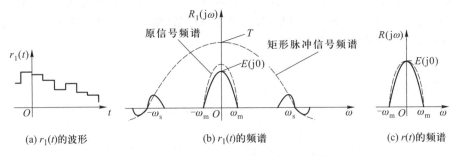

(a) $r_1(t)$的波形　　　(b) $r_1(t)$的频谱　　　(c) $r(t)$的频谱

图 11-6　脉冲发生器产生的信号的频谱

所以,图 11-6(a)所示信号的频谱应该等于理想抽样信号的频谱与矩形脉冲信号频谱的乘积,如图 11-6(b)所示。这时,由于受到矩形脉冲信号的频谱的影响,理想的抽样信号的频谱会发生变化。所以,最终通过低通滤波器(此时的低通滤波器的增益应该为 1)后信号的频谱如图 11-7(c)所示,频谱与原来信号频谱相比产生了一些变化,输出信号 $r(t)$ 的波形也会产生一定的失真。为了尽量减小这些失真,要求矩形脉冲信号在信号的有效频带$(-\omega_m, \omega_m)$内的幅频特性应尽可能平坦。这可以通过减小矩形脉冲信号的宽度的方法得到,改进后的脉冲信号波形和频谱如图 11-7(a)所示,此时

$$r_1(t) = r_p(t) * g_\tau(t)$$

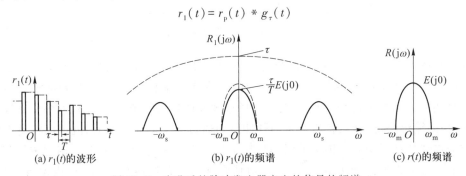

(a) $r_1(t)$的波形　　　(b) $r_1(t)$的频谱　　　(c) $r(t)$的频谱

图 11-7　改进后的脉冲发生器产生的信号的频谱

其中脉冲宽度 $\tau < T$。由于脉冲宽度减小了,脉冲 $g_\tau(t)$ 在$(-\omega_m, \omega_m)$内的幅频特性相对平坦,如图 11-7(b)所示,与图 11-7(c)相比,信号频谱的失真得到了减小。如果进一步减小脉冲信号宽度 τ,失真还可以得到进一步抑制,但是这时低通滤波器的输出信号的幅度也会变化,必须适当调整低通滤波器的增益,使得系统可以输出合适的电平。从图 11-7(b)中可以看出,此时的

低通滤波器的增益应该为$\dfrac{T}{\tau}$。这时系统的输出频谱如图 11-7(c)所示,与图 11-6(c)相比,这里的频谱失真显然要小得多。

§11.3 数字滤波器的结构与分类

一、数字滤波器的一般形式

处理离散时间信号的数字滤波器可以用差分方程来描述

$$r(k+N) + \sum_{n=0}^{N-1} a_n r(k+n) = \sum_{m=0}^{M} b_m e(k+m) \tag{11-1}$$

也可以用传输函数 $H(z)$ 描述:

$$H(z) = \frac{\displaystyle\sum_{m=0}^{M} b_m z^m}{z^N + \displaystyle\sum_{n=0}^{N-1} a_n z^n} \tag{11-2}$$

它的框图结构与一般的离散时间系统实现结构相同,可以用直接式、串联式或并联式等形式构成。这里以二阶系统为例给出其直接式框图,见图 11-8。其中的图(a)的形式与第七章中介绍的完全一样。而图(b)则是另外一种表达方式,它将原来图中的两个延时器由水平排列改为垂直排列,在图形的形状上作了一些变形,但是其实质与图(a)完全相同。

在数字信号处理系统中,数字滤波器的实现方法通常有两种。第一种是用数字电路硬件实现。在数字电路中,所有构成离散时间系统框图的基本单元(如加法器、乘法器、延时器等)都有相应的实现电路,将这些电路连接起来,不难构造出系统。第二种方法是用计算机或通用信号处理芯片通过软件编程的方法实现。软件方式的实现比较容易,利用计算机的浮点计算能力,可以达到很高的计算精度,而且系统的构造灵活,参数更改方便。但是这种方法的缺点是处理速度不如硬件实现的系统快。所以这两种实现方法各有利弊,在实际使用中,必须根据实际信号处理的要求选择合适的实现方法。

二、数字滤波器的分类

根据数字滤波器的一些具体的特点,可以将它分为不同的种类。常用的分类方法有两种,一种是根据数字滤波器单位函数响应的特点进行分类,另一种是根据数字滤波器的结构特点进行分类。

1. 按系统的单位函数响应分类

根据数字滤波器的单位函数响应特点,可以将数字滤波分为两类:

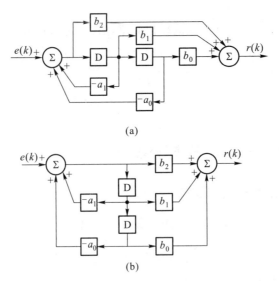

(a)

(b)

图 11-8 二阶数字滤波器直接式实现框图

（1）有限冲激响应[①]（finite impulse response，FIR）滤波器

有限冲激响应滤波器是指离散系统的单位函数响应 $h(k)$ 是一个有限长的时间序列，即系统的单位函数响应只在给定的时间区间 $[0,N]$ 内有非零值。此时系统的传输函数为

$$H(z) = \sum_{k=0}^{N} h(k) z^{-k} = \frac{\sum\limits_{k=0}^{N} h(k) z^{N-k}}{z^N} \xlongequal{\text{设} m=N-k} \frac{\sum\limits_{m=0}^{N} h(N-m) z^m}{z^N} \qquad (11-3)$$

对照式（11-2），不难得到

$b_m = h(N-m)$ $(m = 0,1,2,\cdots,N)$

$a_n = 0$ $(n = 0,1,2,\cdots,N-1)$

由此可以得到系统的实现框图。图11-9给出了二阶 FIR 滤波器的框图。

（2）无限冲激响应（infinite impulse response，IIR）滤波器

无限冲激响应滤波器（IIR）是指这种离散系统的单位函数响应 $h(k)$ 是一个无限长的时间序列。这种滤波器滤波的实现结构与一般数字滤波器结构相同（见图11-8），没有什么特别之处。因为系统的单位函数响应是一个无限长的序列，所以系统中的 a_k 不会全为零。

2. 按数字滤波器结构特点分类

根据系统的结构特征，又可以将数字滤波器分为以下三类：

（1）滑动平均（moving average，MA）滤波器

这类滤波器的特点是式（11-1）或式（11-2）中所有的 a_n 都等于零。这时滤波器的输

---

① 严格地说，这里应该是"有限单位函数响应"。但现在大部分国内文献和教材上都沿用了"有限冲激响应"这种说法。为了与其他文献和教材的提法一致，这里依然使用"有限冲激响应"。

出为

$$r(k+N) = \sum_{m=0}^{M} b_m e(k+m)$$

或

$$r(k) = \sum_{m=0}^{M} b_m e(k-N+m) \qquad (11-4)$$

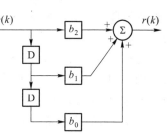

图 11-9 二阶 FIR 滤波器实现框图

这时,系统在 k 时刻的输出等于时间窗口 $[k-N, k-N+M]$ 内 $M+1$ 个时间点上输入信号值的加权平均,用于平均的时间窗口随着 k 的增加不断向后"滑动"。这就是这种滤波器名称"滑动平均(MA)"的由来。这种滤波器的结构与前面介绍的 FIR 滤波器相同,它的单位函数响应是一个有限长序列,所以 FIR 滤波器与 MA 滤波器是等价的。

（2）自回归（auto begression, AR）滤波器

这类滤波器的特点是,式(11-1)或式(11-2)的系数 b_m 中除了 b_N 以外其他各个 b_m 都等于零。这时的滤波器的输出为

$$r(k+N) = b_N e(k+N) + \sum_{n=0}^{N-1} a_n r(k+m)$$

或

$$r(k) = b_N e(k) + \sum_{n=0}^{N-1} a_n r(k-N+m) \qquad (11-5)$$

从上式可以看出,在 k 时刻,时间窗口 $[k-N, k-1]$ 内 N 个时间点上的系统输出值好像又"回"到了系统的输入端,和输入信号一起反映在 k 时刻的输出结果中。所以这种系统被称为"自回归（AR）"滤波器。这种系统的传输函数为

$$H(z) = \frac{b_N z^N}{z^N + \sum_{n=0}^{N-1} a_n z^n} = \frac{b_N}{1 + \sum_{n=0}^{N-1} a_n z^{n-N}} \qquad (11-6)$$

图 11-10 给出了二阶 AR 滤波器框图。

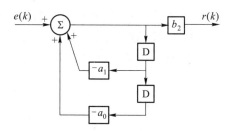

图 11-10 二阶 AR 滤波器结构

（3）自回归滑动平均（ARMA）滤波器

　　如果一个数字滤波器同时具有自回归(AR)部分和滑动平均(MA)部分,则这种数字滤波器就被称为自回归滑动平均(ARMA)滤波器。这种滤波器的结构就是一般的数字滤波器结构,见图 11-8。

　　也有很多文献中将 AR 和 ARMA 两类滤波器通称为**递归型数字滤波器**(recursive digital filter),而将 MA 滤波器称为**非递归型滤波器**(nonrecursive digital filter)。一般而言,递归型滤波器等价于前面的 IIR 滤波器,非递归型滤波器则与 FIR 滤波器等价。但是也有例外。例如,图 11-11所示的系统是一个递归型滤波器,其传输函数为

$$H(z) = \frac{z^2-1}{z^2-z}$$

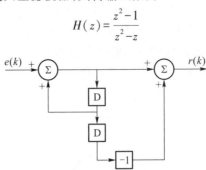

图 11-11　递归结构但是 FIR 的例子

　　可以通过代数计算将上式简化为

$$H(z) = 1 + z^{-1}$$

通过 z 反变换,可以得到它的单位函数响应为

$$h(n) = \{1,1\}$$

显然,从单位函数响应的角度上看,它应该属于 FIR 滤波器之列。但是在设计 FIR 滤波器的时候,这种递归结构一般不考虑。

　　各种类型的滤波器各有其不同的特点。FIR(或非递归)型滤波器除了在 z 平面的原点以外,没有其他极点,系统一定满足稳定性条件。不仅如此,从本章后面的内容中可以看到,FIR 滤波器可以设计成线性相频特性系统,容易满足信号的不失真传输条件。IIR(或递归)型滤波器则可以在较小的阶数下做到很好的频率截止特性,在构成相似特性的低通(或高通、带通等)系统时,系统的复杂性要大大低于用 FIR 滤波器实现的系统。各种不同类型的数字滤波器的设计方法都不相同。在下面各节中,将分别讨论 IIR 和 FIR 滤波器的设计方法。

§11.4　IIR 滤波器设计

　　如第一节中所述,一般数字滤波器都是用来处理模拟信号的。这时,由于系统的输入和输

出信号都是连续信号,信号处理的任务一般是用模拟系统特性来描述的,例如模拟系统的传输函数 $H_a(s)$、系统的频谱响应曲线 $H_a(j\omega)$ 等。现在要用适合于数字电路和计算机实现的离散时间系统来实现,必须找到相对应的离散时间系统的传输方程 $H(z)$,将连续时间系统中的任务转换成为相应的离散时间系统的任务,构造一个可以实现这个任务的数字系统。这就是数字滤波器设计所要完成的任务。

一般说来,用数字滤波器构成的如图 11-1 所示的处理连续信号的系统,频率特性不可能与原来的设计目标(如 $H_a(s)$)完全一致,只能是一种近似。滤波器设计的要求,是尽可能地构成一个与目标系统特性(如幅频特性、相频特性等)相近的系统。

对于同一个设计目标,用不同的近似设计方法设计出的结果可能不一样。IIR 滤波器的设计方法有很多,比如冲激响应不变变换法、阶跃响应不变变换法、双线性变换法、频率响应优化算法等。这里介绍其中的两种:冲激响应不变变换法和双线性变换法。

1. 冲激响应不变变换法(impulse-invariance design method)

冲激响应不变变换法的设计思想,就是要求系统的冲激响应不变。或者更加具体地说,要求数字滤波器的单位函数响应是待实现的模拟系统的冲激响应的抽样值。假设待实现的模拟系统的单位冲激响应为 $h_a(t)$,则要实现的数字滤波器的单位函数响应应该为 $h(k) = h_a(kT)$,其中 T 是抽样时间间隔。

在本书上册第八章中曾经讨论过连续信号的拉普拉斯变换与对该信号抽样得到的序列的 z 变换之间的关系,即式(8-27)。根据这个关系,可以得到的 $h_a(t)$ 的拉普拉斯变换 $H_a(s)$ 与数字滤波器的单位函数响应 $h(n)$ 的 z 变换 $H(z)$ 之间的关系为

$$H(z) = \sum \text{Res}\left[\frac{z \cdot H_a(s)}{z - e^{sT}}\right]\Bigg|_{F(s)\text{的诸极点}} \tag{11-7}$$

假设传输函数 $H_a(s)$ 是一个有理真分式,特征根都是单根,则可以通过部分分式分解将它表达为

$$H_a(s) = \sum_{i=1}^{N} \frac{A_i}{s - \lambda_i}$$

代入式(11-7),可以得到

$$H(z) = \sum_{i=1}^{N} \frac{A_i z}{z - e^{\lambda_i T}} \tag{11-8}$$

通过式(11-8),就可以完成 IIR 滤波器的设计。

例题 11-1 试用冲激响应不变变换法设计一个能够实现连续传输函数

$$H_a(s) = \frac{1}{(s+1)(s+2)} = \frac{1}{s+1} - \frac{1}{s+2}$$

的离散时间系统,并比较原系统和数字滤波器系统在区间 $\omega = 0 \sim 50$ 内的频谱。

解:这个传输函数有两个根:$\lambda_1 = -1, \lambda_2 = -2$。分解后各部分分式系数为 $A_1 = 1, A_2 = -1$。代入式(11-8),可以得到离散时间系统的传输函数为

$$H(z) = \frac{z}{z-e^{-T}} - \frac{z}{z-e^{-2T}} = \frac{(e^{-T}-e^{-2T})z}{z^2-(e^{-T}+e^{-2T})z+e^{-3T}}$$

这就是按照冲激响应不变变换法设计出的数字滤波器的传输函数。为了比较原来的模拟滤波器与数字滤波器的性能,这里给出两者的频率特性:

$$H_a(j\omega) = \frac{1}{(j\omega+1)(j\omega+2)}$$

$$H(e^{j\omega T}) = \frac{(e^{-T}-e^{-2T})e^{j\omega T}}{e^{2j\omega T}-(e^{-T}+e^{-2T})e^{j\omega T}+e^{-3T}}$$

显然,其中数字滤波器的频率特性与抽样间隔 T 有关。T 取不同的值,$H(e^{j\omega T})$ 也不同,相应的滤波器的频率响应也就不同。图 11-12(a) 给出了 $\omega=0\sim50$ 区间内,原来连续系统的频率响应以及设计出的数字滤波器分别在 $T=1$、$T=0.2$、$T=0.1$ 下的频率响应,同时为了更加清楚地区分各个曲线,在图 11-12(b) 中同时给出了其对数坐标下的频谱。为了便于比较形状,图中的频率响应函数除以 $H_a(j0)$ 或 $H(e^{j0T})$,都按最大值 $H_a(j0)$ 或 $H(e^{j0T})$ 做了归一化处理。从频率响应中可以看到,数字滤波器的频率响应在频带 $\left(-\dfrac{\omega_s}{2}, +\dfrac{\omega_s}{2}\right)$ 内与原系统的频率响应相似,而其他地方则是原来频率响应的周期化。这是由于数字滤波器的单位函数响应是原连续系统的冲激响应的抽样,数字滤波器的频率响应自然就是连续系统频率响应的周期化。所以,数字滤波器只能实现原来的系统在频段 $\left(-\dfrac{\omega_s}{2}, +\dfrac{\omega_s}{2}\right)$ 上的功能。所以,正如前面 §8.8 节最后一段所指出的那样,对于数字滤波器而言只能在其主值区间内讨论其带通特性,其中的"高通"、"低通"等概念只能在其主值区间内成立。

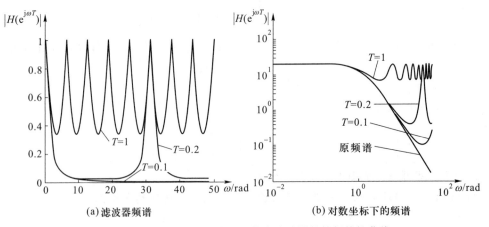

(a)滤波器频谱   (b)对数坐标下的频谱

图 11-12　例题 11-1 设计出的数字滤波器的幅频特性曲线

信号的抽样导致的频率响应周期化所带来的一个副作用就是会造成频谱的混叠,其后果造成系统在有限的频带 $\left(-\dfrac{\omega_s}{2}, +\dfrac{\omega_s}{2}\right)$ 内的频率特性产生一定的失真,这一点从图 11-12 上也可以清楚地看到。抽样间隔 T 越大,混叠越严重,频率响应的失真也就越大,而且这种混叠对系统高频端特性的影响要大于低频端的影响。根据第七章中的抽样定理,只要系统的抽样频率大于连续系统中的最大的非零幅频特性点所对应的频率的两倍以上,就不会发生频谱混叠现象,这就要求原型滤波器在 $\dfrac{\omega_s}{2}$ 以上的幅频特性等于 0。但是对于例题 11-1 这样的系统,无论频率 ω 多大,幅频特性都不等于零,无法根据上面的规则找到合适的抽样频率。但是从另外一个方面看,大多数系统的传输函数都具有收敛性,当频率大到一定程度时,幅频特性近似等于零。所以,当抽样频率达到一定的大小时,频谱的混叠对频率特性的影响可以忽略。从图 11-12 中可以看到,当 $T=0.1$ 时,在指定的频带内连续系统和离散系统的频率响应非常接近,可以认为这时的滤波器已达到了设计要求。如果进一步增加抽样频率或降低抽样间隔,将会达到更好的效果。

系统设计中必须考虑的另一个重要的问题就是系统的稳定性。从式(11-8)可以看出,用冲激响应不变变换法设计出的离散时间系统的极点都是由原来系统的极点所带来的。如果原来的连续时间系统是稳定系统,其所有的极点(或特征根)λ_i 的实部都小于零,则对应的离散时间系统的极点 $\mathrm{e}^{\lambda_i T}$ 就一定处于 z 平面的单位圆内,离散时间系统一定是稳定的。

系统设计要注意的最后一个问题就是频率响应中幅度的相对大小问题。例如,例题 11-1 中连续和离散系统的频率特性曲线形状虽然相近,大小上却有差异。以 $\omega=0$ 点为例:

$$H_a(\mathrm{j}0)=0.5$$

$$H(\mathrm{e}^{\mathrm{j}0T})=\frac{\mathrm{e}^{-T}-\mathrm{e}^{-2T}}{1-(\mathrm{e}^{-T}+\mathrm{e}^{-2T})+\mathrm{e}^{-3T}}=\frac{1}{\mathrm{e}^{-T}-\mathrm{e}^{-T}}$$

显然两者并不相同,在设计时必须加以考虑。在这里,可以简单地在数字滤波器的传输函数上乘以因子

$$\alpha(T)=\frac{H_a(\mathrm{j}0)}{H(\mathrm{e}^{\mathrm{j}0T})}=\frac{1}{2(\mathrm{e}^{T}-\mathrm{e}^{-T})}$$

加以修正。在实际应用中,幅频特性的相对大小问题一般是在设计数字滤波器中的离散-连续信号转换系统(图 11-4 或图 11-7)时,综合考虑系统其他部分的影响,一并修正。

在实际滤波器设计问题中,遇到的比较多的是一些通带型滤波器的设计,例如高通滤波器、低通滤波器、带通滤波器等。一般情况下在设计任务中不可能直接给出原型滤波器的传输函数 $H_a(s)$,而是一些目标系统必须满足的参数,例如截止频率、过渡带宽度等。在设计数字滤波器以前必须先根据这些要求找到合适的模拟滤波器原型,然后转换成数字滤波器。好在模拟滤波器设计理论中已经提供了很多有用的模拟滤波器原型。例如,在第四章中提到过物理可实现的几种低通滤波器,其中的**巴特沃思滤波器**(Butterworth filter)又称**最平坦型滤波器**(maximally flat type filter),是实际应用中常用的一种滤波器。第四章中曾经给出了 N 阶巴特沃思滤波器的幅频特性为

$$|H(\mathrm{j}\omega)|=\frac{1}{\sqrt{1+\left(\dfrac{\omega}{\omega_c}\right)^{2N}}} \tag{11-9}$$

巴特沃思滤波器的幅频特性的最大值等于 1，出现在 $\omega = 0$ 处。式中 ω_c 被称为巴特沃思滤波器的**截止频率**（cut-off frequency），在这个频率点上系统幅频特性的幅度是系统幅频特性最大处的 $1/\sqrt{2}$。根据模拟滤波器逼近理论可以得到巴特沃思滤波器的系统函数为[①]

$$H_a(s) = \frac{\omega_c^N}{\prod_{i=1}^{N} \left\{ s - \omega_c e^{j\frac{\pi}{2}\left[\frac{2i-1+N}{N}\right]} \right\}} \tag{11-10}$$

根据上式可以设计出相应的数字滤波器。请看下面例题。

例题 11-2 试设计一个截止频率为 30 Hz 的 2 阶巴特沃思低通滤波器，要求其在 0~30 Hz 内的幅频特性在 1~0.9 范围内，不小于 0.9；在 160 Hz 以后的幅频特性小于 0.1。假设数字滤波器的抽样频率为 500 Hz。

解：首先必须确定阶数 N 和 ω_c。从式（11-9）可以看出，巴特沃思滤波器的幅频特性是单调下降的，所以根据题目要求，利用式（11-9），可以得到如下的不等式方程组

$$\begin{cases} \left| H(j100\pi) \right| = \dfrac{1}{\sqrt{1 + \left(\dfrac{60\pi}{\omega_c}\right)^{2N}}} \geqslant 0.9 \\[4mm] \left| H(j320\pi) \right| = \dfrac{1}{\sqrt{1 + \left(\dfrac{320\pi}{\omega_c}\right)^{2N}}} \leqslant 0.1 \end{cases}$$

通过计算可以从两个方程中消去 ω_c，最终得到

$$N \geqslant 1.81$$

N 应该取大于 1.81 的最小整数，这里取 $N = 2$。

第二步是确定 ω_c。将 $N = 2$ 带回原来的不等式方程组，通过计算可以得到

$$85\pi \geqslant \omega_c \geqslant 101\pi$$

这里可以取 $\omega_c = 100\pi$。

第三步，根据 N 和 ω_c 以及巴特沃思滤波器的公式（11-9），可以得到原型滤波器的系统函数为

$$\begin{aligned} H_a(s) &= \frac{10\,000\pi^2}{\left(s - 100\pi e^{j\frac{3}{4}\pi}\right)\left(s - 100\pi e^{-j\frac{3}{4}\pi}\right)} \\[2mm] &= -j50\sqrt{2}\,\pi\left[\frac{1}{s + 50\sqrt{2}\,\pi + j50\sqrt{2}\,\pi} - \frac{1}{s + 50\sqrt{2}\,\pi - j50\sqrt{2}\,\pi}\right] \end{aligned}$$

第四步，根据 $H_a(s)$ 以及式（11-8），可以得到用冲激响应不变变换法设计出的巴特沃思滤波器的系统函数为

---

① 参见郑君里，杨为理，应启珩编《信号与系统》（第二版），下册 183 页，高等教育出版社，2000。

$$H(z) = -j50\sqrt{2}\,\pi\left[\frac{z}{z-e^{0.002(-5Q\sqrt{2}\pi-j5Q\sqrt{2}\pi)}} - \frac{z}{z-e^{0.002(-5Q\sqrt{2}\pi-j5Q\sqrt{2}\pi)}}\right]$$

$$= -j50\sqrt{2}\,\pi z\left[\frac{e^{-\frac{\sqrt{2}}{10}\pi+j\frac{\sqrt{2}}{10}\pi} - e^{-\frac{\sqrt{2}}{10}\pi-j\frac{\sqrt{2}}{10}\pi}}{\left(z-e^{-\frac{\sqrt{2}}{10}\pi-j\frac{\sqrt{2}}{10}\pi}\right)\left(z-e^{-\frac{\sqrt{2}}{10}\pi+j\frac{\sqrt{2}}{10}\pi}\right)}\right]$$

$$= 100\sqrt{2}\,\pi z\left[\frac{e^{-\frac{\sqrt{2}}{10}\pi}\sin\left(\frac{\sqrt{2}}{10}\pi\right)}{z^2 - 2e^{-\frac{\sqrt{2}}{10}\pi}\cos\left(\frac{\sqrt{2}}{10}\pi\right)z + e^{-\frac{\sqrt{2}}{5}\pi}}\right]$$

$$= \frac{122.46z}{z^2 - 1.158z + 0.411}$$

最后，与例题 11-1 一样，为了保证与原型系统的幅频特性的幅度的一致，还必须对滤波器的幅度进行调整，对于低通滤波器，可以用 $\omega = 0$ 点的幅频特性作为比较，在这个频率点上原型滤波器的幅频特性等于 1，而目前的数字滤波器的幅频特性为

$$H(e^{j0}) = \frac{9.745}{1-1.158+0.411} = 470.61$$

显然，应该将数字滤波器的系统函数除以 470.61。最后得到的数字滤波器的系统函数为

$$H(z) = \frac{0.263z}{z^2 - 1.859z + 0.868}$$

图 11-13 给出了这个数字滤波器以及原型滤波器的频响曲线，这里只给出了频率从直流到 $\frac{f_s}{2}$ 范围内的频响。从图中可以看出两者还是很接近的，这个滤波器基本上达到了设计要求。

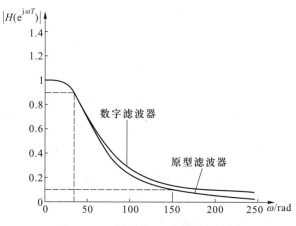

图 11-13 例题 11-2 系统幅频特性

从图 11-13 还可以看出,由于冲激响应不变变换法会产生频率混叠,数字滤波器的阻带特性受到了一定的影响。所以在实际系统的设计中阻带衰减的参数应该留有一定的余量。例如在本题中,如果在计算 N 和 ω_c 时将阻带衰减改为小于 0.05,则设计出的数字滤波器就有可能满足阻带衰减小于 0.1 的要求。

除了巴特沃思滤波器以外,在模拟滤波器中还有很多低通滤波器原型可以供数字滤波器设计时使用,例如切比雪夫(Chebyshev)滤波器、贝赛尔(Bessel)滤波器等。通过一些简单的变换,还可以将原型低通滤波器转化为高通或带通滤波器。例如,将截止频率 ω_c 的 N 阶巴特沃思低通滤波器的传输函数中的 s 换成 $\dfrac{1}{s}$,就可以得到一个截止频率为 $\dfrac{1}{\omega_s}$ 的高通滤波器。但是由于在使用冲激响应不变变换法设计滤波器时,为了保证滤波器的幅频特性不会产生混叠,原型滤波器在 $\dfrac{\omega_s}{2}$ 以上的幅频特性应该等于 0(或者接近于 0),所以这种方法不适于实现高通滤波器的设计,这时可以用下面介绍的双线性变换法进行设计。有关这些内容,这里就不深入讨论了,有兴趣的读者可以参阅有关滤波器综合以及数字信号处理方面的书籍。

与冲激响应不变变换法相似的,还有一种**阶跃响应不变变换法**(step-invariance design method)。它要求设计出的离散时间系统的阶跃响应不变。这种方法的设计过程与冲激响应不变变换法类似,有兴趣的读者按照相似的过程自行推导出相应的公式。

2. 双线性变换法(bilinear design method)

双线性变换法的基本思路,是将连续系统微分方程通过数值积分近似,导出与微分方程相近的差分方程,从而完成离散系统的设计。它可以克服冲激响应不变变换法中的频率混叠问题。

假设有一个一阶的连续时间系统,其微分方程为

$$r'_a(t) + a_0 r_a(t) = b_0 e_a(t) \tag{11-11}$$

则其传输函数为

$$H_a(s) = \frac{b_0}{s + a_0} \tag{11-12}$$

根据式(11-11),可以将 $r_a(t)$ 表示成 $r'_a(t)$ 的积分

$$r_a(t) = \int_{t_0}^{t} r'_a(\tau) \, \mathrm{d}\tau + r_a(t_0)$$

用 $t_0 = kT, t = (k+1)T$ 代入上式,可以得到

$$r_a[(k+1)T] = \int_{kT}^{(k+1)T} r'_a(\tau) \, \mathrm{d}\tau + r_a(kT) \tag{11-13}$$

当 T 很小的时候,式(11-13)中的积分可以用数值积分来代替,其中最简单的算法就是用直线逼近时间区间 $[kT, (k+1)T]$ 内的函数 $r_a(\tau)$,从而可以通过计算梯形面积代替积分运算,如图 11-14 所示。这时,式(11-13)可以近似表示成

$$r_a[(k+1)T] = \frac{T}{2}\{r'_a(kT) + r'_a[(k+1)T]\} + r_a(kT) \tag{11-14}$$

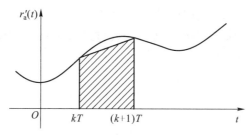

图 11-14　积分运算的梯形逼近

根据式(11-11),又可以得到

$$r'_a(kT) = b_0 e_a(kT) - a_0 r_a(kT)$$

$$r'_a[(k+1)T] = b_0 e_a[(k+1)T] - a_0 r_a[(k+1)T]$$

将这两个等式代入式(11-14),可以得到

$$r_a[(k+1)T] = \frac{T}{2}\{b_0[e(kT) + e((k+1)T)] -$$

$$a_0[r_a(kT) + r_a((k+1)T)]\} + r_a(kT)$$

$$r_a[(k+1)T] - r_a(kT) + \frac{a_0 T}{2}[r_a(kT) + r_a((k+1)T)]$$

$$= \frac{T}{2}\{b_0[e(kT) + e((k+1)T)]\}$$

上式实际上就是一个一阶差分方程。假设 $r(k) = r_a(kT)$, $e(k) = e_a(kT)$,则有

$$r(k+1) - r(k) + \frac{a_0 T}{2}[r(k) + r(k+1)] = \frac{T}{2}\{b_0[e(k) + e(k+1)]\}$$

对该等式两边同时求 z 变换,可以得到

$$\left\{(z-1) + \frac{a_0 T}{2}(z+1)\right\}R(z) = \frac{T}{2}\{b_0(z+1)\}E(z)$$

故

$$H(z) = \frac{R(z)}{E(z)} = \frac{\dfrac{T}{2}\{b_0(z+1)\}}{(z-1) + \dfrac{a_0 T}{2}(z+1)}$$

$$= \frac{b_0}{\dfrac{2}{T}\dfrac{z-1}{z+1} + a_0} \tag{11-15}$$

这就是与 $H_a(s)$ 对应的数字滤波器的传输函数。由推导过程可以看出,按照这种方法设计出的滤波器,当在输入端加上按照原连续的激励信号 $e_a(t)$ 抽样得到的离散时间序列 $e(n) = e_a(kT)$ 时,输出的结果将是**近似等于**连续响应信号 $r_a(t)$ 抽样后的结果 $r(n) = r_a(kT)$。这里之所以说是 "近似等于",是因为从式(11-13)到式(11-14)的推导过程中对积分计算进行了近似。显然,T

越小,或抽样频率越高,近似的效果就越好。

将式(11-15)表示的离散时间系统的传输函数与式(11-11)表示的连续时间系统的传输函数相比较,可以得到两者的对应关系

$$H(z) = H_a(s) \Big|_{s=\frac{2}{T}\frac{z-1}{z+1}} \tag{11-16}$$

也就是说,通过映射关系

$$s = \frac{2}{T} \frac{z-1}{z+1} \tag{11-17}$$

可以直接由连续时间系统的传输函数 $H(s)$ 推导出离散时间系统的传输函数。这个映射关系与本书上册第八章中式(8-44)双线性映射相似,也属于双线性变换映射,所以这种滤波器设计方法被称为双线性变换法。虽然这里以一阶系统为例推导出这个映射关系,但是这种映射关系在高阶系统中依然存在。

双线性变换实际上是按照映射关系 $s = \frac{2}{T} \frac{z-1}{z+1}$ 将原来一个以复数 s 为自变量的复变函数 $H_a(s)$ 映射成一个以 z 为自变量的复变函数。其反映射关系为

$$z = \frac{\frac{2}{T}+s}{\frac{2}{T}-s} \tag{11-18}$$

令 $s = \sigma + j\Omega$,代入上式,并对等式两边求绝对值,可以得到

$$|z| = \frac{\left(\frac{2}{T}+\sigma\right)^2 + \Omega^2}{\left(\frac{2}{T}-\sigma\right)^2 + \Omega^2} \tag{11-19}$$

由式(11-19)可以看出,如果 $\sigma<0$,则 $|z|<1$;如果 $\sigma=0$,则 $|z|=1$;如果 $\sigma>0$,则 $|z|>1$。也就是说,这个映射将 s 平面中虚轴以左部分的点映射到了 z 平面的单位圆内部,将 s 平面中虚轴以右部分的点映射到了 z 平面的单位圆外部,将 s 平面中虚轴上的点映射到了 z 平面的单位圆上,见图 11-15。由此可见,如果原来连续时间系统 $H_a(s)$ 是一个稳定系统,其所有的极点都处于 s 平面的虚轴以左部分,则 $H(z)$ 的所有极点一定处于 z 平面的单位圆内,离散时间系统一定也是稳定的。

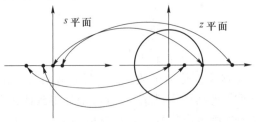

图 11-15 双线性变换对 s 平面和 z 平面映射关系

下面再进一步研究两个系统频率响应之间的关系。令式(11-17)中 $s=j\Omega, z=e^{j\omega T}$，可以得到

$$j\Omega = \frac{2}{T}\frac{e^{j\omega T}-1}{e^{j\omega T}+1} = \frac{2}{T}\frac{e^{\frac{j\omega T}{2}}-e^{-\frac{j\omega T}{2}}}{e^{\frac{j\omega T}{2}}+e^{-\frac{j\omega T}{2}}}$$

$$= \frac{2}{T}\frac{e^{\frac{j\omega T}{2}}-e^{-\frac{j\omega T}{2}}}{e^{\frac{j\omega T}{2}}+e^{-\frac{j\omega T}{2}}} = \frac{2}{T}\frac{j\sin\left(\frac{\omega T}{2}\right)}{\cos\left(\frac{\omega T}{2}\right)} = j\frac{2}{T}\tan\left(\frac{\omega T}{2}\right)$$

故

$$\Omega = \frac{2}{T}\tan\left(\frac{\omega T}{2}\right) \tag{11-20}$$

或

$$\omega = \frac{2}{T}\arctan\left(\frac{\Omega T}{2}\right) \tag{11-21}$$

Ω 与 ω 之间的映射关系见图 11-16。从图中可以看到，这种映射关系是一个一一对应的单调映射。当频率 Ω 或 ω 较小时，映射基本上呈线性关系，$\Omega \approx \omega$。这时原来系统的频率特性可以得到保证。但是当频率较大时，映射出现了非线性关系，使得原来的连续系统在高频段的频率响应空间产生了压缩，当 $\Omega \to \infty$ 时，$\omega \to \dfrac{\pi}{T} = \dfrac{\omega_s}{2}$。也就是说，映射到离散时间系统的频率分量不会超过 $\dfrac{\omega_s}{2}$，所以，无论抽样频率取什么值，都不会出现频谱的混叠现象。这是双线性变换法的优点。但

是，由此带来的问题是离散时间系统的频率响应不再与连续系统一致，特别是在高频部分。频率特性会产生非线性失真。这一点在设计时必须加以考虑。一般的方法是在寻找连续时间系统模型的时候，就将这种失真预先考虑在内，使得实际选用的原始连续时间系统的频率特性在经过转换后，恰好能够满足真正系统频率特性的需要。这种方法称为**预畸变法**。另外一种解决频率特性非线性映射的实用方法就是提高抽样频率，使得信号的频带大大小于信号抽样频率，有效信号的频谱转换处于图 11-16 的低频线性部分。在信号

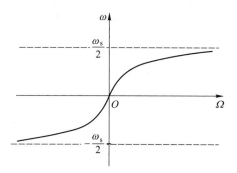

图 11-16 双线性变换对 Ω 与 ω 映射关系

的有效频带内，可以保证系统的频率特性不变。这种方法一般用于设计频率特性曲线为分段常数的系统，如低通滤波器、带通滤波器等。

例题 11-3 试用双线性变换法设计一个满足例题 11-2 要求的巴特沃思低通滤波器。

解： 首先要确定滤波器的阶数 N 和截止频率 ω_c。根据双线性变换法的频率映射特性，按照式(11-20)对滤波器的指标进行预畸变，计算出对应于数字滤波器 30 Hz 和 160 Hz 频率点的原

型滤波器的频率应该为

$$\Omega_1 = \frac{2}{0.002}\tan\left(\frac{2\pi\times30\times0.002}{2}\right) = 190.76$$

$$\Omega_2 = \frac{2}{0.002}\tan\left(\frac{2\pi\times160\times0.002}{2}\right) = 1\ 575.75$$

如果原型滤波器在 Ω_1 点的幅频特性大于 0.9,在 Ω_2 点的幅频特性小于 0.1,则数字滤波器在 30 Hz和 160 Hz上的频率特性一定满足设计要求。由此可以得到如下不等式方程组

$$\begin{cases} |H(\mathrm{j}100\pi)| = \dfrac{1}{\sqrt{1+\left(\dfrac{190.76}{\omega_c}\right)^{2N}}} \geqslant 0.9 \\[4mm] |H(\mathrm{j}320\pi)| = \dfrac{1}{\sqrt{1+\left(\dfrac{1\ 575.75}{\omega_c}\right)^{2N}}} \leqslant 0.1 \end{cases}$$

通过化简从两个不等式中消去 ω_c,可以得到

$$N \geqslant 1.43$$

取大于 1.43 的最大整数,可得 $N=2$。将此代入上面的不等式中,可以得到

$$274 \leqslant \omega_c \leqslant 499.5$$

为了计算方便,这里依然取 $\omega_c=100\pi$。这时的原型滤波器的参数与例题 11-2 完全一样,可以沿用例题 11-2 计算得到的原型滤波器的系统函数

$$H_a(s) = \frac{10\ 000\pi^2}{(s-100\pi\mathrm{e}^{\mathrm{j}\frac{3}{4}\pi})(s-100\pi\mathrm{e}^{-\mathrm{j}\frac{3}{4}\pi})} = \frac{10\ 000\pi^2}{s^2-200\pi\cos\left(\dfrac{3}{4}\pi\right)s+10\ 000\pi^2}$$

$$= \frac{98\ 696}{s^2+444.28s+98\ 696}$$

根据双线性变换法的公式,将

$$s = \frac{2}{T}\frac{z-1}{z+1} = 1\ 000\frac{z-1}{z+1}$$

代入 $H_a(s)$,可以得到

$$H(z) = \frac{0.064(z^2+2z+1)}{z^2-1.168z+0.424}$$

根据双线性变换得到的数字滤波器与原型系统在按照式(11-20)或式(11-21)给出的映射关系的对应频率点上的传输函数相同,所以设计出的滤波器的通带和阻带的增益不变,这里的数字滤波器的增益不用调整。这个数字滤波器的幅频特性曲线如图 11-17 所示。从图中可以看出对于低通滤波器而言,用双线性变换法设计出的数字滤波器的特性甚至优于原型。

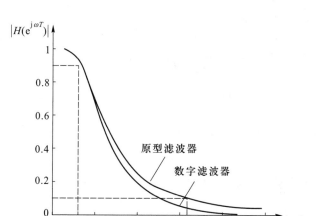

图 11-17   例题 11-3 系统幅频特性

§11.5   线性相位 FIR 滤波器

在第四章中曾经讨论过线性系统的不失真条件,其中,系统的相位不失真条件要求系统的相频特性是一个过原点的直线。满足这个条件的滤波器被称为线性相位滤波器(linear- phase filter)。因为相位不失真条件是系统能够不失真地传输信号的必要条件之一,线性相位滤波器在工程中有很大的使用价值。

具有线性相位特性的 FIR 滤波器,其单位函数响应具有明显的对称性特征。假设 FIR 滤波器的单位函数响应的长度等于 N,只要滤波器的单位函数响应的波形关于 $\dfrac{N-1}{2}$ 呈偶对称,即满足

$$h(k) = h(N-1-k) \tag{11-22}$$

则该滤波器一定满足线性相位条件。该定理的证明如下,这里根据 N 的奇偶性,分两种情况讨论:

1. 当 N 等于偶数时,对 $h(k)$ 求 z 变换,可以得到系统的传输函数为

$$
\begin{aligned}
H(z) &= \sum_{n=0}^{N-1} h(n)z^{-n} = \sum_{n=0}^{\frac{N}{2}-1} h(n)z^{-n} + \sum_{n=\frac{N}{2}}^{N-1} h(n)z^{-n} \\
&= \sum_{n=0}^{\frac{N}{2}-1} h(n)z^{-n} + \sum_{n=0}^{\frac{N}{2}-1} h(N-1-n)z^{-(N-1-n)} \\
&= \sum_{n=0}^{\frac{N}{2}-1} \left[h(n)z^{-n} + h(N-1-n)z^{-(N-1-n)} \right]
\end{aligned}
$$

将(11-22)式代入上式,可以得到

$$H(z) = \sum_{n=0}^{\frac{N}{2}-1} \left\{ h(n) \left[z^{-n} + z^{-(N-1-n)} \right] \right\}$$

为了求频率响应,将 $z = e^{j\omega T}$ 代入,得到

$$H(e^{j\omega T}) = \sum_{n=0}^{\frac{N}{2}-1} \left\{ h(n) \left[e^{-jn\omega T} + e^{-j(N-1-n)\omega T} \right] \right\}$$

$$= e^{-j\frac{N-1}{2}\omega T} \sum_{n=0}^{\frac{N}{2}-1} \left\{ h(n) \left[e^{-j\left(n-\frac{N-1}{2}\right)\omega T} + e^{j\left(n-\frac{N-1}{2}\right)\omega T} \right] \right\}$$

$$= e^{-j\frac{N-1}{2}\omega T} \sum_{n=0}^{\frac{N}{2}-1} \left\{ 2 \cdot h(n) \cos\left(\left(n-\frac{N-1}{2}\right)\omega T\right) \right\} \tag{11-23}$$

注意到上面等式中的求和部分实际上求的是多个实数的和,其结果也一定是实数。假设实函数

$$H_g(\omega) = \sum_{n=0}^{\frac{N}{2}-1} \left\{ 2 \cdot h(n) \cos\left(\left(n-\frac{N-1}{2}\right)\omega T\right) \right\} \tag{11-24}$$

则式(11-23)可以表示成

$$H(e^{j\omega T}) = H_g(\omega) e^{-j\left(\frac{N-1}{2}T\right)\omega} \tag{11-25}$$

假设系统的传输函数 $H(e^{j\omega T}) = H_g(\omega) e^{j\varphi(\omega)}$,则实函数 $H_g(\omega)$ 对应于系统的幅数特性,系统的相频特性为

$$\varphi(\omega) = -\left[\frac{N-1}{2}\right]\omega T \tag{11-26}$$

这表明系统是一个线性相位系统,系统对信号产生的延时等于相频曲线的斜率

$$\Delta t = \frac{N-1}{2}T$$

2. 当 N 等于奇数时,对 $h(k)$ 求 z 变换,可以得到系统的传输函数为

$$H(z) = \sum_{n=0}^{N-1} h(n) z^{-n}$$

$$= \sum_{n=0}^{\frac{N-1}{2}-1} h(n) z^{-n} + h\left(\frac{N-1}{2}\right) z^{-\frac{N-1}{2}} + \sum_{n=\frac{N-1}{2}+1}^{N-1} h(n) z^{-n}$$

$$= \sum_{n=0}^{\frac{N-1}{2}-1} h(n) z^{-n} + h\left(\frac{N-1}{2}\right) z^{-\frac{N-1}{2}} + \sum_{n=0}^{\frac{N-1}{2}-1} h(N-1-n) z^{-(N-1-n)}$$

$$= \sum_{n=0}^{\frac{N-1}{2}-1} \left[h(n) z^{-n} + h(N-1-n) z^{-(N-1-n)} \right] + h\left(\frac{N-1}{2}\right) z^{-\frac{N-1}{2}}$$

$$= \sum_{n=0}^{\frac{N-1}{2}-1} h(n) \left[z^{-n} + z^{-(N-1-n)} \right] + h\left(\frac{N-1}{2}\right) z^{-\frac{N-1}{2}}$$

将 $z = e^{j\omega T}$ 代入，得到

$$H(e^{j\omega T}) = \sum_{n=0}^{\frac{N-1}{2}-1} \left\{ h(n) \left[e^{-jn\omega T} + e^{-j(N-1-n)\omega T} \right] \right\} + h\left(\frac{N-1}{2}\right) e^{-j\frac{N-1}{2}\omega T}$$

$$= e^{-j\frac{N-1}{2}\omega T} \sum_{n=0}^{\frac{N-1}{2}-1} \left\{ h(n) \left[e^{-j\left(n-\frac{N-1}{2}\right)\omega T} + e^{j\left(n-\frac{N-1}{2}\right)\omega T} \right] \right\} + h\left(\frac{N-1}{2}\right) e^{-j\frac{N-1}{2}\omega T}$$

$$= e^{-j\frac{N-1}{2}\omega T} \left\{ \sum_{n=0}^{\frac{N-1}{2}-1} \left[2 \cdot h(n) \cos\left(\left(n-\frac{N-1}{2}\right)\omega T\right) \right] + h\left(\frac{N-1}{2}\right) \right\} \tag{11-27}$$

这里同样设实函数

$$H_g(\omega) = \sum_{n=0}^{\frac{N-1}{2}-1} \left[2 \cdot h(n) \cos\left(\left(n-\frac{N-1}{2}\right)\omega T\right) \right] + h\left(\frac{N-1}{2}\right)$$

则式(11-27)同样可以表示成式(11-25)的形式，这里重写如下

$$H(e^{j\omega T}) = H_g(\omega) e^{-j\left(\frac{N-1}{2}T\right)\omega}$$

该系统依然是一个线性相位系统，系统的相频特性与式(11-26)相同。

证明完毕。

应该注意：根据式(11-25)得到的相频特性式(11-26)并不完全等同于以前说过的系统的相频特性。在第四章讨论系统的频率特性时，系统的幅频特性不仅是实数，而且一定是一个正数。而这里的 $H_g(\omega)$ 只能保证是一个实数，并不能保证是正数。如果 $H_g(\omega) \geqslant 0$，则系统的相位就等于 $-\left(\frac{N-1}{2}T\right)\omega$；如果 $H_g(\omega) < 0$，则系统的相频特性应该加上 π，等于 $-\left(\frac{N-1}{2}T\right)\omega + \pi$。从这个意义上讲，这样的系统并不满足严格意义上的线性相频特性。但是，这里也可以将式(11-24)和式(11-26)作为系统幅频特性和相频特性的另外一种形式的定义，其中的幅频特性可正可负。这样一来，同一个系统可以有不同的幅频和相频表达形式。例如，下面的两种相频和幅频特性表示了同一个系统的频率特性：

$$\begin{cases} H_g(e^{j\omega T}) = 1 \\ \varphi(j\omega T) = \begin{cases} k\omega T & |\omega| < \omega_0 \\ k\omega T + \pi & |\omega| \geqslant \omega_0 \end{cases} \end{cases} \tag{11-28a}$$

$$\begin{cases} H_g(e^{j\omega T}) = \begin{cases} 1 & |\omega| < \omega_0 \\ -1 & |\omega| \geqslant \omega_0 \end{cases} \\ \varphi(j\omega T) = k\omega T \end{cases} \tag{11-28b}$$

但是，无论在哪一种表达形式下，系统传输信号不失真的充分必要条件都是相同的，即幅频

特性是常数,相频特性是过原点的直线。对上面的系统而言,式(11-28a)表明系统的幅频特性满足不失真条件,而相频特性不满足,可以判定这不是一个不失真系统;而根据式(11-28b),系统的相频特性满足不失真条件,但是幅频不满足,所以依然可以判定系统失真。所以,根据式(11-26)得到的相频特性的线性条件依然可以作为判别系统不失真的必要条件。

线性相位 FIR 滤波器除了能够用一般的结构实现(如图 11-9)以外,根据其实际特点,还有一种简单的实现形式,如图 11-18 所示。根据其单位函数响应的对称性,可以较原来的系统减少一半的标量乘法器。这种结构被称为线性相位直接型结构。

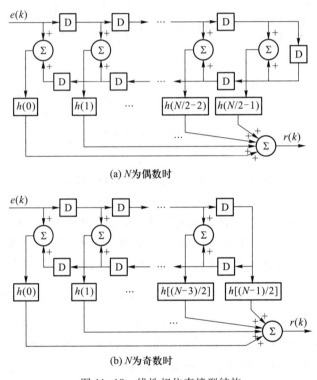

(a) N 为偶数时

(b) N 为奇数时

图 11-18　线性相位直接型结构

除了满足式(11-22)条件的 FIR 滤波器以外,还有一种 FIR 滤波器相频特性同样也是直线,只不过这个直线不过原点。通常也可以将它纳入到线性相位 FIR 滤波器范畴内。这种 FIR 滤波器的单位函数响应的波形关于 $\dfrac{N-1}{2}$ 奇对称,即满足

$$h(k) = -h(N-1-k) \tag{11-29}$$

基于与上面的定理相同的分析过程,可以证明其幅频和相频特性分别为

$$H_g(\omega) = \begin{cases} \displaystyle\sum_{n=0}^{\frac{N}{2}-1} \left[2 \cdot h(n) \sin\left(\left(n - \frac{N-1}{2} \right) \omega T \right) \right] & N \text{ 为偶数} \\[4mm] \displaystyle\sum_{n=0}^{\frac{N-1}{2}-1} \left[2 \cdot h(n) \sin\left(\left(n - \frac{N-1}{2} \right) \omega T \right) \right] + h\left(\frac{N-1}{2} \right) & N \text{ 为奇数} \end{cases} \quad (11\text{-}30)$$

$$\varphi(\omega) = \begin{cases} \dfrac{\pi}{2} - \left(\dfrac{N-1}{2} \right) \omega T & \pi > \omega > 0 \\[4mm] -\dfrac{\pi}{2} - \left(\dfrac{N-1}{2} \right) \omega T & -\pi < \omega < 0 \end{cases} \quad (11\text{-}31)$$

与式(11-26)相比,这种系统的相频特性上多了$\dfrac{\pi}{2}$的相移。所以这种系统并不满足相位不失真条件。但是,这种系统对信号产生的$\dfrac{\pi}{2}$的相移对微分器、正交变换器、希尔伯特变换器等系统都特别有用,所以这种 FIR 系统在实际应用中也有很大的价值。此外,从式(11-30)可以看出,当$\omega = 0$时,这种系统的幅频特性必然等于零,这个系统一定无法让直流分量通过。所以,这种线性相位系统一定不可能构成低通滤波器。这一点在设计数字滤波器时必须加以考虑。

§11.6 FIR 滤波器设计

FIR 滤波器的设计方法有多种。这里只介绍其中两种:窗函数法和频率抽样法。这两种方法都是依据目标系统的频率特性 $H(e^{j\omega T})$ 进行设计的。这些方法设计方法简单,可以完成诸如低通、带通、带阻等的数字滤波器的设计,构造满足线性相位的 FIR 滤波器,具有很高的实用价值。

一、窗函数法

在很多滤波器的设计过程中,一般都是首先给定目标系统的频率特性 $H_a(j\omega)$,相应的数字滤波器的频率响应 $H(e^{j\omega T})$ 在区间 $-\dfrac{\omega_s}{2} < \omega < \dfrac{\omega_s}{2}$ 内也应该符合这个特性①。依据 $H(e^{j\omega T})$,可以通过傅里叶反变换直接计算系统的单位函数响应 $h(k)$ 并由此构造数字滤波器,但是往往这样得到的不会恰好是一个有限长的序列,从而无法得到 FIR 滤波器。窗函数设计法的基本思想,是找

---

① 这里因为考虑到数字滤波器的频率响应 $H(e^{j\omega T})$ 是一个周期为 ω_s 的函数,其与 $H_a(j\omega)$ 的比较只能在一个周期内进行。所以这里的频率区间取 $-\dfrac{\omega_s}{2} < \omega < \dfrac{\omega_s}{2}$。

出一个频率特性为 $H_d(e^{j\omega T})$ 的、与 $H(c^{j\omega T})$ 尽可能接近的 FIR 滤波器。

$H(e^{j\omega T})$ 可以看成由目标系统的单位函数响应 $h(k)$ 求得

$$H(e^{j\omega T}) = \sum_{k=0}^{+\infty} h(k) e^{-j\omega k T} \qquad (11-32)$$

如果用长度等于 N、单位函数响应为 $h_d(k)$ 的 FIR 滤波器实现这个系统,其频率特性也可以用其有限长的单位函数响应计算出

$$H_d(e^{j\omega T}) = \sum_{k=0}^{N-1} h_d(k) e^{-j\omega k T} \qquad (11-33)$$

用 $H_d(e^{j\omega T})$ 替代 $H(e^{j\omega T})$ 而产生的方均误差为

$$\overline{\varepsilon^2} = \frac{1}{2\pi} \int_{-\frac{\omega_s}{2}}^{+\frac{\omega_s}{2}} |H_d(e^{j\omega T}) - H(e^{j\omega T})|^2 d\omega \qquad (11-34)$$

窗函数法的设计目标,就是找到合适的有限长序列 $h_d(k)(k=0,1,2,\cdots,N-1)$,使得式(11-34)的方均误差最小。为此将式(11-32)和式(11-33)代入式(11-34)中,可以得到

$$\overline{\varepsilon^2} = \frac{1}{2\pi} \int_{-\frac{\omega_s}{2}}^{+\frac{\omega_s}{2}} \left| \sum_{n=0}^{N-1} h_d(n) e^{-j\omega n T} - \sum_{n=0}^{+\infty} h(n) e^{-j\omega n T} \right|^2 d\omega$$

$$= \frac{1}{2\pi} \int_{-\frac{\omega_s}{2}}^{+\frac{\omega_s}{2}} \left| \sum_{n=0}^{N-1} [h_d(n) - h(n)] e^{-j\omega T} - \sum_{n=N}^{+\infty} h(n) e^{-j\omega n T} \right|^2 d\omega$$

$$= \frac{1}{2\pi} \int_{-\frac{\omega_s}{2}}^{+\frac{\omega_s}{2}} \left[\sum_{n=0}^{N-1} [h_d(n) - h(n)] e^{-j\omega n T} - \sum_{n=N}^{+\infty} h(n) e^{-j\omega n T} \right] \cdot$$

$$\left[\sum_{m=0}^{N-1} [h_d(m) - h(m)] e^{-j\omega m T} - \sum_{m=N}^{+\infty} h(m) e^{-j\omega m T} \right]^* d\omega$$

$$= \frac{1}{2\pi} \left\{ \int_{-\frac{\omega_s}{2}}^{+\frac{\omega_s}{2}} \left[\sum_{n=0}^{N-1} [h_d(n) - h(n)] e^{-j\omega n T} \right] \left[\sum_{m=0}^{N-1} [h_d(m) - h(m)] e^{j\omega m T} \right] d\omega + \right.$$

$$\int_{-\frac{\omega_s}{2}}^{+\frac{\omega_s}{2}} \left[\sum_{n=N}^{+\infty} h(n) e^{-j\omega n T} \right] \left[\sum_{m=N}^{+\infty} h(m) e^{j\omega m T} \right] d\omega -$$

$$\int_{-\frac{\omega_s}{2}}^{+\frac{\omega_s}{2}} \left[\sum_{n=0}^{N-1} [h_d(n) - h(n)] e^{-j\omega n T} \right] \left[\sum_{m=N}^{+\infty} h(m) e^{j\omega m T} \right] d\omega -$$

$$\int_{-\frac{\omega_s}{2}}^{+\frac{\omega_s}{2}} \left[\sum_{m=0}^{N-1} [h_d(m) - h(m)] e^{j\omega m T} \right] \left[\sum_{n=N}^{+\infty} h(n) e^{-j\omega n T} \right] d\omega$$

上式中的四个积分分别等于

$$\int_{-\frac{\omega_s}{2}}^{+\frac{\omega_s}{2}} \left[\sum_{n=0}^{N-1} [h_d(n) - h(n)] e^{-j\omega n T} \right] \left[\sum_{m=0}^{N-1} [h_d(m) - h(m)] e^{j\omega m T} \right] d\omega$$

$$= \int_{-\frac{\omega_s}{2}}^{+\frac{\omega_s}{2}} \left[\sum_{n=0}^{N-1} \sum_{m=0}^{N-1} \left[h_d(m) - h(m) \right] \left[h_d(n) - h(n) \right] e^{j\omega(m-n)T} \right] d\omega$$

$$= \sum_{n=0}^{N-1} \sum_{m=0}^{N-1} \left\{ \left[h_d(m) - h(m) \right] \left[h_d(n) - h(n) \right] \int_{-\frac{\omega_s}{2}}^{+\frac{\omega_s}{2}} e^{j\omega(m-n)T} d\omega \right\}$$

$$= 2\pi \sum_{n=0}^{N-1} \left[h_d(n) - h(n) \right]^2$$

$$\int_{-\frac{\omega_s}{2}}^{+\frac{\omega_s}{2}} \left[\sum_{n=N}^{+\infty} h(n) e^{-j\omega nT} \right] \left[\sum_{m=N}^{+\infty} h(m) e^{j\omega mT} \right] d\omega = 2\pi \sum_{n=N}^{+\infty} h(n)^2$$

$$\int_{-\frac{\omega_s}{2}}^{+\frac{\omega_s}{2}} \left[\sum_{n=0}^{N-1} \left[h_d(n) - h(n) \right] e^{-j\omega nT} \right] \left[\sum_{m=N}^{+\infty} h(m) e^{j\omega mT} \right] d\omega = 0$$

$$\int_{-\frac{\omega_s}{2}}^{+\frac{\omega_s}{2}} \left[\sum_{m=0}^{N-1} \left[h_d(m) - h(m) \right] e^{j\omega mT} \right] \left[\sum_{n=N}^{+\infty} h(n) e^{-j\omega nT} \right] d\omega = 0$$

所以

$$\overline{\varepsilon^2} = \sum_{n=0}^{N-1} \left[h_d(n) - h(n) \right]^2 + \sum_{n=N}^{+\infty} h(n)^2 \qquad (11-35)$$

从式(11-35)可以看出，当 $\sum_{n=0}^{N-1} \left[h_d(n) - h(n) \right]^2 = 0$ 或 $h_d(k) = h(k)(n = 0, 1, 2, \cdots, N-1)$ 时，方均误差 $\overline{\varepsilon^2}$ 可以达到最小值。这时，FIR 滤波器的单位函数响应正好是原来的目标系统的单位函数响应在 0 到 $N-1$ 部分的值。这就好像通过一个长度为 N 的窗口截取了目标系统的单位函数响应的一部分，或者认为它是原来的无限长的单位函数响应序列与有限长序列

$$R_N(k) = \begin{cases} 1 & 0 \le k < N \\ 0 & k \ge N \end{cases} \qquad (11-36)$$

相乘的结果

$$h_d(k) = h(k) R_N(k) \qquad (11-37)$$

$R_N(k)$ 被称做矩形窗函数。所以这种方法被称为窗函数法（window function method）。

例题 11-4　已知系统的抽样频率为 4 000 Hz，即 $T = 250\ \mu s$。按照窗函数法设计一个长度 $N = 11$ 的低通 FIR 滤波器，使其频率特性与截止频率为 1 000 Hz 的理想低通滤波器

$$H(e^{j\omega T}) = \begin{cases} e^{-j2\omega T} & |\omega| < 2\ 000\pi \\ 0 & 其他 \end{cases}$$

接近。

解：首先根据 IDTFT，求出目标系统的单位函数响应

$$h(k) = \frac{1}{2\pi} \int_{-\frac{\omega_s}{2}}^{+\frac{\omega_s}{2}} H(e^{j\omega T}) e^{j\omega kT} d\omega = \frac{1}{2\pi} \int_{-\frac{\omega_s}{2}}^{+\frac{\omega_s}{2}} e^{j\omega(k-2)T} d\omega = \frac{\sin\left[\frac{\pi}{2}(n-2)\right]}{\pi(n-2)}$$

当然,这是一个非因果系统,单位函数响应中 k 的取值必须从 $-\infty$ 到 $+\infty$。根据窗函数法的设计规则,FIR 滤波器的单位函数响应只要取其中 $k=0\sim10$ 的各项就可以了。相应的 FIR 滤波器的冲激响应为

$$h_{\mathrm{d}}(k)=\begin{cases}\dfrac{\sin\left[\dfrac{\pi}{2}(k-2)\right]}{\pi(k-2)} & k=0,1,\cdots,10\\ 0 & \text{其他}\end{cases}$$

通过数值计算,可得

$$h_{\mathrm{d}}(k)=\{0,0.318\,3,0.5,0.318\,3,0,-0.106\,1,0,0.063\,7,0,-0.045\,5,0\}$$

由此可以得到 FIR 滤波器的系统函数

$$H_{\mathrm{d}}(z)=0.318\,3z^{-1}+0.5z^{-2}+0.318\,3z^{-3}-0.106\,1z^{-5}+0.063\,7z^{-7}-0.045\,5z^{-9}$$

$h_{\mathrm{d}}(k)$ 以及系统的幅频特性和相频特性曲线如图 11-19 所示。

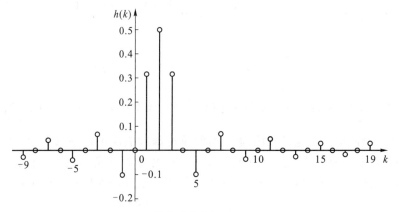

(a) 单位函数响应

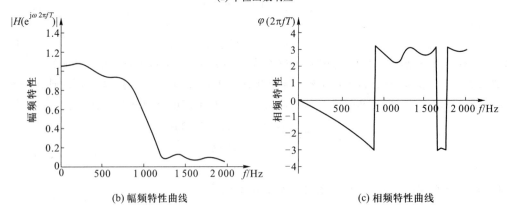

(b) 幅频特性曲线　　　(c) 相频特性曲线

图 11-19　例题 11-4 设计出的滤波器有关特性

从图 11-19 可以看出,直接用窗函数法公式(11-37)所得到的 FIR 滤波器在幅频和相频特

性上还有一些不足。下面就幅频和相频两方面存在的问题进行详细讨论,并提出改进的方法。

1. 相频特性的改进

在例题中,原始的目标滤波器是一个线性相位系统,但是从图 11-19(c)中可以看到,$H_d(z)$ 并不满足线性相频特性。由上一节的讨论可知,如果系统的单位函数响应满足偶对称特性,则系统一定是线性相位的。在这里,滤波器的长度 $N = 11$,根据偶对称要求,系统的单位函数响应 $h_d(k)$ 必须关于 $k = \dfrac{N-1}{2} = 5$ 点呈偶对称。为此,可以先将目标系统的单位函数响应 $h(k)$ 在时间上右移 3 点,使目标系统的单位函数响应关于 $k = 5$ 点呈偶对称,此时

$$h_1(k) = h(k-3) = \frac{\sin\left[\dfrac{\pi}{2}(k-5)\right]}{\pi(k-5)}$$

然后再根据 $h_1(k)$ 得到 FIR 滤波器的单位函数响应

$$h_{d1}(k) = \begin{cases} \dfrac{\sin\left[\dfrac{\pi}{2}(k-5)\right]}{\pi(k-5)} & k = 0,1,\cdots,10 \\ 0 & \text{其他} \end{cases}$$

这时的系统满足式(11-22)的偶对称条件,所以系统一定是一个线性相位系统。修正后的单位函数响应 $h_1(k)$ 对应的系统频率特性 $H_1(e^{j\omega T})$ 为

$$H_1(e^{j\omega T}) = \begin{cases} e^{-j5\omega T} & |\omega| < 2\,000\pi \\ 0 & \text{其他} \end{cases}$$

与原频率特性 $H(e^{j\omega T})$ 相比,幅频特性相同,相频特性上增加了一个线性相移 $-3\omega T$。从系统响应上看,只是将响应延迟了 3 点。这种延时在系统设计中是允许的,并不影响系统的性能。所以,实际在设计滤波器时,通常首先将目标系统的单位函数响应 $h(k)$ 做适当的移动,并通过窗函数法设计得到线性相位的 FIR 滤波器。修正后的 FIR 滤波器的幅频特性和相频特性如图 11-20 所示。

如果设定的滤波器的长度 N 等于偶数,例如,$N = 10$,则式(11-22)要求的偶对称点等于 4.5,直接移动 $h(k)$ 无法满足偶对称特性。这时只有直接修正目标系统的频率特性

$$H_2(e^{j\omega T}) = \begin{cases} e^{-j4.5\omega T} & |\omega| < 2\,000\pi \\ 0 & \text{其他} \end{cases}$$

由此得到满足偶对称特性的 FIR 滤波器的单位函数响应

$$h_{d2}(k) = \begin{cases} \dfrac{\sin\left[\dfrac{\pi}{2}(k-4.5)\right]}{\pi(k-4.5)} & k = 0,1,\cdots,10 \\ 0 & \text{其他} \end{cases}$$

在很多实际应用场合中,往往只指定目标系统的幅频特性 $|H(e^{j\omega T})|$,并不指定系统的相频

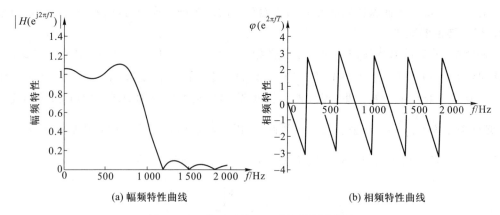

(a) 幅频特性曲线 (b) 相频特性曲线

图 11-20　修正后的 FIR 滤波器频率特性

特性。这时,必须根据线性相位 FIR 滤波器的要求,构造目标系统的频率特性

$$H(e^{j\omega T}) = |H(e^{j\omega T})| e^{-j\frac{N-1}{2}\omega} \tag{11-38}$$

然后用窗函数法设计出具有线性相频特性的 FIR 滤波器。

　　上一节中还介绍了另一种单位函数响应具有式(11-29)表示的奇对称特性的线性相位 FIR 滤波器。如果要设计出这样的滤波器,系统传输函数应该等于

$$H(e^{j\omega T}) = |H(e^{j\omega T})| e^{\frac{\pi}{2}-j\frac{N-1}{2}\omega T} \tag{11-39}$$

2. 幅频特性的改进

　　无论是在图 11-10 还是图 11-20 中,系统的幅频特性与目标系统特性都是有差距的。目标系统是一个低通滤波器。在频率 ω 小于 2 000π 的频带内,它的幅频特性应该等于(或者接近于)1,以便通带内的信号能够不失真地通过。同时,它在频率 ω 大于 2 000π 的阻带上的幅频特性应该等于(或者接近于)零,达到阻止信号分量通过的效果。但是实际设计出的系统 $h_d(k)$、$h_{d1}(k)$ 的传输特性则并没有完全实现这个功能。首先,在通带内系统对各个频率分量的幅度的影响不一样,通带内的幅频特性有较大的起伏;其次,在阻带上系统也不能完全阻止信号分量通过,而且有的频率上通过的信号幅度还比较大,阻带内系统的幅频特性也有很大的起伏。这种幅频特性的起伏可以由公式(11-37)进行解释。按照窗函数法设计出的系统的单位函数响应是原目标系统的单位函数响应与窗函数 $R_N(k)$ 的乘积。按照傅里叶变换的性质,设计出的 FIR 滤波器的频率特性应该是目标系统的频率特性与窗函数 $R_N(k)$ 的频谱的卷积。$R_N(k)$ 的频谱为

$$RG_N(e^{j\omega T}) = \sum_{k=0}^{N-1} e^{j\omega kT} = \frac{\sin\left(\dfrac{N\omega T}{2}\right)}{\sin\left(\dfrac{\omega T}{2}\right)} e^{-j\frac{N-1}{2}\omega T} = N \cdot \Phi(\omega T) \tag{11-40}$$

其中的 $\Phi(\cdot)$ 是式(10-26)定义的插值函数,其函数图形见图 10-4,这个频谱类似于抽样函数,

有着较大的起伏。正是由于这种起伏对于卷积运算的作用导致了滤波器通带和阻带内的起伏。

为了更好地完成目标滤波器的任务,必须设法减小幅频特性的起伏。窗函数法可以看成是用一个有限长的序列——窗函数——与目标系统的单位函数响应相乘,矩形窗的频谱起伏较大,因此造成了数字滤波器的幅频特性在通带和阻带内的起伏。如果能找到一些频谱起伏较平缓的有限长序列作为窗函数取代矩形窗,就可以改善幅频特性的起伏现象。当然,为了使设计出的 FIR 滤波器满足线性相频特性,实际使用的窗函数必须满足式(11-22)表示的偶对称性。目前这样的窗函数已经有很多,下面给出另外几个常用的窗函数:

(1)三角窗,或巴特莱特(Bartlett)窗

顾名思义,这种窗口的形状为三角形

$$w(k) = \begin{cases} \dfrac{2k}{N-1} & 0 \leq k \leq \dfrac{N-1}{2} \\ 2 - \dfrac{2k}{N-1} & \dfrac{N-1}{2} < k \leq N-1 \\ 0 & \text{其他} \end{cases} \tag{11-41}$$

(2)汉宁(Hanning)窗,或升余弦窗

$$w(k) = \begin{cases} \dfrac{1}{2}\left[1 - \cos\left(\dfrac{2\pi k}{N-1}\right)\right] & 0 \leq k \leq N-1 \\ 0 & \text{其他} \end{cases} \tag{11-42}$$

(3)汉明窗(Hamming),或改进升余弦窗

$$w(k) = \begin{cases} 0.54 - 0.46\cos\left(\dfrac{2\pi k}{N-1}\right) & 0 \leq k \leq N-1 \\ 0 & \text{其他} \end{cases} \tag{11-43}$$

(4)布莱克曼(Blackman)窗,或二阶升余弦窗

$$w(k) = \begin{cases} 0.42 - 0.5\cos\left(\dfrac{2\pi k}{N-1}\right) + 0.08\cos\left(\dfrac{4\pi k}{N-1}\right) & 0 \leq k \leq N-1 \\ 0 & \text{其他} \end{cases} \tag{11-44}$$

这些窗函数的共同特点是时域波形上没有像矩形窗函数那样的突变,频谱上的起伏都比矩形窗函数小,所以它们导致的系统幅频特性的起伏较矩形窗要小得多。图 11-21(a)显示了用矩形窗、汉明窗和三角窗分别设计的 FIR 滤波器的幅频特性曲线。从曲线中可以看出,汉明窗和三角窗的幅频特性的平坦性程度比矩形窗好得多。但与此同时,滤波器从通带过渡到阻带的过程(过渡带)的宽度也会增加,在这个范围内滤波器的性能会产生一定程度的下降。这可以看成是为了换取幅频特性的平坦性所付出的代价。

随着滤波器阶数 N 的增加,滤波器的过渡带的宽度会减小。图 11-21(b)显示了在 $N=21$ 情况下,使用矩形窗和汉明窗设计出的 FIR 滤波器的幅频特性曲线,及其与 $N=11$ 情况下用矩形窗设计的 FIR 滤波器的比较。从图中可以看到,增加 N 可以改善系统的过渡带,但不能改善

幅频特性中的起伏状况。所以,在滤波器设计中可以一方面通过选择合适的窗函数来改善系统幅频特性的起伏,另外一方面通过增加 N 来改善过渡带特性,从而设计出更加接近目标系统特性的 FIR 滤波器。

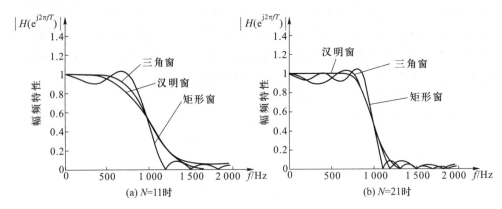

图 11-21　不同窗函数情况下的 FIR 滤波器

在实际工程中,往往不可能直接给出滤波器的阶数、窗函数类型,而是给出如例题 11-2 那样的条件。根据这些条件也可以计算出滤波器的阶数,选择合适类型的窗函数,但是这里的计算比较复杂,且各种窗函数情况下的算法不同,在本书中就不介绍了,有兴趣的读者可以参阅其他书籍,也可以利用尝试的方法找出合适的阶数和窗函数,现在有了计算机辅助计算手段,这种方法也很方便。

二、频率抽样法

频率抽样法是 FIR 滤波器设计中常用的另外一种方法。这种方法依然是从系统的频率特性 $H(e^{j\omega T})$ 入手。它对目标系统在某些频率点 ω_i 上的频率特性进行抽样,要求所设计的 FIR 滤波器的频率响应在这些指定的频率点 ω_i 上的频率特性与目标系统在这些点上的特性完全相同,以此为依据设计出合适的 FIR 滤波器。随具体抽样方法的不同,滤波器设计的过程也有一定的差异。下面分均匀抽样和非均匀抽样两种情况介绍频谱抽样法的设计过程。

1. N 点频率均匀抽样设计法

假设有一个目标系统,其频率特性为 $H(e^{j\omega T})$。因为 FIR 滤波器的频率特性是呈周期性的,所以必须将目标系统的频率特性周期化,以便于设计。在周期化以前,先用频域门函数 $G_{2\pi}(\omega)$ 乘以原来的频率特性,以防止周期化时产生频谱混叠。这样,周期化后的目标系统频率特性为

$$\tilde{H}(e^{j\omega T}) = \sum_{n=-\infty}^{+\infty} H[e^{j(\omega+2n\pi)T}] G_{\omega_s}(\omega) \tag{11-45}$$

其中的 T 是抽样间隔,相应的抽样角频率为 $\omega_s = \dfrac{2\pi}{T}$。对频率 ω 在主值范围 $0 \sim \omega_s$ 范围内进行 N

等分,得到 N 个频率抽样点 $\omega_n = \dfrac{\omega_s}{N} n \, (n = 0, 1, \cdots, N-1)$。目标系统在这些频率点上的特性为

$$\tilde{H}(e^{j\omega_n T}) = \tilde{H}(e^{j\frac{\omega_s}{N}nT}) \quad (n = 0, 1, \cdots, N-1) \tag{11-46}$$

假设 N 阶 FIR 滤波器的单位函数响应为 $h_d(k)$,则该系统在这些频率点上的特性为

$$H_d(e^{j\frac{\omega_s}{N}nT}) = \sum_{k=0}^{N-1} h_d(k) e^{-j\frac{\omega_s}{N}nkT} \quad (n = 0, 1, \cdots, N-1)$$

根据频率抽样法的设计要求,等式的左边应该等于 $\tilde{H}(e^{j\frac{\omega_s}{N}nT})$,即

$$\begin{aligned}
\tilde{H}(e^{j\frac{\omega_s}{N}nT}) &= \sum_{k=0}^{N-1} h_d(k) e^{-j\frac{\omega_s}{N}nkT} \\
&= \sum_{k=0}^{N-1} h_d(k) e^{-j\frac{2\pi}{N}nk} \quad (n = 0, 1, \cdots, N-1)
\end{aligned}$$

等式的右边实际上就是序列 $h_d(k)$ 的 N 点 DFT。所以,$h_d(k)$ 可以通过序列 $\tilde{H}(e^{j\frac{\omega_s}{N}nT})$ 的 N 点 IDFT 求出

$$h_d(k) = \text{IDFT}\left\{ \tilde{H}(e^{j\frac{\omega_s}{N}nT}) \right\} = \frac{1}{N} \sum_{n=0}^{N-1} \tilde{H}(e^{j\frac{\omega_s}{N}nT}) e^{j\frac{2\pi}{N}nkT} \quad (n = 0, 1, \cdots, N-1) \tag{11-47}$$

通过 IDFT 计算,可以完成 FIR 滤波器设计。如果要求设计出的滤波器同时满足线性相位条件,则这里选择的目标系统的频率特性同样要满足式(11-38)或式(11-39)。

例题 11-5 用频率抽样法完成例题 11-4 提出的 FIR 滤波器问题,设计出满足线性相位条件的 FIR 滤波器。

解:根据设计要求,首先要对目标频率特性进行适当的修改,使之满足线性相频特性。根据线性相位 FIR 滤波器的相频特性式(11-26),其相频特性应该满足

$$\varphi(\omega) = -\left[\frac{N-1}{2}\right] \omega T = -5\omega T$$

由此可以将目标系统的传输函数修改为

$$H(e^{j\omega T}) = \begin{cases} e^{-j5\omega T} & |\omega| < 2\,000\pi \\ 0 & \text{其他} \end{cases}$$

然后将传输函数按 $\omega_s = \dfrac{2\pi}{T} = 8\,000\pi$ 周期化,周期化后在主值区间 $0 \sim 8\,000\pi$ 内的函数为

$$\tilde{H}_1(e^{j\omega}) = \begin{cases} e^{-j5\omega T} & \omega < 2\,000\pi \\ 0 & 2\,000\pi < \omega < 6\,000\pi \\ e^{-j5(\omega - 2\pi)} & 6\,000\pi < \omega < 8\,000\pi \end{cases}$$

根据这个频率特性,可以得到它在主值区间 $0 \sim 8\,000\pi$ 内的均匀分布的 11 个频率点上的特性

$$\tilde{H}(e^{j\frac{\omega_s}{11}nT}) = \left\{ 1, e^{-j\frac{10\pi}{11}}, e^{-j\frac{20\pi}{11}}, 0, 0, 0, 0, 0, 0, e^{j\frac{20\pi}{11}}, e^{j\frac{10\pi}{11}} \right\}$$

通过 IDFT,可以得到

$$h_d(k) = \text{IDFT}\{H(\text{e}^{\text{j}\frac{2\pi}{11}nT})\}$$

$$= \frac{1}{11}\left[1 + \text{e}^{\text{j}\left(\frac{2\pi}{11}k - \frac{10\pi}{11}\right)} + \text{e}^{\text{j}\left(\frac{4\pi}{11}k - \frac{20\pi}{11}\right)} + \text{e}^{\text{j}\left(\frac{18\pi}{11}k + \frac{20\pi}{11}\right)} + \text{e}^{\text{j}\left(\frac{20\pi}{11}k + \frac{10\pi}{11}\right)}\right]$$

$$= \frac{1}{11}\left[1 + \text{e}^{\text{j}\left(\frac{2\pi}{11}k - \frac{10\pi}{11}\right)} + \text{e}^{\text{j}\left(\frac{4\pi}{11}k + \frac{2\pi}{11}\right)} + \text{e}^{-\text{j}\left(\frac{4\pi}{11}k + \frac{2\pi}{11}\right)} + \text{e}^{-\text{j}\left(\frac{2\pi}{11}k - \frac{10\pi}{11}\right)}\right]$$

$$= \frac{1}{11}\left[1 + 2\cos\left(\frac{2\pi}{11}k - \frac{10\pi}{11}\right) + 2\cos\left(\frac{4\pi}{11}k + \frac{2\pi}{11}\right)\right] \qquad k = 0, 1, \cdots, N-1$$

系统的幅频特性和相频特性曲线如图 11-22。从图中可以看到,在频率抽样点上系统的频率特性与目标系统的频率特性完全相同。细心的读者可能会从图 11-22(b) 中的相频特性曲线发现,在后三个频率抽样点上,实际系统的相频特性和目标系统的相频特性似乎不一致,但是考虑到在这些频率点上的幅频特性都等于零,所以图上的差异不会影响目标系统与实际系统在这些抽样点上的频率特性。

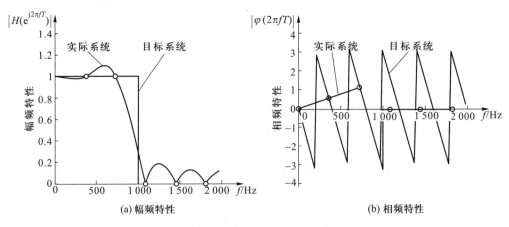

(a) 幅频特性　　　　　　　　　　　　　(b) 相频特性

图 11-22　用频率抽样法设计出的 FIR 滤波器频率特性

2. 任意 N 点频率抽样设计法

这种方法是对频率轴上任意 N 个抽样点进行抽样,不一定要求等间隔。抽样仍然是对式(11-45)表示的周期化后的目标频率特性进行,但主值区间可以取 $-\frac{\omega_s}{2} \sim \frac{\omega_s}{2}$,在这段频率内 $H(\text{e}^{\text{j}\omega})$ 与 $\tilde{H}(\text{e}^{\text{j}\omega})$ 完全相同,所以频率抽样可以直接对 $H(\text{e}^{\text{j}\omega})$ 进行,周期化的过程可以省略。

假设 FIR 滤波器的单位函数响应为 $h(k)$,系统的频率特性为

$$H_d(\text{e}^{\text{j}\omega T}) = h(0) + h(1)\text{e}^{-\text{j}\omega T} + h(2)\text{e}^{-\text{j}2\omega T} + \cdots + h(N-1)\text{e}^{-\text{j}(N-1)\omega T}$$

现任意确定 N 个频率抽样点 $\omega_1, \omega_2, \cdots, \omega_N$,希望 FIR 滤波器在这些频率点上的特性与目标系统相同。由此可以列出 N 个方程

$$\begin{cases} H(\mathrm{e}^{\mathrm{j}\omega_1 T}) = h(0) + h(1)\mathrm{e}^{-\mathrm{j}\omega_1 T} + h(2)\mathrm{e}^{-\mathrm{j}2\omega_1 T} + \cdots + h(N-1)\mathrm{e}^{-\mathrm{j}(N-1)\omega_1 T} \\ H(\mathrm{e}^{\mathrm{j}\omega_2 T}) = h(0) + h(1)\mathrm{e}^{-\mathrm{j}\omega_2 T} + h(2)\mathrm{e}^{-\mathrm{j}2\omega_2 T} + \cdots + h(N-1)\mathrm{e}^{-\mathrm{j}(N-1)\omega_2 T} \\ \qquad\qquad\qquad\qquad\qquad\vdots \\ H(\mathrm{e}^{\mathrm{j}\omega_N T}) = h(0) + h(1)\mathrm{e}^{-\mathrm{j}\omega_N T} + h(2)\mathrm{e}^{-\mathrm{j}2\omega_N T} + \cdots + h(N-1)\mathrm{e}^{-\mathrm{j}(N-1)\omega_N T} \end{cases} \tag{11-48}$$

设矩阵

$$\boldsymbol{h} = \begin{bmatrix} h(0) \\ h(1) \\ \vdots \\ h(N-1) \end{bmatrix} \quad \boldsymbol{b} = \begin{bmatrix} H(\mathrm{e}^{\mathrm{j}\omega_1 T}) \\ H(\mathrm{e}^{\mathrm{j}\omega_2 T}) \\ \vdots \\ H(\mathrm{e}^{\mathrm{j}\omega_N T}) \end{bmatrix} \quad \boldsymbol{A} = \begin{bmatrix} 1 & \mathrm{e}^{-\mathrm{j}\omega_1 T} & \cdots & \mathrm{e}^{-\mathrm{j}(N-1)\omega_1 T} \\ 1 & \mathrm{e}^{-\mathrm{j}\omega_2 T} & \cdots & \mathrm{e}^{-\mathrm{j}(N-1)\omega_2 T} \\ \vdots & \vdots & & \vdots \\ 1 & \mathrm{e}^{-\mathrm{j}\omega_N T} & \cdots & \mathrm{e}^{-\mathrm{j}(N-1)\omega_N T} \end{bmatrix}$$

则式(11-48)表示的 N 元一次方程组可以表示成为

$$\boldsymbol{A} \cdot \boldsymbol{h} = \boldsymbol{b} \tag{11-49}$$

可以解得

$$\boldsymbol{h} = \boldsymbol{A}^{-1} \boldsymbol{b} \tag{11-50}$$

由此可以得到 FIR 滤波器的单位函数响应。在这种方法中并没有限定频率抽样点的选取方法,因此可以根据实际要求灵活选择。例如,可以在频率特性变化比较平缓的地方少取几个频率点,在频率特性变化大的地方多设定几个频率点,以满足设计要求。为了计算方便,一般抽样频率点总在零点两边对称选取,这样可以保证按式(11-50)计算出的 h 是一个实数矩阵。

与窗函数法一样,用频率抽样法同样会遇到频率特性的起伏问题。解决这个问题的方法是尽量减缓目标频率特性中的跳变边沿。例如,对于上面例题中的低通滤波器,可以将过渡带的边沿变缓,然后在过渡带中设定几个频率点,从而改善通带和阻带中的起伏现象。过渡带中的频率点和频率点上频率特性的设置对效果的影响很大,如果设置不当反而会加剧频率特性的起伏。这方面没有现成公式和方法可以参照,只有通过多次实际计算寻找合适的过渡带特性。这是频率抽样法不如窗函数法之处。

§11.7 FIR 滤波器与 IIR 滤波器比较

FIR 滤波器和 IIR 滤波器都是实际工程中常用的数字滤波器。这两种滤波器各有其不同的特点。

首先,从系统的幅频特性上看,IIR 滤波器由于综合利用了系统的零点和极点,容易达到比较理想的设计效果;而 FIR 滤波器由于只有零点,效果较 IIR 滤波器差。要达到与 IIR 滤波器相似的效果,往往要提高系统的阶数,增加计算量。图 11-23 表示了用两种滤波器实现同样截止频率的低通滤波器的幅频特性的比较。从图中可以看到,4 阶 FIR 滤波器的效果远远低于 4 阶

IIR 滤波器,要达到与其相近的效果需要使用 16 阶甚至更高阶的 FIR 滤波器。滤波器阶数的增加必然导致计算量的增加,影响信号处理的速度。所以,在对滤波器幅频特性和处理速度有很高要求的场合,多使用 IIR 滤波器。

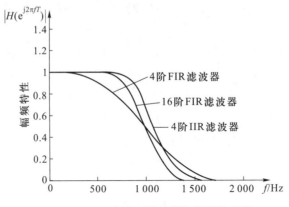

图 11-23　FIR 与 IIR 滤波器幅频特性比较

其次,从相频特性上看,用 FIR 滤波器可以得到线性相位数字滤波器,满足信号不失真传输的要求;而使用 IIR 滤波器则难以达到这一点。对于 IIR 滤波器而言,往往幅频特性越好,相位非线性就越严重。所以,在对线性相位要求高的场合,往往使用 FIR 滤波器。

从系统稳定性上看,FIR 滤波器由于没有极点,所以一定是稳定的;而 IIR 滤波器的稳定与否取决于其极点的位置。即使 IIR 滤波器的极点都处于 z 平面单位圆内部,如果其中某个极点非常靠近 z 平面的单位圆,则在实际使用中,有时会由于数据计算误差的存在而导致系统不稳定。

从滤波器设计方法上看,IIR 滤波器的设计参照连续时间系统的传输函数进行,可以充分利用模拟滤波器的设计结果,但是要求设计者有一定的模拟滤波器设计知识,而且必须保证在模拟滤波器中能够找到合适的滤波器原型作为设计的基础;而 FIR 滤波器设计完全是根据系统频率特性进行,不需要设计者有其他滤波器的设计知识,其目标系统甚至可以是一个非因果系统,设计方法比较简单。

无论是在 IIR 还是 FIR 滤波器设计过程中,计算量都比较大,但这些计算都可以通过计算机完成,非常方便。目前在很多计算机辅助分析计算软件中提供了多种 IIR 和 FIR 设计工具,可以直接完成滤波器的设计工作。

综上所述,IIR 滤波器和 FIR 滤波器各有其优缺点。在设计时,必须根据实际需要选用合适的数字滤波器。

习　　题

11.1　在图 11-1 所示的数字滤波器中,假设其中 $H(z)=z^{-k_0}$,其中 k_0 是一个正整数,系统时钟为 100 kHz。
(1)假如系统中的离散-连续转换电路产生的脉冲是理想冲激序列,试证明该系统实现了一个延时器电路,其输出比输入延时了 $k_0 \times 10^{-5}$ s。

（2）假设输入信号为 $\cos(5\pi \times 10^4 t) + \cos(\pi \times 10^4 t)$，求输出信号。

（3）假如其中的离散-连续转换电路产生的脉冲为方波脉冲,宽度为 10 μs,求此时的输出信号。

11.2　试判断下列系统函数表示的离散时间系统的种类（FIR、IIR、AR、MA、ARMA 等）。

（1）$H(z) = \dfrac{1+z+z^2}{z^2}$

（2）$H(z) = \dfrac{1+z+z^2}{z^2+0.1}$

（3）$H(z) = \dfrac{1}{z^2+0.3z+0.02}$

（4）$H(z) = \dfrac{z^2}{z^2+0.3z+0.02}$

11.3　下面的说法是否正确？请说明理由。

（1）FIR 滤波器一定是 MA 滤波器；

（2）AR 滤波器一定是 IIR 滤波器；

（3）多个 FIR 滤波器并联得到的系统一定是 FIR 滤波器；

（4）多个 IIR 滤波器串联得到的系统一定是 IIR 滤波器。

11.4　利用冲激响应不变变换法求解下列连续系统函数所对应的数字滤波器的传输函数,假设抽样间隔为 T。

（1）$H_a(s) = \dfrac{1}{s^2+5s+4}$

（2）$H_a(s) = \dfrac{1}{s^2+2s+17}$

（3）$H_a(s) = \dfrac{1}{s^2+4s+4}$

（4）$H_a(s) = 1$

11.5　试以巴特沃思滤波器为原型,用冲激响应不变变换法设计一个截止频率为 2 kHz 的 2 阶数字巴特沃思低通滤波器,给出其系统函数。假设抽样频率为 10 kHz。

11.6　利用双线性变换法求解习题 11.4 中各系统对应的数字滤波器的传输函数。

11.7　利用双线性变换法,设计一个满足习题 11.5 要求的数字巴特沃思低通滤波器。

11.8　已知某系统的单位函数响应如下,试判断该系统是否是线性相位 FIR 滤波器。

（1）$h(k) = \{1, -1, 1, -1, 1, -1, 1, -1, 1\}$

（2）$h(k) = \{1, 2, 3, 4, 5, 1, 2, 3, 4, 5\}$

（3）$h(k) = \{1, 2, 3, 4, 5, 4, 3, 2\}$

（4）$h(k) = \{1, 1, 1, 1, 1, 1, 1\}$

（5）$h(k) = \{1, 2, 3, 4, 5, -4, -3, -2, -1\}$

11.9　已知某长度为 N 的线性相位 FIR 滤波器的幅频特性为 $|H(e^{j\omega T})| = A(\omega T)$，其中 T 为抽样间隔。试写出此系统完整的频率特性 $H(e^{j\omega T})$。

11.10　试用窗函数法设计一个截止频率为 2 kHz 的线性相位 FIR 低通滤波器,假设抽样频率为 12 kHz,

FIR 滤波器的长度 $N = 10$。

11.11 在习题 11.10 的设计任务中,分别采用三角窗、汉宁窗、汉明窗、布莱克曼窗函数设计出相应的滤波器。

11.12 通过编制计算机程序,做出习题 11.5、11.7、11.10 得到的低通滤波器的幅频特性曲线和相频特性曲线,并比较结果。

11.13 理想的线性正交变换网络的传输函数为

$$H_a(j\omega) = -je^{-j\omega t_0}$$

其中 t_0 是系统的时延,可以根据需要设定。如果要以该系统为原型设计一个长度为 N 的线性相位 FIR 滤波器,抽样间隔为 T,t_0 应该取多大? 试用窗函数法设计出线性正交变换数字滤波器,给出其单位响应函数 $h(n)$。

11.14 在微弱信号检测中,接收到的信号往往混杂有交流电产生的 50 Hz 工频干扰。利用等间隔频率抽样设计法,设计一个能够滤除这个干扰的线性相位 FIR 带阻滤波器,系统的幅频特性与理想带阻滤波器的幅频特性

$$|H_a(j\omega)| = \begin{cases} 0 & \omega = 100\pi \\ 1 & \text{其他} \end{cases}$$

相近。这里假设系统的抽样率为 400 Hz,FIR 滤波器的长度 $N = 8$。

11.15 给出用线性相位直接型结构实现习题 11.14 得到的离散时间系统的框图。

11.16 一个长度为 N(N 为偶数)的线性相位 FIR 滤波器,单位函数响应为 $h_1(k)$,其 DFT 为 $H_1(m)$。将 $h_1(k)$ 进行 N 点循环移位 $N/2$ 点得到一个新的单位响应函数 $h_2(k)$。

(1) 求 $h_2(k)$ 的 DFT $H_2(k)$;

(2) 证明 $h_2(k)$ 所对应的 FIR 滤波器依然满足线性相频特性;

(3) 证明将 $h_1(k)$ 和 $h_2(k)$ 对应的系统并联,得到的新系统依然是线性相位 FIR 滤波器;

(4) 证明将 $h_1(k)$ 和 $h_2(k)$ 对应的系统串联,得到的新系统依然是线性相位 FIR 滤波器。

第十二章

随 机 变 量

§12.1 引言

在前面各章中,假设的输入信号都有确定的形式,可以表示成为一个确定性的、关于时间 t 的函数 $f(t)$,这样的信号被称为确定性信号(determinate signal)。但是,正如我们在本书绪论中曾经指出的,带有信息的信号往往都具有不可预知的不确定性,这样的信号称为随机信号(random signal)。

信号的不确定性一般来源于两个方面。一方面是待传输信号本身的不确定性,这种信号几乎随处可见,电话中的语音信号、电子器件中的电流、雷达信号、地震波信号、地面上的风速、马路上的车流量等,都是其中的例子。这种不确定的信号无法表示成一个确定的时间函数,具有不可预知性。它在某一时刻的函数值,可能是某个数值,也可能是别的数值。不可预知,是因为人们对信号的有关情况和特性只有部分的、不完全的了解。从信息传输的角度来说,正是这种原先无法预知的不确定的信号,终于以某种确定形式出现了,接收者才从中获取了所需要的信息。信号不确定性的第二个来源是信息传输过程中的干扰。传输过程中,除了有用信号外,还常常会夹杂着接收者并不需要的某些干扰信号或者各种噪声,这些干扰和噪声一般也都具有随机性质。这时,即使传输的信息本身是确定的,接收到的叠加了噪声的信号也具有不确定性。所以,随机信号是自然界中广泛存在的信号,研究随机信号以及系统对随机信号的响应在实际工作中有很大的实用价值。

为了说明随机信号,首先从最简单的随机事件说起。随机事件最常见的例子就是掷硬币,这个例子几乎在所有关于概率论的教材中都能找到。一个被投掷的硬币落地后有两种结果可能发生:一种是硬币的正面向上,另一种是硬币的反面向上。虽然在硬币没有落地以前并不能事先知道哪一个结果会发生,但是可以知道两种事件发生的可能性的大小,即每个事件发生的概率(probability)。例如,在本例中,"正面向上"事件和"反面向上"事件发生的概率各是 50%。这种具有确定的发生可能性(或概率)的不确定的结果被称为**随机事件**(random event)。在一个实际问题中,一般都具有多个可能发生的随机事件,每个随机事件又被称为一个**样本**(sample)。所有可能出现的样本的集合称为的样本空间(sample space)。在掷硬币问题中,样本空间中有两个样本,最终得到的观测结果一定是这两个样本(或随机事件)中的一个。

如果将样本空间中的样本一一表示成一个实数,就得到了**随机变量**[1](random variable) 。这种随机事件和实数的对应关系可能是人为指定的,也可能是在实际问题中自然产生的。例如,在掷硬币例子中,人为指定用"0"表示"正面向上"事件,"1"表示"反面向上"事件,这里的"0"和"1"就是随机变量。通过随机变量,可以表达复杂的概率事件。例如,考察"某地区未来某天的降雨量",它可能是 0 mm,1 mm,2 mm,1.1 mm,1.11 mm,1.121 mm⋯,具有无限多个可能的结果。我们可以直接将降雨量(实数)作为表达随机事件的标志,每一个事件都对应于实数域(或实轴)中的一点,同时每个实数域上的点都对应于一个可能发生的随机事件。显然,这里的随机事件有无穷多个,相应的样本空间中包含有无穷多个样本,每一个样本都对应于一个实数,同时,每一个样本都有一定的发生频率。

现在再看一些更加复杂的例子。图 12-1(a)所示为某种信号源可能产生的许多信号波形中的几个,它们看上去都是一些不规则的波形。对于信号检测者来说,他无法预知信号源将产生何种波形,只是测量到了一系列随机变化的数值。图 12-1(b)所示为某电台可能拍发的若干份电报中几份电报信号的部分波形,接收者事先无法知道将收到怎样一份电报,对他来说,他收得的是一系列随机出现的点、划和间隔。随机信号在出现之前,检测者无法预知;一旦出现以后,它却是如图中所示的某一个确定的时间函数。这种函数往往很不规则,即使它表示的是十分悦耳的美妙乐曲亦将呈现为杂乱的波形,无法用数学简明地表述出来。

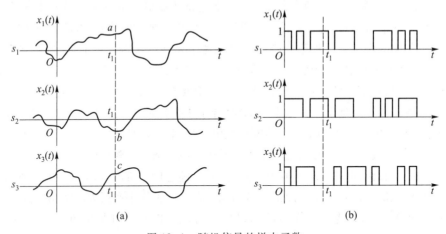

图 12-1　随机信号的样本函数

上面的几个例子中所涉及的不确定的信号都是随机事件,但是每一事件不能表示成一个实数,而只能表示成为一个随时间变化的函数。这样的随机事件被称为**随机过程**[2]

---

① 随机变量也可以表示为复数,或二维、三维或高维空间中的数(或向量)。本书中只讨论实数的情况。

② 随机过程不一定要是时间的函数,也可以是其他变量的函数。但是本书中只研究时间函数。

（random process）或**随机信号**（random signal）。这时的样本空间由很多可能出现的事件函数所组成，而随机信号则是这个样本空间所包括的一个样本。

随机变量和随机过程的描写和分析方法与确定函数不同，必须应用概率理论，它们的特性只能用一组概率分布函数或概率密度函数、或者用一组统计平均量值来表示。这样，对于看来是杂乱无序的现象，也可以用某种方法来测量和研究了。由于科学技术的迅速发展，对具有随机性质的物理现象的研究领域在不断扩大，随机过程理论和概率方法也已经成为科技工作者的专业基础的重要组成部分。因此，本书在全面地讨论了确定信号通过线性系统的分析后，最后三章将对随机变量和随机过程的描述以及随机信号通过线性系统的分析等问题，作一初步介绍，目的是帮助读者建立一点基本概念，为进一步学习作准备。

在本章中，将结合工程应用中的一些实例，介绍一些关于随机变量的基本知识以及它在工程中的应用。如果读者学过随机变量方面的内容，则可以略过这章，直接进入下一章节。

§12.2 随机变量的概念

在上一节对随机事件、随机过程、随机变量和样本函数间的关系作了一般介绍后，现在可进一步用比较抽象的数学语言来定义随机变量了。但本书只涉及实数随机变量，而复数随机变量仅是实数随机变量的二维推广，此处不拟讨论。

一个实随机变量是样本空间 S 中诸样本 s 的一个实函数。样本空间中 S 包含有各种样本 s_i，它代表了某个试验中可能出现的结果。各个元素 s_i 可以是一些数字，也可以是一些符号；可以是连续的数值，也可以是离散的数值。对于空间 S 中每一个随机出现的样本 s_i，可以根据某种函数关系 $X(s)$ 确定一实数值。这个随 s 作随机变化的值 $X(s)$ 就是随机变量。所以，随机变量可以看成是这样一个函数，它把样本空间中所有样本（或所有点）映射到实数轴上或实数轴的某几个部分上。图 12-2 是这种映射关系的示意，其中（a）、（b）两图分别与图 12-1（a）、（b）中 $t = t_1$ 的情况相对应。

样本空间中诸点映射到实数轴上，不必是唯一的。也就是，可能样本空间中若干个点映射到实轴上的同一个点，如在图 12-2（b）中，s_1 和 s_2 同时映射到实轴上的1。但是，样本空间中的每一个点映射到实轴上必须是单值的，即每一个 s 所对应的随机变量只能有一个值；或者说，$X(s)$ 不可以是 s 的多值函数。

随机变量视其可能的取值为连续的或离散的而分为**连续随机变量**（continues random variable）和**离散随机变量**（discrete random variable）。连续随机变量在实轴上或实轴的某些段上的可能取值是连续的。因为函数 $X(s)$ 必须是 s 的单值函数，所以连续随机变量一定要由连续的样本空间产生，而不能由离散的样本空间产生。离散随机变量在实轴上的可能取值是离散的，

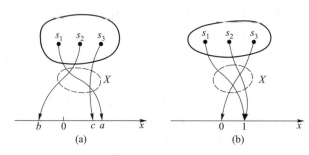

图 12-2 样本空间中的样本与实数轴的映射关系

例如在图 12-2(b)中只取 0 和 1 二离散值。离散随机变量可由连续的样本空间或可由离散的样本空间产生。随机变量的可能取值还可以同时包含有连续的部分和离散的部分,这是一种**混合随机变量**(mixed random variable)。

在实际工作中,人们对于函数 X 是何种形式、样本空间 S 如何确定以及如何由 S 的样本去产生随机变量的数值等问题并无很大兴趣,而是关心如何去计算随机变量最终取某些预定数值或数值范围的概率。因此,对于一个随机变量的描述,不是设法去找出函数 $X(s)$,而是去求得随机变量的概率分布函数和概率密度函数。

§12.3 概率分布函数和概率密度函数

随机现象的主要特点虽然是不可预知的,但人们总不能满足于不可知和无所作为的状况。事实上,对于许多随机现象,通过长时间的观察和测量,还是可以做到部分了解的。例如,尽管不能确切地知道信号在某时刻的数值,但可能掌握它出现某一数值范围的概率,或者可以求得它的平均值与平均功率,等等。知道了输入信号的一组平均值,就可以设法求出该信号通过系统后的输出信号的一组平均值。对于工程技术人员来说,有了这样一些平均值,有时也足以解决问题了。概率分布函数和概率密度函数是对随机变量的概率描述,并可据此求出有关的平均量值。

随机变量的**概率分布函数**(probability distribution function)$P_X(x)$ 是所观察的该随机变量 X 小于或等于数值 x 这一事件的概率。它是随机变量所取数值 x 的函数,即

$$P_X(x) = P\{X \leqslant x\} \tag{12-1}$$

式中以及以后 $P\{\cdot\}$ 表示括号 $\{\}$ 中事件(在这里是 $X \leqslant x$)的概率,x 可以是由 $-\infty$ 到 $+\infty$ 的任何实数。概率分布函数常简称为**分布函数**(distribution function)。

因为概率分布函数是概率,所以它必须满足有关概率的基本公理,并具有与概率相同的性质。这些性质可归纳为如下几项,对它们的证明就作为练习留给读者自己做了。

（1）$P_X(-\infty)=0$ （12-2a）

（2）$0 \leqslant P_X(x) \leqslant 1$ （12-2b）

（3）$P_X(+\infty)=1$ （12-2c）

（4）若 $x_1 < x_2$，则 $P_X(x_1) \leqslant P_X(x_2)$ （12-2d）

即 $P_X(x)$ 不能随 x 增加而减小。

（5）$P\{x_1 < x \leqslant x_2\} = P_X(x_2) - P_X(x_1)$ （12-2e）

即 x 取值范围为 $x_1 < x \leqslant x_2$ 时的概率为 x_2、x_1 两点的分布函数之差。

（6）$\lim\limits_{\varepsilon \to 0} P_X(x+\varepsilon) = P_X(x)$，其中 $\varepsilon > 0$ （12-2f）

即 $P_X(x)$ 为从右边连续的函数。

图 12-3 是几种概率分布函数的例子。其中(a)表示一连续随机变量，其可能取值为由 $-\infty$ 到 ∞ 的实数值；(b)也表示一连续随机变量，其可能取值限于 a 到 b 之间一个范围；(c)表示一离散随机变量，其取值只有 0、c_1、c_2 三个数。这里要注意的是，按照式(12-2f)所示的右连续性质，随机变量在间断点 0、c_1、c_2 三值上的分布函数值应分别等于其右边的值，即 $P_X(0)=0.2$，$P_X(c_1)=0.7$，$P_X(c_2)=1$，而不是左边的 0、0.2 和 0.7。

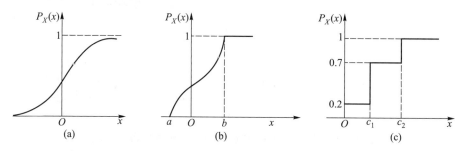

图 12-3　概率分布函数

概率分布函数虽然是对于单个随机变量的概率模型的完整描述，但是在对许多问题作计算时仍不是十分方便。在工程技术中常采用的是**概率密度函数**（probability density function）。随机变量概率密度函数 $p_X(x)$ 是概率分布函数 $P_X(x)$ 的导数，即

$$p_X(x) = \frac{\mathrm{d}P_X(x)}{\mathrm{d}x}$$ （12-3）

这个函数也常简称为**密度函数**（density function），它的存在条件是上述导数必须存在。概率密度函数不是概率，$p_X(x)\mathrm{d}x$ 才代表随机变量 X 取值在 x 与 $x+\mathrm{d}x$ 之间的概率。根据式(12-3)对密度函数的定义以及分布函数的性质，读者可以自行证明，概率密度函数具有如下性质：

（1）对于所有可能的 x 值，有

$$p_X(x) \geqslant 0$$ （12-4a）

（2）$\displaystyle\int_{-\infty}^{+\infty} p_X(x)\,\mathrm{d}x = 1$ （12-4b）

$$(3) \int_{-\infty}^{x} p_X(\xi)\mathrm{d}\xi = P_X(x) = P\{X \leqslant x\} \qquad (12\text{-}4c)$$

$$(4) \int_{x_1}^{x_2} p_X(x)\mathrm{d}x = P_X(x_2) - P_X(x_1) = P\{x_1 < X \leqslant x_2\} \qquad (12\text{-}4d)$$

图 12-4(a)、(b)、(c)是概率密度函数的例子,它们分别对应于图 12-3 的(a)、(b)和(c),即前者是后者的导数。这里要注意的是,离散随机变量的分布函数图 12-3(c)是若干个阶跃函数的叠加,所以它的密度函数图 12-4(c)是位于分布函数跃变处 0、c_1、c_2 的若干个冲激函数,它们的面积分别为跃变处的不连续值 0.2、0.5 和 0.3。而这些值,分别是随机变量取出现数值 0、c_1、c_2 的概率。推及一般的离散随机变量,其密度函数为

$$p_X(x) = \sum_{i=1}^{N} P\{X = x_i\} \delta(x - x_i) \qquad (12\text{-}5)$$

其中 N 是离散随机变量取各可能的 x_i 值的总个数 此数有时可能是无穷大。式中 $P\{X = x_i\}$ 表示随机变量取值 x_i 的概率,显然它不同于分布函数值 $P_X(x_i)$。如果随机变量的取值既有连续的部分,又有间断的跃变,则其密度函数可同时包含连续部分以及与跃变相对应的冲激函数。

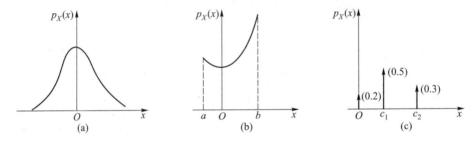

$p_X(x)$ ... O ... x ... (a)

$p_X(x)$ ... a O b ... x ... (b)

$p_X(x)$ ... (0.5) ... (0.2) ... (0.3) ... O c_1 c_2 ... x ... (c)

图 12-4 与图 12-3 的分布函数相对应的概率密度函数

例题 12-1 一指数分布(exponential distribution)的随机变量的概率密度函数为

$$p_X(x) = b\mathrm{e}^{-ax}\varepsilon(x) \quad a > 0 \qquad (12\text{-}6)$$

试问上式中的系数 a 和 b 间应有何种关系? 在确定了此关系后,再进一步求出该随机变量的分布函数。

解: 各种概率密度函数都应具有式(12-4)所列诸性质,其中式(12-4a)和(12-4b)可以作为试验一函数是否符合密度函数条件的标准。式(12-4a)要求密度函数值不小于 0,因此系数 b 亦不应小于 0。又根据式(12-4b),应有

$$\int_{-\infty}^{\infty} p_X(x)\mathrm{d}x = \int_{0}^{\infty} b\mathrm{e}^{-ax}\mathrm{d}x = \frac{b}{a} = 1$$

故 $b = a$,即式(12-6)应为 $p_X(x) = a\mathrm{e}^{-ax}\varepsilon(x)$,且 $a > 0$,此式才是密度函数。

根据式(12-4c),概率分布函数为

$$P_X(x) = \int_{-\infty}^{x} p_X(\xi)\mathrm{d}\xi = \int_{0}^{x} a\mathrm{e}^{-a\xi}\mathrm{d}\xi = 1 - \mathrm{e}^{-ax}$$

图 12-5(a)和(b)分别表示该指数型的概率密度函数和概率分布函数。

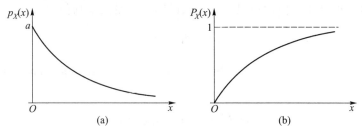

图 12-5　指数型的概率密度函数及概率分布函数

§12.4　平均值、矩和特征函数

随机变量的函数值是随机变化的,无法确切决定,所以利用统计的概念求取它的某些数字特征,就成为表征随机变量的特性并对它进行分析的重要而基本的手段。随机变量常用的数字特征有平均值、矩和特征函数等。

1. 平均值(mean)

随机变量的平均值是指该随机变量可以得到的所有结果的平均值。现在以模拟电视机的显像管的阴极电流为例来说明。电子从阴极飞越到阳极所形成的徒动电流,是每个随机发射的电子所形成的微小电流的总和,所以此电流实际上是在一平均值附近杂乱地波动着的。设想有一批同规格的显像管,在同样条件下进行测试,一共测量了 N 个显像管样本,其中电流为 i_1 的有 N_1 只,电流为 i_2 的有 N_2 只,电流为 i_3 的有 N_3 只。则这批显像管样本的平均电流为

$$\bar{I} = \frac{1}{N}(N_1 i_1 + N_2 i_2 + N_3 i_3) = \frac{N_1}{N} i_1 + \frac{N_2}{N} i_2 + \frac{N_3}{N} i_3 \tag{12-7a}$$

而根据概率函数的定义,当测试样本个数 N 很大时,显像管的电流为 i_1、i_2 和 i_3 的概率分别为

$$P\{i=i_1\} = \frac{N_1}{N}, P\{i=i_2\} = \frac{N_2}{N}, P\{i=i_3\} = \frac{N_3}{N}$$

这样式(12-7a)可以记成

$$\bar{I} = i_1 \cdot P\{i=i_1\} + i_2 \cdot P\{i=i_2\} + i_3 \cdot P\{i=i_3\} \tag{12-7b}$$

这里为了方便讨论而假设测试得到的电阴极电流的取值只有 3 个,但是在实际情况下不会仅有 3 个。假设实际电流有 M 个取值,则平均电流为

$$\bar{I} = \sum_{k=1}^{M} i_k \cdot P\{i=i_k\} \tag{12-7c}$$

从式(12-7b)或式(12-7c)可见,随机变量的样本平均可以看成是将随机变量的取值 i_k 以概率 $P\{i=i_k\}$ 加权后叠加的结果。由此可以得到离散的随机变量的平均值定义为

$$\overline{X}=E[X]=\sum_{i=1}^{N} x_i P\{X=x_i\} \qquad (12-8)$$

如果 X 是一个连续型的随机变量,可以将上式中的 $P\{X=x_i\}$ 换成 $p(x)\mathrm{d}x$,同时将求和改成积分,得到连续随机变量的平均值为

$$\overline{X}=E[X]=\int_{-\infty}^{+\infty} xp(x)\mathrm{d}x \qquad (12-9)$$

式(12-9)和式(12-8)就是随机变量的平均值的定义。式中为书写简便,将概率密度函数省去下标 X 而成 $p(x)$,这样做在这里不会引起什么误解。如果有几个随机变量,那么它们的密度函数就必须用几个不同的下标分别标明。

随机变量 X 的平均值有时简称为**均值**,通常用符号 $\overline{X}$ 或 $E[X]$ 表示[①]。它有多种名称,除称为 X 的平均值外,又称为 X 的集合平均值(ensemble average value)、**统计平均值**(statistical average value)、X 的**数学期望**(mathematical expection)或 X 的**期望值**(expectation)。

2. 矩(moment)

上述求随机变量 X 平均值的概念和方法,可以扩展到求随机变量 X 的函数 $f(X)$ 的平均值或期望值,即

$$\overline{f(X)}=E[f(X)]=\int_{-\infty}^{\infty} f(x)p(x)\mathrm{d}x \qquad (12-10a)$$

或对于离散随机变量,有

$$\overline{f(X)}=E[f(X)]=\sum_{i=1}^{N} f(x_i)P\{X=x_i\} \qquad (12-10b)$$

此类平均值中,最重要的有两种:

(1)原点矩(moment about origin)

设 $f(X)=X^n$,把它代入上式,则得

$$m_n=\overline{X^n}=E[X^n]=\int_{-\infty}^{\infty} x^n p(x)\mathrm{d}x \qquad (12-11)$$

随机变量函数 X^n 的平均值 m_n 称为此变量 X 的 n **阶矩**(n-th order moment)(或 n **阶原点矩**)。用这名称是因为它与力学中的矩有相类似的数学表示式和概念。随机变量的各阶矩中最常用的是一阶矩和二阶矩。当 $n=1$ 时,式(12-10)或式(12-11)就成为式(12-8),所以一阶矩 m_1 就是前述的平均值,有时直接用 m 表示一阶矩。当 $n=2$ 时,X 的二阶矩 m_2 就是 X 的**方均值**[②](mean square value),即

---

① 在概率论和集合论中,在一个表示集合的字母上加横线表示集合的补集;而在一个随机变量上加横线表示随机变量的平均。

② 在很多文献上将其称为均方值,但是根据其运算的顺序(先平方后平均)应该称为方均值更加确切。

$$m_2 = \overline{X^2} = E[X^2] = \int_{-\infty}^{\infty} x^2 p(x) \, \mathrm{d}x \tag{12-12}$$

（2）中心矩（central moment）

将随机变量对其平均值所取的矩，也即求变量 X 和其平均值 $\overline{X}$ 之差的矩，称为**中心距**。这时 $f(X) = (X - \overline{X})^n$，将此函数代入式（12-10），即得 n 阶中心矩 μ_n 为

$$\mu_n = \overline{(X - \overline{X})^n} = E[(X - \overline{X})^n] = \int_{-\infty}^{\infty} (x - \overline{X})^n p(x) \, \mathrm{d}x \tag{12-13}$$

一阶中心矩 μ_1 显然应该为零。二阶中心矩 μ_2 则有特殊的重要性，专门称之为**方差**（variance），并以专门符号 σ^2 表示之。即

$$\mu_2 = \sigma^2 = \overline{(X - \overline{X})^2} = \int_{-\infty}^{\infty} (x - \overline{X})^2 p(x) \, \mathrm{d}x \tag{12-14}$$

有时为了标明它是哪个随机变量的方差，可加注下标如 σ_X^2, σ_Y^2 等。方差平方根的正值 σ 称为**标准差**（standard deviation）。方差也可用一阶矩和二阶矩来表示，为此将式（12-14）展开，可得

$$\begin{aligned} \sigma^2 &= E[(X - \overline{X})^2] = E[X^2 - 2X\overline{X} + \overline{X}^2] \\ &= E[X^2] - 2\overline{X}E[X] + \overline{X}^2 = \overline{X^2} - 2\overline{X} \cdot \overline{X} + \overline{X}^2 \\ &= \overline{X^2} - \overline{X}^2 = m_2 - m_1^2 \end{aligned} \tag{12-15}$$

这 结果说明，随机变量的方差等于此变量的方均值与均方值之差。标准差 σ 是表示随机变量取值偏离其平均值 m_1 的扩散程度的量，以后可以看到，σ 愈大，概率密度曲线将愈平坦。

3. 特征函数（characteristic function）

当随机变量 X 的函数为 $f(X) = \mathrm{e}^{juX}$ 时，此函数的期望值称为随机变量的**特征函数**，即

$$\varphi(u) = E[\mathrm{e}^{juX}] = \int_{-\infty}^{\infty} p(x) \mathrm{e}^{juX} \, \mathrm{d}x \tag{12-16}$$

由此式右方可以看出，除了 e 的指数中差一负号外，$\phi(u)$ 是密度函数 $p(x)$ 的傅里叶变换，u 是变换后的函数的自变量。特征函数中的 e 的指数符号差别主要是习惯性的而非本质的，因为它对此函数变换的性质和应用并无实质上的影响。与傅里叶反变换相当，密度函数即可由下式得到

$$p(x) = \frac{1}{2\pi} \int_{-\infty}^{\infty} \varphi(u) \mathrm{e}^{-jux} \, \mathrm{d}u \tag{12-17}$$

在这反变换式中，e 的指数也相应地差一负号。

特征函数的用途在于可由它求取随机变量的矩。若对式（12-16）求其对 u 的 n 阶导数，然后令导数中 $u = 0$，则很易证明，随机变量 X 的 n 阶矩为

$$m_n = (-j)^n \left[\frac{\mathrm{d}^n \varphi(u)}{\mathrm{d}u^n} \right]_{u=0} \tag{12-18}$$

这个公式可以由类似于傅里叶变换的频域微分特性加以证明。有兴趣的读者可以尝试一下。

例题 12-2 对于例题 12-1 的具有指数型密度函数的随机变量，试求其一阶和二阶矩及方

差;再求其特征函数,并以特征函数的导数来检验所求得的矩。

解:该随机变量的密度函数为

$$p(x) = ae^{-ax}\varepsilon(x) \tag{12-19}$$

将此函数分别代入式(12-9)和式(12-12),利用积分表,可得该随机变量的一阶、二阶矩分别为

$$m_1 = \overline{X} = \int_{-\infty}^{\infty} axe^{-ax}\varepsilon(x)dx = \int_0^{\infty} axe^{-ax}dx$$

$$= -\left[e^{-ax}\left(x+\frac{1}{a}\right)\right]_0^{\infty} = \frac{1}{a} \tag{12-20}$$

$$m_2 = \overline{X^2} = \int_0^{\infty} ax^2 e^{-ax}dx = -\left[e^{-ax}\left(x^2+\frac{2x}{a}+\frac{2}{a^2}\right)\right]_0^{\infty} = \frac{2}{a^2} \tag{12-21}$$

由式(12-15)可求得方差

$$\sigma^2 = m_2 - m_1^2 = \frac{2}{a^2} - \frac{1}{a^2} = \frac{1}{a^2} \tag{12-22}$$

另一种方法是利用特征函数求解。由式(12-16),此随机变量的特征函数为

$$\phi(u) = \int_0^{\infty} ae^{-ax}e^{jux}dx = a\int_0^{\infty} e^{(-a+ju)x}dx = a\left[\frac{e^{(-a+ju)x}}{-a+ju}\right]_0^{\infty} = \frac{a}{a-ju} \tag{12-23}$$

利用式(12-18)求一阶、二阶矩,得

$$m_1 = (-j)\left[\frac{d}{du}\left(\frac{a}{a-ju}\right)\right]_{u=0} = (-j)\left[\frac{ja}{(a-ju)^2}\right]_{u=0} = \frac{1}{a}$$

$$m_2 = (-j)^2\left[\frac{d^2}{du^2}\left(\frac{a}{a-ju}\right)\right]_{u=0} = \left[\frac{2a}{(a-ju)^3}\right]_{u=0} = \frac{2}{a^2}$$

此结果分别与前面求得的式(12-20)和式(12-21)的完全相同。

§12.5 高斯型随机变量

高斯型随机变量(Gaussiar random variable)的概率密度函数是所有密度函数中最重要的一种。一方面,这是因为它是实际科技和工程问题中许多随机现象的很好的数学模型;另一方面,还因为它在数学处理上有不少方便之处,便于公式的计算和推导。这种随机变量的概率分布称为**高斯分布**(Gaussiar distribution),亦称**正态分布**(normal distribution),它的概率密度函数为一高斯形(或钟形)曲线,即

$$p(x) = \frac{1}{\sqrt{2\pi\sigma^2}}e^{\frac{-(x-a)^2}{2\sigma^2}} \tag{12-24}$$

式中 $\sigma>0$，$-\infty<a<\infty$，二者均为常数。此函数的图形如图 12-6(a) 所示。由图及式(12-24)可以看出：密度函数的最大值为 $\dfrac{1}{\sqrt{2\pi\sigma^2}}$，此最大值出现在 $x=a$ 处；函数对 $x=a$ 对称；在 $x=a+\sigma$ 处，函数值降为最大值的 0.607 倍。曲线宽度直接比例于标准差 σ，σ 愈大曲线也愈平坦，这在上一节中已经提到，而在此图中可以看得很清楚。

利用定义，可以求得正态分布随机变量的平均值 $\overline{X}=a$，方差 $\overline{(X-\overline{X})^2}=\sigma^2$，标准差等于 σ，它们和式(12-24)中的两个常数有着直接的对应关系。所以，根据正态分布的概率密度函数，直接可以得到其平均值和方差。

正态分布概率密度函数的宽度正比于 σ，函数的最大值反比于 σ，且曲线下面积为 1。可以设想，当 σ 趋于零时，此密度函数就趋于一个单位冲激函数。即

$$\lim_{\sigma\to0}\frac{1}{\sqrt{2\pi\sigma^2}}\mathrm{e}^{\frac{-(x-a)^2}{2\sigma^2}}=\delta(x-a) \tag{12-25}$$

这时，高斯型随机变量以概率 1 取均值 a。实际上式(12-25)也可以作为冲激函数的定义之一。

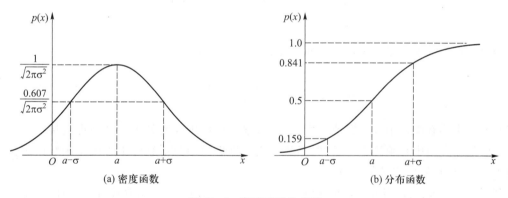

图 12-6　高斯型随机变量

根据式(12-4c)，高斯型随机变量的概率分布函数是将其密度函数取积分，即

$$P(x)=\frac{1}{\sqrt{2\pi\sigma^2}}\int_{-\infty}^{x}\mathrm{e}^{\frac{-(\xi-a)^2}{2\sigma^2}}\mathrm{d}\xi \tag{12-26}$$

此式没有闭合形式的解，只能用数值方法计算。此分布函数如图 12-6(b) 所示。在许多数学手册和概率论的书籍中，都附有这种分布函数数值表备用。但这种表格一般都是按照归一化了的高斯函数制成的，其中令 $a=0$ 及 $\sigma=1$，也就是表格是按标准(或归一化)高斯积分

$$\Phi(x)=\frac{1}{\sqrt{2\pi}}\int_{-\infty}^{x}\mathrm{e}^{-\frac{\xi^2}{2}}\mathrm{d}\xi \tag{12-27}$$

计算得到的函数值。如果 a 不为零且 σ 是不为 1 的其他数值，而欲利用 $\Phi(x)$ 的表来求某 x 时

的 $P(x)$ 值,可先经过简单换算,由 x 计算出 $x' = \dfrac{x-a}{\sigma}$,然后查表所得的 $\Phi(x')$ 即为欲求的 $P(x)$ 值。关于归一化高斯分布函数表的使用,在很多概率论的教材中都有讨论,这里不再赘述。除了用正态函数表以外,很多计算机辅助分析软件(如 Matlab、MathCAD 等)中也直接提供了这个函数,可供计算使用。

在工程中,常常需要知道正态分布的随机变量的取值在某给定范围 $-k\sigma < x < k\sigma$ 的概率,这里 k 是某个常数。由式(12-4d)可知

$$P\{-k\sigma < x \le k\sigma\} = \int_{-k\sigma}^{k\sigma} p(x)\,\mathrm{d}x$$

$$= \frac{1}{\sqrt{2\pi\sigma^2}} \int_{-k\sigma}^{k\sigma} \mathrm{e}^{\frac{-x^2}{2\sigma^2}}\,\mathrm{d}x \tag{12-28a}$$

此积分值可以根据式(12-2e)通过两次查表算得,也可由上述方法查误差函数表得到。利用变量代换,令 $y = \dfrac{x}{\sqrt{2\sigma^2}}$,又利用 $p(x)$ 对纵轴对称的性质,不难将上式写为

$$P\{-k\sigma < x \le k\sigma\} = \frac{2}{\sqrt{\pi}} \int_{0}^{k/\sqrt{2}} \mathrm{e}^{-y^2}\,\mathrm{d}y$$

这个积分常称为**误差函数**(error function),记为 $\mathrm{erf}\left(\dfrac{k}{\sqrt{2}}\right)$,即

$$P\{-k\sigma < x \le k\sigma\} = \mathrm{erf}\left(\frac{k}{\sqrt{2}}\right) = \frac{2}{\sqrt{\pi}} \int_{0}^{k/\sqrt{2}} \mathrm{e}^{-y^2}\,\mathrm{d}y \tag{12-28b}$$

许多函数表中都有误差函数的数值表可供查用,很多计算机辅助分析软件中也直接提供了这个函数。但是在使用中必须注意,不同的函数表或计算机辅助分析软件中对误差函数的定义可能有微小的差异,在使用中必须注意。

利用对称关系,可以很容易地证明,误差函数与归一化高斯分布函数式(12-27)间有以下关系

$$\mathrm{erf}(z) = 2\Phi(\sqrt{2}z) - 1 \tag{12-29}$$

这里采用了一新变量 $z = \dfrac{k}{\sqrt{2}}$。应用此式,也可由高斯分布函数的数值表来计算误差函数值,或者做反过来的计算。例如,要计算正态分布随机变量的绝对值不超过其标准差的概率,可以令 $k = 1$ 或 $z = \dfrac{1}{\sqrt{2}}$,直接通过查表或计算机辅助计算得出 $\mathrm{erf}\left(\dfrac{1}{\sqrt{2}}\right)$;也可以通过计算 $\phi(1)$ 之后,再由式(12-29)计算。通过两种方法均可以得到概率为 0.682 6。实际上,通过 MATLAB 等计算机辅助工具,也可以不通过 $\phi(x)$ 或 erf 函数直接通过数值积分完成相关的计算,后面 §12.9 中就会给出一个直接用 MATLAB 的数值积分工具进行计算的例子,十分方便。

高斯型密度函数还有一个十分重要的性质,就是高斯分布的随机变量的和依然是高斯分布

的。这一点用概率密度函数的定义很容易证明。

在概率论中还有一个定理与正态分布的随机变量有密切的关系,这就是**中心极限定理**(central limit theorem)。这个定理的内容是:如果一个随机变量是由许多具有有限方差和平均值的独立的随机变量分量相加而成,不管这些随机变量分量具有何种形式的概率密度函数(有时常常是不知道的),只要这些分量数目很大,则这个和的随机变量的概率密度函数就是高斯型的。这个定理说明了为什么工程中遇到的噪声很多都是正态分布的。因为实际测量到的噪声往往是由许多因素产生的干扰相加而成的,例如,电路中的热噪声就是因大量自由电子的热运动所产生的噪声叠加而成,其他噪声如大气噪声、海洋波等各种具有随机扰动的源,都属这种情况,这些噪声都满足正态分布。因此,正态分布的随机变量是工程中常见的随机变量。

§12.6 其他类型概率分布

除了高斯分布以外,在实际工作中也还有许多其他类型的概率分布,它们的概率密度分别以不同的函数表示,并分别适用于不同的实际问题。在这些密度函数中有一些还与高斯密度函数有关,可以由它导得。概率分布的类型较多,不能全部介绍。除例题 12-1 和例题 12-2 中已介绍的指数分布外,本节将再列举若干种概率分布,指出其与何种实际问题有关,给出密度函数及有关平均值,但不作推导,由读者作为练习自行推求。

1. 瑞利分布(Rayleigh distribution)

枪炮和导弹射击靶子,着弹点距离靶心的误差可用直角坐标来标示。若靶心在原点,着弹点在二维坐标轴上的误差分别为 X 和 Y,它们都是随机变量。着弹点偏离靶心的距离

$$R = \sqrt{X^2 + Y^2}$$

亦是一随机变量。如 X 和 Y 的密度函数都是高斯型的,且平均值都为零,方差同为 σ^2,则随机变量 R 的概率密度函数为

$$p_R(r) = \frac{r}{\sigma^2} e^{-\frac{r^2}{2\sigma^2}} \varepsilon(r) \tag{12-30}$$

这个分布被称为瑞利分布,此密度函数表示式中的变量 R、r 及参数 σ^2 有时也分别用更一般的符号 X、x 与 σ^2 来表示。瑞利密度函数的图形如图 12-7 所示。

这种密度函数的应用并不限于射击误差,例如高斯型随机电压或电流的峰值(即包络)的概率密度也可用此函数表示。

有了密度函数,就可以按照式(12-8)、式(12-12)、式(12-11)分别求得随机变量的平均值、方均值和方差分别为

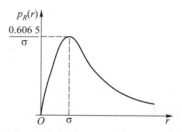

图 12-7 瑞利分布概率密度函数

$$\overline{R} = \sqrt{\frac{\pi}{2}}\,\sigma = 1.253\ 3\ \sigma$$

$$\overline{R^2} = 2\sigma^2$$

$$\sigma_R^2 = \left(2 - \frac{\pi}{2}\right)\sigma^2 = 0.429\ 2\ \sigma^2$$

这里要注意的是,具有瑞利密度函数的随机变量的方差 σ_R^2 已不同于原来高斯型随机变量的方差 σ^2,且平均值和方差均与同一参数 σ^2 有关,不再是两者互相独立,因而不能分别调节。

2. 麦克斯韦分布(Maxwell distribution)

气体分子作无序运动时的速度在三维空间中的各分量被认为是高斯型随机变量,它们的平均值都为零(正反方向的概率相同),方差同为 $\sigma^2 = kT/m$,这里 k 是玻尔兹曼常数,T 是绝对温度,m 是分子质量。其合成速度的绝对值

$$|V| = \sqrt{V_X^2 + V_Y^2 + V_Z^2}$$

则是一麦克斯韦分布的随机变量。这种分布的概率密度函数为

$$p_V(v) = \sqrt{\frac{2}{\pi}}\,\frac{v^2}{\sigma^3}\,\mathrm{e}^{-\frac{v^2}{2\sigma^2}}\varepsilon(v) \qquad (12\text{-}31)$$

麦克斯韦概率密度函数如图 12-8 所示。此分布的随机变量的平均值、方均值和方差分别为

$$\overline{V} = \sqrt{\frac{8}{\pi}}\,\sigma = 1.595\ 8\sigma$$

$$\overline{V^2} = 3\sigma^2$$

$$\sigma_V^2 = \left(3 - \frac{8}{\pi}\right)\sigma^2 = 0.453\ 5\sigma^2$$

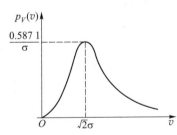

同样,此方差已不同于原来高斯型变量的方差,且平均值和方差间存在互相依从的关系。

图 12-8　麦克斯韦分布
概率密度函数

3. 均匀分布(uniform distribution)

均匀分布随机变量的概率密度函数定义为

$$p_X(x) = \begin{cases} \dfrac{1}{x_2 - x_1} & x_1 < x \leqslant x_2 \\[2mm] 0 & x\ \text{为其他值} \end{cases} \qquad (12\text{-}32)$$

这种随机变量在某一段给定的区间内有相等的概率密度函数,其他各点都为零,如图 12-9 所示。这种分布的随机变量也是在工程中经常遇到的。例如,正弦波信号发生器接入电路时的初相位是一随机变量,此相位取何值并无特殊倾向,因此其概率密度一般看作在 0 到 2π 之间呈均匀分布。另一个例子就是计算中的舍入误差问题:如果要将任意一个实数

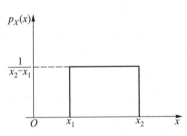

图 12-9　均匀分布概率密度函数

用一个整数近似表示,近似时采用四舍五入的方法,则舍入时产生的误差就在 -0.5 到 $+0.5$ 之间均匀分布;如果采用直接将实数的小数部分舍去的方法进行近似(这也是许多计算机程序中常用的近似方法),产生的舍入误差就在 0 到 1 之间均匀分布。

根据定义,可以求出均匀分布的随机变量的平均值和方差分别为

$$\overline{X} = \frac{x_1 + x_2}{2}$$

$$\sigma_X^2 = \frac{(x_2 - x_1)^2}{12}$$

例如,采用四舍五入的方法将实数近似成整数时,$x_1 = -0.5$,$x_2 = 0.5$,所以,误差的平均值等于 0,方差等于 $\frac{1}{12}$。

4. 二项分布(binormal distribution)

在实际工作中常常遇到这样的情况,就是在一次试验中只可能出现 A、B 两种事件中之一。例如,一次体育比赛中胜于对手或负于对手,一次射击中射中了目标或射不中目标,数字计算机输入一个数字为 0 或为 1,等等。这种只能出现两事件之一的试验称为**伯努利试验**(Bernoulli trial)。若一次试验出现事件 A 的概率为 p,则出现事件 B 的概率为 $1-p$。根据概率论,N 次独立的伯努利试验中某事件 A 出现 k 次的概率为

$$P\{A \text{ 出现 } k \text{ 次}\} = \binom{N}{k} p^k (1-p)^{N-k}$$

式中 $\binom{N}{k}$ 是二项式系数。k 的可能取值是从 0 到 N 的任何正整数,每取一数,即可按上式求得相应的概率。这些概率共有 $N+1$ 个离散值。在 §12.3 中已经讨论过,离散随机变量的概率密度函数是一个冲激函数的序列。因此,适用于伯努利试验的二项分布概率密度函数为

$$p_X(x) = \sum_{k=0}^{N} \binom{N}{k} p^k (1-p)^{N-k} \delta(x-k) \tag{12-33}$$

此函数的图形如图 12-10 所示,这里取 $N=4$,$p=0.4$ 作图。二项分布的随机变量的平均值和方差分别为

$$\overline{X} = Np$$
$$\sigma_X^2 = Np(1-p)$$

在 $N=1$ 的特殊情况下,式(12-33)的密度函数即简化为

$$p_X(x) = (1-p)\delta(x) + p\delta(x-1)$$

这时的概率分布称为**伯努利分布**(Bernoulli distribution),它是二项分布的一个特例。

在不少实际问题中,有时独立试验次数 N 很大,p 却很小,而 $Np = \lambda$ 是一个较小的有限常数,这时根据二项分布密度函数式(12-33)作计算颇为麻烦。但在上述条件下,可用以下公式来做近似计算

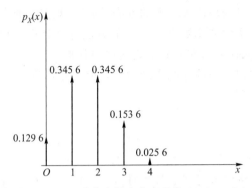

图 12-10　二项分布概率密度函数 $N=4, p=0.4$

$$\binom{N}{k} p^{k} (1-p)^{N-k} \approx \frac{\lambda^{k}}{k!} e^{-\lambda}$$

当随机变量 X 取值为 x 的概率是

$$P\{X=x\} = \frac{\lambda^{x} e^{-\lambda}}{x!} \qquad \lambda>0, \quad x=0,1,2\cdots \tag{12-34}$$

时,该变量的概率分布称为**泊松分布**(Poisson distribution),它可以表示一定空间中悬浮的有害粒子数的分布或一定时间内电话交换机接收到的呼叫次数的分布。

5. 已知分布的随机变量的函数的概率密度函数

在实际工作中,经常还需要计算一个已知分布的随机变量的函数的概率密度函数。假设 X 是一个随机变量,则函数 $f(X)$ 也是一个不能确定的随机变量。若 $f(X)$ 是一个关于 X 单调增加的函数,即对于所有的 $X_1>X_2$,有 $f(X_1) \geq f(X_2)$。设 X 的概率密度函数为 $p(x)$,则其概率分布函数为

$$P\{X \leq x\} = \int_{-\infty}^{x} p(\xi) \mathrm{d}\xi$$

而 $f(X)$ 的概率分布函数为

$$P\{f(X) \leq x\} = P\{X \leq f^{-1}(x)\} = \int_{-\infty}^{f^{-1}(x)} p(\xi) \mathrm{d}\xi$$

其中 $f^{-1}(X)$ 为 $f(X)$ 的反函数,即 $f^{-1}(f(X)) = X$。对上式求导,可以得到 $f(X)$ 的概率密度函数为

$$p_f(x) = \frac{\mathrm{d}}{\mathrm{d}x} P\{f(X) \leq x\} = \frac{\mathrm{d}}{\mathrm{d}x} \int_{-\infty}^{f^{-1}(x)} p(\xi) \mathrm{d}\xi = p(f^{-1}(x)) \frac{\mathrm{d}}{\mathrm{d}x} f^{-1}(x) \tag{12-35}$$

例题 12-3　设角度随机变量 Θ 在 $-\dfrac{\pi}{2} \leq \theta \leq \dfrac{\pi}{2}$ 内作均匀分布,即在此范围内,概率密度函数服从均匀分布,即 $p_{\Theta}(\theta) = \dfrac{1}{\pi}$。求此变量的函数 $f(\Theta) = X = a\sin\Theta$ 的概率密度函数。

解: $f(\Theta) = a\sin\Theta$，将 Θ 换成 θ，可以得到 $x = f(\theta) = a\sin\theta$，其反函数为 $\theta = \arcsin\left(\dfrac{x}{a}\right)$，所以

$$\frac{\mathrm{d}}{\mathrm{d}x}\theta = \frac{\mathrm{d}}{\mathrm{d}x}\arcsin\frac{x}{a} = \frac{1}{\sqrt{a^2 - x^2}}$$

代入式（12-35），可以得到

$$p_X(x) = p_\Theta\left[\arcsin\left(\frac{x}{a}\right)\right]\frac{\mathrm{d}}{\mathrm{d}x}\theta = \begin{cases} \dfrac{1}{\pi\sqrt{a^2 - x^2}} & -a \leqslant x \leqslant a \\ 0 & \text{其他} \end{cases}$$

这里 x 的变化范围 $[-a, a]$ 与 θ 的变化范围 $\left[-\dfrac{\pi}{2}, \dfrac{\pi}{2}\right]$ 相对应。$p_\Theta(\theta)$ 和 $p_X(x)$ 两个概率密度函数的图分别如图 12-11(a) 和 (b) 所示。

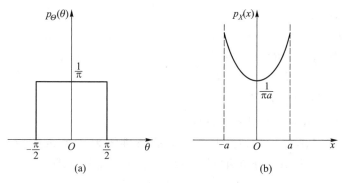

图 12-11　例题 12-3 的概率密度函数

§12.7　条件概率分布函数和密度函数

由概率论可知，在给定事件 B 已发生的前提下，发生事件 A 的**条件概率**（conditional probability）定义为

$$p\{A \mid B\} = \frac{P\{A, B\}}{P\{B\}} \tag{12-36}$$

其中 $P\{A, B\}$ 是事件 A 和事件 B 联合发生的概率，有时也记为 $P\{AB\}$；$P\{B\}$ 是事件 B 发生的概率。条件概率 $P(A \mid B)$ 反映了事件 A 受到事件 B 影响的程度。若事件 A 和 B 互不包容，即集合 A 和 B 的积为空集，$AB = \varnothing$，则 $P\{A \mid B\} = 0$；若 A 包含于 B 中（$A \subset B$），$AB = A$，则 $P\{A \mid B\} = \dfrac{P\{A\}}{P\{B\}} \geqslant$

$P\{A\}$;若 B 包含于 A 中 $(B \subset A), AB = B$,则 $P\{A \mid B\} = \dfrac{P\{B\}}{P\{B\}} = 1$。

现在把条件概率的概念推广到含有单个随机变量的情况。在式(12-36)中,令 A 代表对于随机变量 X 有 $\{X \leqslant x\}$ 这样一个事件。此时,概率 $P\{X \leqslant x \mid B\}$ 即定义为随机变量 X 的**条件概率分布函数**(conditional probability distribution function),并记以 $P_X(x \mid B)$。于是有

$$P_X(x \mid B) = P\{X \leqslant x \mid B\} = \frac{P\{X \leqslant x, B\}}{P\{B\}} \qquad P\{B\} > 0 \qquad (12\text{-}37)$$

式中 $\{X \leqslant x, B\}$ 是 $\{X \leqslant x\}$ 和 $\{B\}$ 联合发生的事件。式(12-37)所示的条件分布函数对于连续的和离散的随机变量均适用。

条件概率分布函数和通常的概率分布函数一样,其概率具有相同的性质,即与式(12-2)相应,可有

(1) $P_X(-\infty \mid B) = 0$ (12-38a)

(2) $0 \leqslant P_X(x \mid B) \leqslant 1$ (12-38b)

(3) $P_X(+\infty \mid B) = 1$ (12-38c)

(4) 若 $x_1 < x_2$,则 $P_X(x_1 \mid B) \leqslant P_X(x_2 \mid B)$ (12-38d)

(5) $P\{x_1 < X \leqslant x_2 \mid B\} = P_X(x_2 \mid B) - P_X(x_1 \mid B)$ (12-38e)

(6) $\lim\limits_{\varepsilon \to 0} P_X(x + \varepsilon \mid B) = P_X(x \mid B)$,其中 $\varepsilon > 0$ (12-38f)

这些式子也与式(12-2)中诸对应式有相同的意义。

和通常的概率密度函数一样,随机变量 X 的**条件概率密度函数**(conditional probability density function)定义为条件概率分布函数的导数,并记为 $p_X(x \mid B)$,即

$$p_X(x \mid B) = \frac{\mathrm{d}P_X(x \mid B)}{\mathrm{d}x} \qquad (12\text{-}39)$$

当 X 为离散随机变量时,条件分布函数 $P_X(x \mid B)$ 中含有不连续的阶跃点,于是条件密度函数 $p_X(x \mid B)$ 中就含有冲激函数。

同样,条件概率密度函数的性质也与式(12-4)所示的通常概率密度函数的性质相对应,可有

(1) $p_X(x \mid B) \geqslant 0$ (12-40a)

(2) $\displaystyle\int_{-\infty}^{+\infty} p_X(x \mid B)\,\mathrm{d}x = 1$ (12-40b)

(3) $\displaystyle\int_{-\infty}^{x} p_X(\xi \mid B)\,\mathrm{d}\xi = P_X(x \mid B)$ (12-40c)

(4) $\displaystyle\int_{x_1}^{x_2} p_X(x \mid B)\,\mathrm{d}x = P_X(x_2 \mid B) - P_X(x_1 \mid B)$ (12-40d)

在上面的讨论中,并未涉及条件事件 B 的定义问题。条件 B 可以是与随机变量 X 有关的,也可以与别的随机变量有关。作为较简单的情况,B 只与 X 有关。设事件 B 即事件 $\{X \leqslant b\}$,此时,条件分布函数式(12-37)成为

$$P_X(x \mid B) = P\{X \leqslant x \mid X \leqslant b\} = \frac{P\{X \leqslant x, X \leqslant b\}}{P\{X \leqslant b\}} \tag{12-41}$$

x 与 b 有两种可能关系:$x < b$ 和 $x \geqslant b$。当 $x < b$ 时,$\{X \leqslant x\}$ 包含于 $\{X \leqslant b\}$ 中,联合事件 $\{X \leqslant x\}$ 包含于 $\{X \leqslant b\}$ 中,联合事件 $\{X \leqslant x, X \leqslant b\}$ 等于事件 $\{X \leqslant x\}$,于是

$$P_X\{x \mid B\} = \frac{P\{X \leqslant x\}}{P\{X \leqslant b\}} = \frac{P_X(x)}{P_X(b)} \geqslant P_X(x)$$

当 $x \geqslant b$ 时,$\{X \leqslant b\}$ 包含于 $\{X \leqslant x\}$ 中,联合事件 $\{X \leqslant b\}$ 包含于 $\{X \leqslant x\}$ 中,联合事件 $\{X \leqslant x, X \leqslant b\}$ 等于事件 $\{X \leqslant b\}$,于是

$$P_X\{x \mid B\} = \frac{P\{X \leqslant b\}}{P\{X \leqslant b\}} = 1$$

这些情况分别与本节开始时所述的条件概率的有关情况相当。

在上述事件 B 的条件下,很容易求得条件密度函数为

$$p_X(x \mid b) = \begin{cases} \dfrac{1}{P_X(b)} \dfrac{\mathrm{d}P_X(x)}{\mathrm{d}x} = \dfrac{p_X(x)}{\displaystyle\int_{-\infty}^{b} p_X(x)\,\mathrm{d}x} & x < b \\[3mm] 0 & x \geqslant b \end{cases} \tag{12-42}$$

例题 12-4 设 $p(x)$ 为高斯型密度函数,如式(12-24),求条件密度函数 $p(x \mid B)$,其中事件 B 即事件 $\{X \leqslant b = a\}$,这里 a 是式(12-24)高斯型随机变量的平均值 X。

解:由式(12-24),随机变量 X 的密度函数为

$$p(x) = \frac{1}{\sqrt{2\pi\sigma^2}} \mathrm{e}^{\frac{-(x-a)^2}{2\sigma^2}}$$

在式(12-42)中,由于 $b = a$,可求得

$$P(b) = \int_{-\infty}^{a} \frac{1}{\sqrt{2\pi\sigma^2}} \mathrm{e}^{\frac{-(x-a)^2}{2\sigma^2}}\,\mathrm{d}x = \frac{1}{2}$$

故有

$$p(x \mid B) = \begin{cases} \dfrac{p(x)}{P(b)} = \dfrac{2}{\sqrt{2\pi\sigma^2}} \mathrm{e}^{\frac{-(x-a)^2}{2\sigma^2}} & x < a \\[3mm] 0 & x \geqslant a \end{cases}$$

根据条件密度函数 $p(x \mid B)$,还可以求出 X 的条件平均值

$$E[x \mid B] = \int_{-\infty}^{+\infty} x p(x \mid B)\,\mathrm{d}x = \int_{-\infty}^{a} \frac{2x}{\sqrt{2\pi\sigma^2}} \mathrm{e}^{\frac{-(x-a)^2}{2\sigma^2}}\,\mathrm{d}x = a - \sqrt{\frac{2}{\pi}}\,\sigma$$

本题密度函数 $p(x)$ 和条件密度函数 $p(x \mid B)$ 如图 12-12 所示。

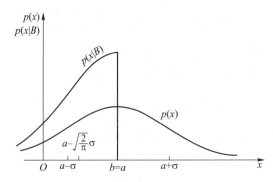

图 12-12　例题 12-4 的密度函数和条件密度函数

§12.8　多个随机变量的联合分布

前面各节讨论的都是有关单个随机变量的问题。单个随机变量所表示的可以是某一时刻的电压或电流。但是仅仅有某一时刻的一个随机变量,显然是难以全面描述此电压或电流的。一个作连续随机变化的时间函数,可以由对应于许多时刻的多个随机变量来描述。此外,在系统分析中常欲求得输入和输出间的关系,这也涉及两个随时间变化的随机变量的问题。本节要讨论如何将前述有关单个随机变量的概念及表述方法等推广到两个随机变量。对于更多随机变量的一般情况,也不难在此基础上做进一步推广,但本书将不讨论。

1. 联合概率分布函数与联合概率密度函数

假设有 X 和 Y 两个随机变量,以及两个事件 $A = \{X \leqslant x\}$ 和 $B = \{Y \leqslant y\}$,则把 A 和 B 联合发生的概率定义为**联合概率分布函数**(joint probability distribution function),或简称**联合分布函数**(joint distribution function),即

$$P(x,y) = P\{X \leqslant x, Y \leqslant y\} \tag{12-43}$$

这与单个随机变量的分布函数式(12-1)相当。

联合分布函数的性质也与单变量分布函数的性质式(12-2)相似,并可归纳如下:

(1) $P(-\infty, -\infty) = 0, P(-\infty, y) = 0, P(x, -\infty) = 0$ (12-44a)

(2) $0 \leqslant P(x,y) \leqslant 1$ (12-44b)

(3) $P(+\infty, +\infty) = 1$ (12-44c)

(4) $P(x,y)$ 不能随 x 和 y 的增加而减少 (12-44d)

(5) $P(x_1 < X \leqslant x_2, y_1 < Y \leqslant y_2) = P(x_2, y_2) - P(x_1, y_2) - P(x_2, y_1) + P(x_1, y_1)$ (12-44e)

(6) $P(x, +\infty) = P_X(x), P(+\infty, y) = P_Y(y)$ (12-44f)

上述前五条性质都只是单随机变量情况的二维推广。性质(6)则是新的性质,它说明单个随机变量的分布函数可以由联合分布函数 $P(x,y)$ 中令另一随机变量取值 ∞(因而与此相应的事件成为必然事件)而得到。这样所得的函数 $P_X(x)$ 和 $P_Y(y)$ 称为**边界概率分布函数**(marginal probability distribution function),它们是两个不同形式的函数,所以用不同的下标加以区别。

用联合概率分布函数的导数可以进一步定义两个随机变量的**联合概率密度函数**(joint probability density function),或简称**联合密度函数**(joint density function)。这里由于分布函数中有两个自变量,所以要取二阶偏导,即

$$p(x,y) = \frac{\partial^2 P(x,y)}{\partial x \partial y} \tag{12-45}$$

此式与单变量的密度函数式(12-3)相当。联合密度函数的性质可由其定义导得如下:

(1) $p(x,y) \geqslant 0$ \hfill (12-46a)

(2) $\int_{-\infty}^{\infty} \int_{-\infty}^{\infty} p(x,y)\,\mathrm{d}x\mathrm{d}y = 1$ \hfill (12-46b)

(3) $\int_{-\infty}^{y} \int_{-\infty}^{x} p(\xi_1,\xi_2)\,\mathrm{d}\xi_1\mathrm{d}\xi_2 = P(x,y)$ \hfill (12-46c)

(4) $\int_{y_1}^{y_2} \int_{x_1}^{x_2} p(x,y)\,\mathrm{d}x\mathrm{d}y = P\{x_1 < X \leqslant x_2, y_1 < Y \leqslant y_2\}$ \hfill (12-46d)

(5) $p_X(x) = \int_{-\infty}^{\infty} p(x,y)\,\mathrm{d}y, p_Y(y) = \int_{-\infty}^{\infty} p(x,y)\,\mathrm{d}x$ \hfill (12-46e)

上述前四条性质也是单个随机变量情况的二维推广,与式(12-4)相对应。性质(5)则是新引入的概念,其中 $p_X(x)$ 和 $p_Y(y)$ 称为**边界概率密度函数**(marginal probability distribution function),它们分别是单个随机变量 X 和 Y 的密度函数,并定义为相应的边界分布函数的导数,即

$$p_X(x) = \frac{\mathrm{d}P_X(x)}{\mathrm{d}x}, p_Y = \frac{\mathrm{d}P_Y(y)}{\mathrm{d}y} \tag{12-47}$$

2. 两个随机变量的条件分布函数和条件密度函数

在上一节中已经指出,作为条件事件的 B,可定义它与事件 A 都和同一随机变量 X 有关,也可定义 A 与 X 有关而 B 与另一随机变量 Y 有关。上一节是基于前一种只含有一个随机变量的情况来讨论的,这里将基于后一种含有两个随机变量的情况来讨论。

现在仍令 A 为事件 $\{X \leqslant x\}$,而 B 如何表示为与随机变量 Y 有关的事件可以有几种不同的关系,可以是事件 $\{Y \leqslant y\}$,或者事件 $\{y_1 < Y \leqslant y_2\}$,还可以是事件 $\{Y = y\}$。实用中常见的是最后这种情况,即在第二个随机变量 Y 为某指定值 y 的条件下来考察第一个随机变量 X 的分布函数。按式(12-37)条件分布函数的定义

$$P_X(x \mid Y = y) = \frac{P\{x, Y = y\}}{P\{Y = y\}}$$

但当变量 Y 的分布为连续而无跃变时,与事件 $\{Y = y\}$ 有关的分布函数都等于无穷小量,所以上式分子分母同时趋近于无穷小量,近似等于零。虽然如此,此分式一般仍存在。为了求得这一条件分

布函数，令 $y_1 = y, y_2 = y + \Delta y$ 而 $y_1 < Y \le y_2$，这样当 Δy 趋于零时，$Y = y$。根据式(12-37)，可导得

$$P_X(x \mid y_1 < Y \le y_2) = \frac{P\{x, y_1 < Y \le y_2\}}{P\{y_1 < Y \le y_2\}} = \frac{P(x, y_2) - P(x, y_1)}{P_Y(y_2) - P_Y(y_1)}$$

现在将 y_1 和 y_2 分别以 y 和 Δy 代入，并将分子和分母同时除以 Δy，然后令 $\Delta y \to 0$，即得条件分布函数

$$P_X(x \mid Y = y) = \lim_{\Delta y \to 0} \frac{[P(x, y + \Delta y) - P(x, y)]/\Delta y}{[P_Y(y + \Delta y) - P_Y(y)]/\Delta y}$$

$$= \frac{\partial P(x, y)/\partial y}{\partial P_Y(y)/\partial y} = \frac{\int_{-\infty}^{x} p(\xi, y) d\xi}{p_Y(y)} \tag{12-48}$$

与此相应的条件密度函数为

$$p_X(x \mid Y = y) = \frac{\partial P_X(x \mid Y = y)}{\partial x} = \frac{p(x, y)}{p_Y(y)} \tag{12-49}$$

若将变量 X 与 Y 互相交换位置，可得

$$p_Y(y \mid X = x) = \frac{p(x, y)}{p_X(x)} \tag{12-50}$$

这两式最为常用，为了简化符号，在不致引起意义混淆的情况下，这两个条件密度函数可分别写为

$$p(x \mid y) = \frac{p(x, y)}{p_Y(y)} \tag{12-51}$$

$$p(y \mid x) = \frac{p(x, y)}{p_X(y)} \tag{12-52}$$

将上面两个等式相除，消去 $p(x, y)$，即可得连续形式的**贝叶斯公式**(Bayes formula)如下

$$p(y \mid x) = \frac{p(x \mid y) p_Y(y)}{p_X(x)} \tag{12-53}$$

由上面两式还可得连续形式的**全概率密度函数**(total probability density function)[①]分别为

$$p_X(x) = \int_{-\infty}^{\infty} p(x, y) dy = \int_{-\infty}^{\infty} p(x \mid y) p_Y(y) dy \tag{12-54}$$

$$p_Y(y) = \int_{-\infty}^{\infty} p(x, y) dx = \int_{-\infty}^{\infty} p(y \mid x) p_X(x) dx \tag{12-55}$$

3. 统计独立(statistical independent)

在概率论中，统计独立是一个非常重要的概念。对于互相独立的两个事件，如果 A 出现的概率与事件 B 是否出现是无关的，则称事件 A 与 B 是相互统计独立的。例如，两次投掷硬币时，前后各出现哪一面这两个事件是统计独立的；不同设备中，两个电子器件的寿命各为多少小时，也可认为是两个统计独立的事件，等等。统计独立的两个随机事件联合出现的概率必定等于两

[①] 随机事件的条件概率、全概率以及贝叶斯定理在一般概率论教材中均有详细讨论，必要时读者可参阅，这里只不过将其引入了随机变量中。

个事件各自出现的概率的乘积,即

$$P\{A,B\} = P\{A\}P\{B\} \tag{12-56}$$

在概率论中,这个关系常用作随机事件间统计独立的定义。将它代入式(12-36),可得

$$P\{A \mid B\} = P\{A\} \tag{12-57}$$

这是很容易理解的,因为这个式子也正好说明了事件 A 出现的概率不以 B 是否出现为条件这一事实。同理还可推得,当 A、B 两个随机事件为统计独立时

$$P\{B \mid A\} = P\{B\} \tag{12-58}$$

以上概念可以推广到随机变量。如果两个随机变量的概率密度函数满足

$$p(x,y) = p_X(x)p_Y(y) \tag{12-59}$$

则称随机变量 X 和 Y 是统计独立的。两个统计独立的随机变量的联合概率密度函数必定等于各变量边界密度函数的乘积。统计独立的随机变量的例子很多,例如,一般由不同的源产生的随机变量间总是统计独立的。两个电阻所产生的热噪声电压就属于这种情况。有时由同一源产生但相隔足够长时间而定义的随机变量也认为是统计独立的,例如同一电阻几天后的热噪声电压完全可以认为和它现在的热噪声电压无关。

将式(12-59)代入式(12-51)和式(12-52),即可得到当 X、Y 为两个统计独立的随机变量时:

$$p(x \mid y) = p_X(x) \tag{12-60}$$

$$p(y \mid x) = p_Y(y) \tag{12-61}$$

它们分别与式(12-57)和式(12-58)相对应。

4. 两个随机变量的函数的期望值

式(12-10)曾经给出单个随机变量的函数 $f(x)$ 的期望值为

$$E[f(X)] = \int_{-\infty}^{\infty} f(x)p(x)\,\mathrm{d}x$$

把这概念推广,可得两个变量的函数的期望值为

$$E[f(X,Y)] = \int_{-\infty}^{\infty} \int_{-\infty}^{\infty} f(x,y)p(x,y)\,\mathrm{d}x\mathrm{d}y \tag{12-62}$$

应用此式,可以来定义**联合矩**(joint moment)。令 $f(X,Y) = X^n Y^k$,则两个随机变量 X 和 Y 的联合矩定义为

$$m_{nk} = E[X^n Y^k] = \int_{-\infty}^{\infty} \int_{-\infty}^{\infty} x^n y^k p(x,y)\,\mathrm{d}x\mathrm{d}y \tag{12-63}$$

当上式中 k 或 n 为 0 时,将分别成为 X 或 Y 的单个随机变量的矩。二阶联合矩 $m_{11} = E\{XY\}$ 称为两变量 X 和 Y 的**相关**(correlation),并用符号 R_{XY} 来表示,即

$$R_{XY} = m_{11} = E[XY] = \overline{XY} = \int_{-\infty}^{\infty} \int_{-\infty}^{\infty} xyp(x,y)\,\mathrm{d}x\mathrm{d}y \tag{12-64}$$

这是一个代表两变量间互相关联的程度的量。如果 $R_{XY} = 0$,则称两个随机变量成**正交**(orthogonal)。若变量 X 和 Y 是统计独立的,则将式(12-59)代入式(12-64),可得

$$R_{XY} = E[XY] = \overline{XY} = E[X]E[Y] = \overline{X}\,\overline{Y} \tag{12-65}$$

就是说两统计独立的随机变量的乘积期望值等于它们各自期望值的乘积。

应用式(12-62)还可以来定义**联合中心矩**(joint central monemt)。令$f(X,Y)=(X-\overline{X})^n(Y-\overline{Y})^k$,随机变量 X 和 Y 的联合中心矩定义为

$$\mu_{nk}=E\left[(X-\overline{X})^n(Y-\overline{Y})^k\right]$$
$$=\int_{-\infty}^{\infty}\int_{-\infty}^{\infty}(x-\overline{X})^n(y-\overline{Y})^k p(x,y)\mathrm{d}x\mathrm{d}y \qquad (12-66)$$

由此可得二阶联合中心矩

$$\mu_{20}=E\left[(X-\overline{X})^2\right]=\sigma_X^2,\mu_{02}=E\left[(Y-\overline{Y})^2\right]=\sigma_Y^2$$

它们分别是 X 和 Y 的方差。而二阶联合中心矩 μ_{11} 是一个很重要的量,称为 X 和 Y 的**协方差**(covariance),并以符号 C_{XY} 表示。由式(12-66),协方差为

$$C_{XY}=\mu_{11}=E\left[(X-\overline{X})(Y-\overline{Y})\right]$$
$$=\int_{-\infty}^{\infty}\int_{-\infty}^{\infty}(x-\overline{X})(y-\overline{Y})p(x,y)\mathrm{d}x\mathrm{d}y \qquad (12-67)$$

将此式中乘积$(x-\overline{X})(y-\overline{Y})$展开,则很易证明

$$C_{XY}=R_{XY}-\overline{X}\cdot\overline{Y} \qquad (12-68)$$

如果 $C_{XY}=0$,则称 X 和 Y **不相关**(uncorrelated)。当 X 和 Y 为正交的随机变量时,$R_{XY}=0$,所以 $C_{XY}=-\overline{X}\cdot\overline{Y}$。当 $X=Y$ 时,协方差还原成方差,即 $C_{XX}=\sigma_X^2$。

若将二阶联合中心矩 μ_{11} 对于 $\sigma_X\sigma_Y$ 归一化,得**归一化协方差**(normalized covariance)ρ_{XY}如下:

$$\rho_{XY}=\frac{\mu_{11}}{\sqrt{\mu_{20}\mu_{02}}}=\frac{C_{XY}}{\sigma_X\sigma_Y}=E\left[\frac{(X-\overline{X})}{\sigma_X}\cdot\frac{(Y-\overline{Y})}{\sigma_Y}\right]$$
$$=\int_{-\infty}^{\infty}\int_{-\infty}^{\infty}\frac{x-\overline{X}}{\sigma_X}\cdot\frac{y-\overline{Y}}{\sigma_Y}p(x,y)\mathrm{d}x\mathrm{d}y \qquad (12-69)$$

ρ_{XY}又称为随机变量 X 和 Y 的**相关系数**(correlation coefficient),它与协方差有相同的含义。当两个随机变量不相关时,其相关系数一定也等于零。所以,很多文献中也将 $\rho_{XY}=0$ 作为两个随机变量不相关的依据。

统计独立、正交和不相关是概率论中三个重要的概念,它们之间有着一定的联系。正交是指两个随机变量满足 $R_{XY}=0$,而不相关指 $C_{XY}=0$(或 $\rho_{XY}=0$)。一般情况下这两个概念完全不同,但如果两个随机变量的平均值 $\overline{X}$ 和 $\overline{Y}$ 都等于零,则有 $C_{XY}=R_{XY}$,这时正交和不相关等价。而如果两个随机变量统计独立,则将式(12-65)代入到式(12-68),可以得到 $C_{XY}=0$,所以统计独立的随机变量一定是不相关的。但是,不相关的随机变量却未必是统计独立的,因为不能排除两个并非相互独立的随机变量的相关恰好等于 $\overline{X}\cdot\overline{Y}$ 的可能性,这时根据式(12-68),同样可以得到 $C_{XY}=0$。但是,对于两个正态分布的随机变量,可以证明:当它们不相关时,一定是统计独立的,也就是说,对于正态分布的随机变量而言,不相关

与统计独立等价。

5. 两个独立随机变量 X、Y 之和的密度函数

设 $Z=X+Y$，现在利用式(12-16)求 Z 的特征函数，即

$$\varphi_Z(u)=E\{e^{juZ}\}=E\{e^{ju(X+Y)}\}$$

对比式(12-62)，此式就是两个变量的函数的期望值；如令 $f(X,Y)=e^{ju(X+Y)}$，并考虑到 X 和 Y 独立时 $p(x,y)=p_X(x)p_Y(y)$，则由式(12-62)可得

$$\varphi_Z(u)=\int_{-\infty}^{\infty}\int_{-\infty}^{\infty}p(x,y)e^{ju(x+y)}\mathrm{d}x\mathrm{d}y$$

$$=\int_{-\infty}^{\infty}\int_{-\infty}^{\infty}p_X(x)e^{jux}p_Y(y)e^{juy}\mathrm{d}x\mathrm{d}y$$

$$=E[e^{juX}]E[e^{juY}]=\varphi_X(u)\varphi_Y(u) \tag{12-70}$$

此式说明，两独立随机变量之和的特征函数等于这两个变量的特征函数之乘积。如§12.4所述，随机变量的密度函数和特征函数是一傅里叶变换对，其中只有指数上一符号差别。式(12-16)和式(12-17)就是考虑了这一符号差别的正反傅里叶变换式。于是有

$$p_X(x)=\frac{1}{2\pi}\int_{-\infty}^{\infty}\varphi_X(u)e^{-jux}\mathrm{d}u$$

$$p_Y(y)=\frac{1}{2\pi}\int_{-\infty}^{\infty}\varphi_Y(u)e^{-juy}\mathrm{d}u$$

$$p_Z(z)=\frac{1}{2\pi}\int_{-\infty}^{\infty}\varphi_Z(u)e^{-juz}\mathrm{d}u=\frac{1}{2\pi}\int_{-\infty}^{\infty}\Phi_X(u)\Phi_Y(u)e^{-juz}\mathrm{d}u$$

根据傅里叶变换的性质，一个域的相乘对应于另一个域的卷积，所以

$$p_Z(z)=p_X(z)*p_Y(z)=\int_{-\infty}^{\infty}p_X(x)p_Y(z-x)\mathrm{d}x$$

由此可知：两个独立随机变量之和的密度函数等于这两个变量的密度函数的卷积。

6. 联合正态分布(joint normal distribution)或联合高斯分布(joint Gaussian distribution)

在两个随机变量的联合正态分布函数中，正态分布(或称联合正态分布)是最常见的一种联合分布函数。两个变量的联合正态分布是通过矩阵形式来定义的。定义：

$$\boldsymbol{X}=\begin{bmatrix}X\\Y\end{bmatrix},\overline{\boldsymbol{X}}=\begin{bmatrix}\overline{X}\\\overline{Y}\end{bmatrix},\boldsymbol{\Lambda}=\begin{bmatrix}C_{XX}&C_{XY}\\C_{YX}&C_{YY}\end{bmatrix} \tag{12-71}$$

其中 $\boldsymbol{X}$ 称为随机变量矢量，$\overline{\boldsymbol{X}}$ 为其平均值，$\boldsymbol{\Lambda}$ 称为协方差矩阵，其各个元素等于两个随机变量的协方差，其中对角线上的元素也分别等于各个随机变量的方差 σ_X^2 和 σ_Y^2。二阶联合正态分布(second order joint normal distribution)的概率密度函数定义为

$$p_{XY}(x,y)=\frac{1}{2\pi|\boldsymbol{\Lambda}|^{1/2}}e^{-\frac{1}{2}(x-\overline{X})^T\boldsymbol{\Lambda}^{-1}(x-\overline{X})} \tag{12-72}$$

式中的上标 T 表示转置，$|\boldsymbol{\Lambda}|$ 和 $\boldsymbol{\Lambda}^{-1}$ 分别表示协方差矩阵 $\boldsymbol{\Lambda}$ 的行列式和逆矩阵，而矢量

$$x = \begin{bmatrix} x \\ y \end{bmatrix}$$

如果随机变量 X 和 Y 不相关,即 $C_{XY} = C_{YX} = 0$,则协方差矩阵 Λ 非对角线上的矩阵元素全为零,Λ 成为对角线矩阵:

$$\Lambda = \begin{bmatrix} C_{XX} & 0 \\ 0 & C_{YY} \end{bmatrix} = \begin{bmatrix} \sigma_X^2 & 0 \\ 0 & \sigma_Y^2 \end{bmatrix}$$

此时有

$$|\Lambda| = \sigma_X^2 \sigma_Y^2, \Lambda^{-1} = \begin{bmatrix} \sigma_X^{-2} & 0 \\ 0 & \sigma_Y^{-2} \end{bmatrix}$$

将上式和式(12-71)代入式(12-72),可以得到 X 和 Y 不相关时的正态联合概率密度函数为

$$p_{XY}(x,y) = \frac{1}{2\pi\sigma_X\sigma_Y} e^{-\frac{1}{2}\left[\frac{(x-\bar{X})^2}{\sigma_X^2} + \frac{(y-\bar{Y})^2}{\sigma_Y^2} \right]} \tag{12-73}$$

通过计算边界概率密度,可以得到

$$p_X(x) = \int_{-\infty}^{+\infty} p_{XY}(x,y)\,\mathrm{d}y = \frac{1}{\sqrt{2\pi\sigma_X^2}} e^{-\frac{1}{2}\frac{(x-\bar{X})^2}{\sigma_X^2}} \tag{12-74}$$

$$p_Y(x) = \int_{-\infty}^{+\infty} p_{XY}(x,y)\,\mathrm{d}x = \frac{1}{\sqrt{2\pi\sigma_Y^2}} e^{-\frac{1}{2}\frac{(y-\bar{Y})^2}{\sigma_Y^2}} \tag{12-75}$$

可见,联合正态分布的随机变量 X 和 Y 的一维边界概率密度函数也满足正态分布。这个结论不仅在 X 和 Y 不相关时成立,而且在 X 和 Y 相关时也成立,不过这时计算边界概率密度函数的过程比较复杂,有兴趣的读者可以自行推导,或参考有关参考资料。

通过式(12-73)~式(12-75),可以验证,当 X 和 Y 不相关时,有

$$p_{XY}(x,y) = p_X(x)p_Y(y) \tag{12-76}$$

这表明,此时随机变量 X 和 Y 一定是统计独立的。所以,如果两个联合正态分布的随机变量互不相关,它们也一定同时是统计独立的,也就是说,对于正态分布的随机变量而言,不相关等价于统计独立。但对于其他分布的随机变量,一般不存在这种必然联系。

如果将式(12-71)中的 X 和 $\bar{X}$ 定义为由任意的 N 个随机变量组成的随机矢量及其均值矢量,同时将 Λ 定义为满足对角线对称的 $N{\times}N$ 维矩阵,则式(12-72)可以用于表示任意 N 维联合正态分布概率密度函数。

§12.9 应用举例

在前几节介绍了有关随机变量的一些基本概念、定义和关系以后,现在再来看几个电路和

信息传输中的例子,以示所述理论如何应用于较简单的工程问题。

1. 电压表的测量误差分析

模拟电压表是电路测量中常用的仪表之一。虽然现在由于数字电压表的广泛应用,模拟电压表应用得越来越少,但是由于其电路简单,所以这里以此为例说明随机变量在实际工程的应用。

图 12-13 所示为一电压表电路,表头满程电流为 100 μA,表头电阻 1 000 Ω,R 为扩程电阻。若要求直流电压表满程为 10 V,按照电路理论,容易求得这个扩程电阻阻值应该为

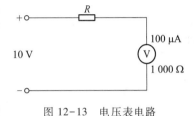

图 12-13 电压表电路

$$\left(\frac{10}{100 \times 10^{-6}} - 1\,000\right) \Omega = 9.9 \times 10^4\ \Omega$$

现在假定从库房中随机选用阻值为 $10^5\,\Omega$ 的电阻。由于制造容差,这些电阻的阻值不可能正好都是 $10^5\ \Omega$ 而是作随机分布的。经取样实测,得知电阻的平均值和标准差分别为 $10^5\ \Omega$ 和 $10^3\ \Omega$,其真实阻值一般被看成一高斯型变量。如果用了这样的电阻后,试问此电压表测量误差不超过 2% 的概率是多少,不超过 3% 的概率又是多少。

在外加电压为 10 V 的条件下,电压表的读数误差直接产生于电路中电阻的误差。例如,在没有误差的情况下电路的电流应该为 100 μA。如果电阻值偏小而导致电流增加 2%,则会使电压读数增加 2%,此时的电阻值一定等于 $\left(\dfrac{10}{100 \times 10^{-6} \times 1.02} - 1\,000\right) \Omega = 0.97 \times 10^5\ \Omega$;同样,如果电压表的读数降低 2%,则电阻的阻值应该等于 $\left(\dfrac{10}{100 \times 10^{-6} \times 0.98} - 1\,000\right) \Omega = 1.01 \times 10^5\ \Omega$。所以,电压表的测量误差在 2% 以内的概率就应该等于电阻取值在 $0.97 \times 10^5\ \Omega$ 到 $1.01 \times 10^5\ \Omega$ 之间的概率:

$$P\{电压表误差小于 2\%\} = P\{0.97 \times 10^5 < R \leqslant 1.01 \times 10^5\}$$

$$= \int_{0.97 \times 10^5}^{1.01 \times 10^5} p_R(r)\,\mathrm{d}r \tag{12-77}$$

现已知 $p_R(r)$ 是高斯型随机变量 R 的密度函数,由其已给的平均值和标准差可知

$$p_R(r) = \frac{1}{1\,000\sqrt{2\pi}}\mathrm{e}^{\frac{-(r-10^5)^2}{2 \times 10^6}}$$

将此密度函数代入式(12-77),不难用计算机或可利用归一化高斯分布函数表求出此积分。这里简述一下查表计算的过程。式(12-27)给出了归一化的高斯分布函数为

$$\Phi(x) = \frac{1}{\sqrt{2\pi}} \int_{-\infty}^{x} \mathrm{e}^{\frac{\xi^2}{2}}\mathrm{d}\xi$$

它的平均值为 0,方差为 1。所以只要作积分变量的简单变换,即可利用归一化高斯分布函数表,此时

$$\int_{-\infty}^{1.01\times10^5} p_R(r)\,\mathrm{d}r = \int_{-\infty}^{1.01\times10^5} \frac{1}{1\,000\sqrt{2\pi}}\mathrm{e}^{\frac{-(r-10^5)^2}{2\times10^6}}\,\mathrm{d}r = \frac{1}{\sqrt{2\pi}}\int_{-\infty}^{x_1}\mathrm{e}^{-\left(\frac{r-10^5}{10^3}\right)^2\!\!/2}\,\mathrm{d}\frac{r-10^5}{1\,000}$$

$$= \frac{1}{\sqrt{2\pi}}\int_{-\infty}^{x_1}\mathrm{e}^{-\frac{\xi^2}{2}}\mathrm{d}\xi = \Phi(x_1)$$

$$\int_{-\infty}^{0.97\times10^5} p_R(r)\,\mathrm{d}r = \frac{1}{\sqrt{2\pi}}\int_{-\infty}^{x_1}\mathrm{e}^{-\frac{\xi^2}{2}}\mathrm{d}\xi = \Phi(x_2)$$

其中

$$x_1 = \frac{1.01\times10^5-10^5}{10^3} = 1$$

$$x_2 = \frac{0.97\times10^5-10^5}{10^3} = -3$$

查表可得：$\Phi(1)=0.841\,3$，$\Phi(-3)=1-\Phi(3)=1-0.998\,7=0.001\,3$。应用式（12-2e），即得所求概率为

$$P\{0.97\times10^5<R\leq1.01\times10^5\} = \Phi(1)-\Phi(-3) = 0.840\,0$$

上面的计算过程，可能过于麻烦。现在有了计算机辅助计算工具，对式（12-77）的计算过程会简单一些，可以通过这些计算工具提供的数值积分计算工具直接计算式（12-77）的积分值。如在 MATLAB 中，可以先在一个 pr.m 程序中，定义被积函数 $p_R(r)$，pr.m 的内容为

```
function y = pr(r)
y = (1/(1000*sqrt(2*pi)))*exp(-(r-1e5).^2./(2*1e6));
```

然后在 MATLAB 中，用数值积分函数 quad 计算积分值

```
>> quad(@pr,0.97e5,1.01e5)
```

可以得到

```
ans =
    0.8400
```

也可以得到同样的结果。可见在计算机的帮助下，计算过程要简单了很多。

用同样方法，可以计算出电压表读数误差不超过 3% 的概率为 0.977 2。由此可见，扩程电阻的阻值虽然没有严格按计算值 $9.9\times10^5\ \Omega$ 选用，但由于阻值的随机分布性质，电表测量的精确度还是可以认为有一定程度的保证的。

2. 随机信道传输问题

随机信道是指具有某种随机变化因素的信号传输通道，例如反射电磁波的电离层、传送声波的海水、传输地震波的地层等。以短波无线电信号射入电离层为例，入射波束会散射成多个波束，它们沿着不同的途径传播，并分别在它们各自的途径中受到不同的幅度衰减和相移。接收天线在某一时刻接收到的信号系由许多这种波束叠加而成。由于在各个途径上引入的衰减和相移的随机性，天线接收到的是一个随机变化的信号。这个信号可以用若干个幅度和相位不

同的相量分量所合成的相量来表示。

　　在通信理论中已经证明,上述合成相量在直角坐标中两个分量的幅度都是高斯型的随机变量,因此合成相量的幅度是作瑞利分布的随机变量(见 §12.6)。这就是说,一个恒定振幅的正弦信号通过随机信道后,其包络遵从瑞利分布。按照式(12-30),瑞利分布的密度函数为

$$p_R(r) = \frac{r}{\sigma^2}\theta^{-\frac{r^2}{2\sigma^2}}\varepsilon(r) \tag{12-78}$$

因为信号的包络总是大于零的,所以 $r<0$ 时, $p_R(r)=0$。上式中的 σ^2 是上述两个作高斯分布的直角坐标中分量的幅度的方差。由 §12.6 可知,这一随机变化的包络的最可能取值是上述分量振幅的标准差 σ,包络的平均值是 $1.253\,3\sigma$,方差是 $0.429\,2\sigma^2$。

　　利用式(12-78),通过计算,还可以估计信号振幅变化的概率。设以 σ 作为计量包络的相对单位,则用简单积分即可求得信号振幅小于 $k\sigma$ 的概率为

$$\int_0^{k\sigma} p_R(r)\,\mathrm{d}r = \int_0^{k\sigma}\frac{r}{\sigma^2}\mathrm{e}^{-\frac{r^2}{2\sigma^2}}\mathrm{d}r = 1-\mathrm{e}^{-\frac{k^2}{2}} \tag{12-79}$$

信号振幅大于 $k\sigma$ 的概率为

$$\int_{k\sigma}^{\infty} p_R(r)\,\mathrm{d}r = \int_{k\sigma}^{\infty}\frac{r}{\sigma^2}\mathrm{e}^{-\frac{r^2}{2\sigma^2}}\mathrm{d}r = \mathrm{e}^{-\frac{k^2}{2}} \tag{12-80}$$

按照这两个式子,可以算得有关信号衰减的若干数据如下表:

相对于 σ 的信号电平		低于此电平的概率	高于此电平的概率
k	分贝		
$\frac{1}{2}$	−6	0.117 5	0.882 5
$\frac{1}{\sqrt{2}}$	−3	0.221 2	0.778 8
1	0	0.393 5	0.606 5
$\sqrt{2}$	3	0.632 1	0.367 9
2	6	0.864 7	0.135 3

通过实测证明,这些计算值和所测值相当符合。这说明瑞利衰落模型可以较好地描述信号通过电离层反射振幅衰减的实际情况。

3. 脉冲编码调制信号的误码率问题

　　设所传输的信号为二进制脉冲编码,用一个幅度为 A 的矩阵脉冲表示 **1**,零信号表示 **0**。在传输过程中不可避免地会引入噪声,所以接收机收到并输出的信号就可能叠加有噪声。图 12-14 表示这种噪声对信号的影响,其中脉冲码元信号由包围阴影部分的实线表示,噪声由

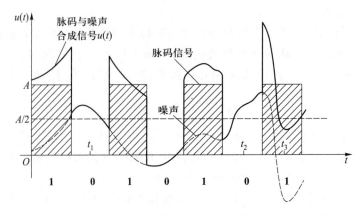

图 12-14　噪声对脉冲编码信号的传输的影响

虚线表示,二者叠加后的合成信号 $u(t)$ 由粗实线表示。为了从接收机收到的信号中恢复出二进制码,在每个脉冲码间隔内(例如在间隔的中点)对这接收信号进行一次抽样,并根据抽样值判定该时刻出现的是 **1** 还是 **0**。当抽样值大于脉冲幅度一半即 $\frac{A}{2}$ 时,判收到的码为 **1**;小于 $\frac{A}{2}$ 时判为 **0**。如果没有噪声的影响,通过判决就可以完全恢复出传输的信号。但是由于噪声的影响,有时这种判定就会出现错误。例如在图 12-15 中,当在脉冲间隔中点抽样时,在时刻 t_1、t_2、t_3 等处,都可能出现误判。现在的问题是怎样来确定误码的概率。

在通信中某一时刻的噪声值,一般认为是一高斯型随机变量,其平均值为 0,方差为 σ^2,所以它的概率密度函数是

$$p(n) = \frac{1}{\sqrt{2\pi\sigma^2}} e^{-\frac{n^2}{2\sigma^2}}$$

在时刻 t,这个随机噪声电压 N 与脉码信号电压叠加合成了随机信号电压 U。当发送的码为 **0** 时,$U=N$,信号电压 U 与噪声电压 N 具有相同的统计特性。当送的码为 **1** 时,$U=A+N$,其中 A 是常数,U 和 N 都是随机变量。所以 U 较之 N 除了平均值从 0 伏提高到 A 伏外,其他统计特性也相同。于是可得发送 **0** 码时,信号电压 U 在某时刻取值 u 的概率密度函数为

$$p_0(u) = \frac{1}{\sqrt{2\pi\sigma^2}} e^{-\frac{u^2}{2\sigma^2}} \tag{12-81}$$

而发送 **1** 码时,此概率密度函数为

$$p_1(u) = \frac{1}{\sqrt{2\pi\sigma^2}} e^{-\frac{(u-A)^2}{2\sigma^2}} \tag{12-82}$$

按照前面介绍的接收机的判别法则,当发送 **0** 码时,若 u 值大于 $\frac{A}{2}$ 就要发生误码;其误码概率 P_{e0} 应为

$$P_{e0} = \int_{A/2}^{\infty} p_0(u)\,\mathrm{d}u \qquad (12-83)$$

即如图 12-15(a)中所示阴影部分面积。当发送 **1** 码时,若 u 值小于 $\dfrac{A}{2}$ 就要发生误码;其误码概率 P_{e1} 应为

$$P_{e1} = \int_{\infty}^{A/2} p_1(u)\,\mathrm{d}u \qquad (12-84)$$

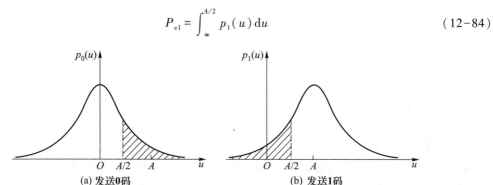

图 12-15 叠加噪声的脉冲码的概率密度函数

即如图 12-15(b)中所示阴影部分的面积。根据对称性,由图显然可见,这两块面积是相等的,即 $P_{e1} = P_{e0}$。又因为发送 **0** 码和发送 **1** 码这两个事件是互不相容的,同时还可以合理地假定发送 **0** 码和发送 **1** 码的概率是相等的,各为 50%。由此可得传输系统的总误码率 P_e 是

$$P_e = \frac{1}{2}P_{e0} + \frac{1}{2}P_{e1} = P_{e0} = P_{e1} \qquad (12-85)$$

上式可以通过将式(12-81)代入式(12-83)求得,也可通过将式(12-82)代入式(12-84)求得。现在采用前者来推求,则有

$$P_e = P_{e0} = \int_{A/2}^{\infty} p_0(u)\,\mathrm{d}u = 1 - \int_{-\infty}^{A/2} p_0(u)\,\mathrm{d}u$$

$$= 1 - \frac{1}{\sqrt{2\pi\sigma^2}}\int_{-\infty}^{A/2} \mathrm{e}^{-\frac{u^2}{2\sigma^2}}\,\mathrm{d}u \qquad (12-86)$$

为将式(12-81)的高斯密度函数归一化,按 §12.6 所述作积分变量变换,并利用公式(12-27),则上式第二项成为

$$\frac{1}{\sqrt{2\pi\sigma^2}}\int_{-\infty}^{A/2} \mathrm{e}^{-\frac{u^2}{2\sigma^2}}\,\mathrm{d}u = \frac{1}{\sqrt{2\pi}}\int_{-\infty}^{A/2\sigma} \mathrm{e}^{-\frac{\xi^2}{2}}\,\mathrm{d}\xi = \Phi\!\left(\frac{A}{2\sigma}\right)$$

利用式(12-29)误差函数的关系

$$\mathrm{erf}(z) = 2\Phi(\sqrt{2}\,z) - 1$$

可很容易导得式(12-86)的误码率为

$$P_e = 1 - \Phi\!\left(\frac{A}{2\sigma}\right) = \frac{1}{2} - \frac{1}{2}\mathrm{erf}\!\left(\frac{A}{2\sqrt{2}\,\sigma}\right) \qquad (12-87)$$

只要知道了脉码幅度 A 和噪声方差 σ^2，或者两者的比值 $\dfrac{A}{\sigma}$，就可以由查高斯分布函数表或误差函数表立刻求得误码率。由此可见,脉码信号传输的误码串依赖于比值即信号幅度对噪声之比,这里的 σ 常称为方均根噪声。如果给定了通信系统容许的误码率,那么也就可以反求应有的信噪比。

习　　题

12.1　一高斯型随机变量 X 的平均值为 2,方差为 4。

(1) 写出 X 的概率密度函数 $p(x)$；

(2) 求 $X \leqslant 2$ 的概率 $P\{X \leqslant 2\}$；

(3) 求 $0 < X \leqslant 4$ 的概率 $P\{0 < X \leqslant 4\}$。

12.2　若 $P\{x\}$ 表示一个平均值为零的高斯型随机变量的概率分布函数。试证明一个平均值为 $\overline{X}$ 的高斯型变量,其分布函数具有如下关系:

$$P(x-\overline{X}) = 1 - P(\overline{X}-x)$$

12.3　一随机变量 X 的概率密度函数为

$$\begin{cases} p_X(x) = \dfrac{1}{10} & -3 \leqslant x \leqslant 7 \\ p_X(x) = 0 & x \text{ 等于其他值} \end{cases}$$

(1) 求平均值 $\overline{X}$；

(2) 求方均值 $\overline{X^2}$；

(3) 求方差 σ_X^2；

(4) 求四阶中心矩 $E[(X-\overline{X})^4]$。

12.4　(1) 求正态分布随机变量的特征函数 $\phi(u)$。

(提示:先令 $\overline{X}=0, \sigma=1$,求得特征函数,再以变量代换求平均值和方差等于其他值时的特征函数。)

(2) 应用上述特征函数,求正态分布随机变量的 n 阶中心矩。

12.5　一随机变量的概率分布函数为

$$\begin{cases} P_X(x) = 0 & -\infty < x \leqslant -1 \\ P_X(x) = \dfrac{1}{2} + \dfrac{1}{2}x & -1 < x < 1 \\ P_X(x) = 1 & 1 \leqslant x < \infty \end{cases}$$

求:(1) $X = \dfrac{1}{4}$ 的概率；

(2) $X > \dfrac{3}{4}$ 的概率；

(3) X 的最大值。

12.6 （1）瑞利型随机变量 X 的概率密度函数的表示式为

$$\begin{cases} f_X(x) = \dfrac{x}{a^2} e^{-\frac{x^2}{2a^2}} & x \geqslant 0 \\ f_X(x) = 0 & x < 0 \end{cases}$$

试证明此函数的最大值出现于 a 处，最大值为 $\dfrac{1}{a\sqrt{e}}$。

（2）若某一随机电压作瑞利分布，其概率密度函数 $f_V(v)$ 与本题（1）的 $f_X(x)$ 相同，且 $a^2 = \dfrac{5}{2}$。将此电压通过一设备，其输出 $Y = V^2$ 即代表此电压在 $1\ \Omega$ 电阻中的功率，试求此功率。

12.7 图 P12-7 所示的等腰三角形为辛普森（Simpson）或三角形分布的概率密度函数。

（1）写出此函数 $p(x)$ 的表达式；

（2）求变量 X 的平均值；

（3）求变量 X 的方差。

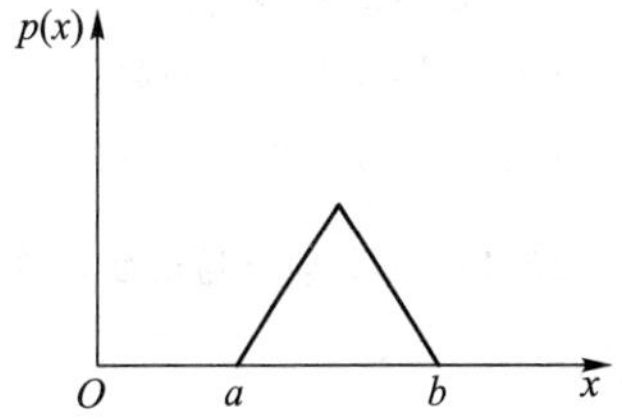

12.8 一随机变量 X 的概率密度函数为

$$p_X(x) = A[\varepsilon(x+2) - \varepsilon(x-2)]$$

其中 A 为常系数。

求：（1）A 值；

（2）$X > 1$ 的概率；

（3）X 的最小值。

图 P12-7

12.9 一随机变量 X 的概率密度函数为

$$p_X(x) = \frac{1}{2}[\varepsilon(x) - \varepsilon(x-2)]$$

另有一随机变量 $Y = X^2$，试求 Y 的平均值 $\overline{Y}$，方均值 $\overline{Y^2}$ 及方差 σ_Y^2。

12.10 对一随机变量 X 作线性变换成为另一随机变量 Y，使 $Y = aX + b$。求用变量 X 的概率密度函数 $p_X(x)$ 表示的变量 Y 的概率密度函数 $p_Y(y)$。若 X 的平均值为 $\overline{X}$，方差为 σ_X^2，求 Y 的平均值 $\overline{Y}$ 及方差 σ_Y^2。

12.11 一随机变量 X 和另一随机变量 Y 呈线性关系 $Y = aX + b$。试证明 X 和 Y 的相关系数为 $\rho_{XY} = \dfrac{a}{|a|}$，即 a 为正时 $\rho_{XY} = 1$，a 为负时 $\rho_{XY} = -1$。

12.12 一高斯型随机电压 V 的平均值 $\overline{V} = 0$，方差 $\sigma_V^2 = 9$。将此电压通过一个传输特性为 $Y = 5V^2$ 的平方律全波二极管检波器。求输出电压 Y 的平均值。

12.13 一角度随机变量 Θ，平均分布于 $[0, 2\pi]$。另有一随机变量 X，它与 Θ 的关系为 $X = \cos\Theta$。

（1）若 M 为事件 $\left\{0 \leqslant \Theta \leqslant \dfrac{\pi}{2}\right\}$，求 X 的条件概率密度函数 $p_X(x \mid M)$，并构作此函数图；

（2）对于同一事件 M，求条件平均值 $E[X \mid M]$。

12.14 已给随机变量 X 的概率密度函数

$$\begin{cases} p(x) = \dfrac{1}{8}x & 0 < x < 4 \\ p(x) = 0 & x \text{ 等于其他值} \end{cases}$$

又给定事件 $M=\{1\leqslant X\leqslant 3\}$。求条件概率密度函数 $p(x\mid M)$。

12.15 一雷达系统接收到的反射脉冲信号的幅度 R 作随机变化，并为瑞利分布。设脉冲幅度的概率密度函数为

$$\begin{cases} p_R(r)=re^{-\frac{r}{2}} & r\geqslant 0 \\ p_R(r)=0 & r<0 \end{cases}$$

为了消除噪声的影响，只有当脉冲幅度 R 的值大于门限值 r_0 时，雷达屏幕上才显示此脉冲。

（1）试求出显示脉冲的幅度的条件概率密度函数 $p_R(r\mid R>r_0)$；

（2）求所显示诸脉冲幅度的条件平均值。

12.16 两个独立随机变量 X 与 Y 在间隔 $[-a,a]$ 内都作均匀分布。若变量 $Z=X+Y$，求：

（1）Z 的特征函数；

（2）Z 的概率密度函数；

（3）Z 的方均值。

12.17 n 个独立随机变量 X_1、X_2、$\cdots$、X_n，每个在间隔 $[-a,a]$ 内都作均匀分布。试求和 $Y=\sum_{i=1}^{n}X_i$ 的特征函数。

12.18 若两个独立随机变量 X_1、X_2 均为正态分布的，试证明它们的和 $Y=X_1+X_2$ 亦作正态分布，即其概率密度函数为高斯型的

$$p_Y(y)=\frac{1}{\sqrt{2\pi\sigma_Y^2}}e^{-\frac{(y-m)^2}{2\sigma_Y^2}}$$

12.19 两个随机变量 X 和 Y 的联合概率密度函数为

$$\begin{cases} p(x,y)=Ke^{-(3x+4y)} & x>0,y>0 \\ p(x,y)=0 & x,y\ 等于其他值 \end{cases}$$

（1）求 K 值；

（2）求联合概率分布函数 $P(x,y)$；

（3）求 $0<X\leqslant 1$ 及 $0<Y\leqslant 2$ 的概率；

（4）求 X 和 Y 的边界密度函数。

12.20 两个随机变量 X 和 Y 的联合概率密度函数为

$$\begin{cases} p(x,y)=\dfrac{1}{(x_2-x_1)(y_2-y_1)} & x_1<x\leqslant 0,y_1<y\leqslant 0 \\ p(x,y)=0 & x,y\ 等于其他值 \end{cases}$$

（1）求二变量乘积之期望值 $E[XY]$；

（2）由联合概率密度函数 $p(x,y)$，求二边界概率密度函数 $p(x)$ 和 $p(y)$；

（3）若 $x_1=1,x_2=2,y_1=1,y_2=4$，则 $X\geqslant 1$ 及 $Y\geqslant 3$ 的概率为多少？$X\geqslant 1.5$ 及 $Y\leqslant 2$ 的概率为多少？

12.21 随机变量 $W=X+Y$，其中 X 和 Y 亦均为随机变量，分别有下列密度函数：

$$f_X(x)=\frac{1}{a}[\varepsilon(x)-\varepsilon(x-a)]$$

$$f_Y(y)=\frac{1}{b}[\varepsilon(y)-\varepsilon(y-b)]$$

试求 W 的密度函数 $f_W(w)$。

12.22　随机变量 X 和 Y 的联合概率密度函数为

$$f_{X,Y}(x,y) = x e^{-x(y+1)} \varepsilon(x) \varepsilon(y)$$

求：（1）边界密度函数 $f_X(x)$，$f_Y(y)$。X 和 Y 是否统计独立？

（2）条件概率密度函数 $f_Y(y \mid x)$。

12.23　三个随机变量 X,Y,Z 相加成一新随机变量 $W = X+Y+Z$。随机变量间的归一化相关系数为 $\rho_{XY} = 0$，$\rho_{XZ} = \dfrac{1}{2}$，$\rho_{YZ} = -\dfrac{1}{2}$。随机变量的平均值和方差分别为 $\overline{X} = 1$，$\overline{Y} = 1$，$\overline{Z} = -1$，$\sigma_X^2 = \sigma_Y^2 = \sigma_Z^2 = 1$。

求：（1）W 的平均值；

（2）W 的方差。

12.24　两个随机变量 X 和 Y 的归一化联合概率密度函数为高斯型的并有如下表示式：

$$f_{XY}(x,y) = \frac{1}{2\pi\sqrt{1-\rho^2}} e^{-\frac{x^2 - 2\rho xy + y^2}{2(1-\rho^2)}} \qquad -1 \leqslant \rho \leqslant 1$$

（1）试证明两个边界密度函数分别为

$$f_X(x) = \frac{1}{2\pi} e^{-\frac{x^2}{2}}, f_Y(y) = \frac{1}{2\pi} e^{-\frac{y^2}{2}}$$

并判断 X 和 Y 是否统计独立？

（提示：求边界密度函数时利用配平方的办法，并考虑密度函数下面积为 1。）

（2）应用联合密度函数，证明条件密度函数为

$$f_X(x \mid Y=y) = \frac{1}{\sqrt{2\pi(1-\rho^2)}} e^{\frac{(x-\rho y)^2}{2(1-\rho^2)}}$$

第十三章

随 机 过 程

§ 13.1 引言

　　在上一章的引言中已经介绍了随机事件、随机变量和随机过程的概念,并指出了它们之间的关系。随机过程是在某个样本空间 S 中定义的样本函数的集合。在产生随机过程的概率事件中,样本不是简单的实数,而是一个个函数。这些函数就称为随机过程(random process)。这里的样本函数可能是时间的函数 $x(t)$,也可能是其他变量的函数。但是,在本书中,重点讨论时间函数。在随机过程中,各个样本函数是时间 t 的单值函数,但它们往往十分复杂,无法表示为某种已知的函数关系,一般也无法预知其某一时间的函数值。随机信号在它出现并加以观察之前,它究竟以何种形式出现,存在着许多可能性,也就是作为随机过程样本函数集合中的任何一个函数都有可能按一定的概率出现。然而,当信号出现后,能观察到的一般只是包含在过程中的某一个样本函数。

　　一个样本函数是时间的单值函数,这是它最终表现的结果。不同样本函数在每一时刻的取值一般都是随机的。因为产生随机过程的物理机制往往非常复杂,可能存在着不同的样本,它们有着相同的过去,却又有不同的未来。在这种情况下,过程中的每一个样本函数,都不可能根据其测得的过去数值去推求将来的数值。这样的过程称为**不确定随机过程**(nondeterministic random process)。通常观察到的随机物理现象大多属于这类,通信系统接收的信号、电阻的热噪声电压等就是这类过程的例子。但在某些特殊情况下,随机过程的任一样本函数的将来数值也可以根据其过去的数值来推求,这样的过程称为**确定随机过程**(deterministic random process)。例如

$$X(t) = A\cos(\Omega t + \Theta) \tag{13-1}$$

当 A、Ω 或 Θ 中的任一个为随机变量,或者其中任何两个以至全部三个都是随机变量时,$X(t)$ 都是一确定随机过程。因为作为这类随机过程中的某一样本函数的 $x_1(t)$,A、Ω 和 Θ 等变量都将分别是定值 a_1、ω_1 和 θ_1。就是说这个过程中的任一样本函数都是一正弦波。这时,根据过去一段时间内对某个样本函数的观测,完全可以计算出 a_1、ω_1 和 θ_1,从而确定函数的将来值。但是

对于各次不同观测的样本函数,其振幅、频率、相位都可能是随机变化的。

随机过程又可以根据其样本函数的类型不同而分为连续随机过程和离散随机过程两类。如果随机过程的样本是一个连续时间信号,则该过程称为**连续时间随机过程**(continuous-time random process);如果样本是离散时间序列,则称为**离散时间随机过程**(discrete-time random process)。

随机过程的样本是一个个时间函数,它们的出现与否存在着不确定性。如果在一个确定的时间 t_0 上对随机过程进行观测,则各个随机过程在这个时刻的取值情况就构成了一个随机变量。可见,随机过程和随机变量之间是有一定的联系的。利用这种联系,可以将描述随机变量的很多数字特性(如概率分布、矩等)引入到随机过程的描述中。

线性系统分析的目的是希望得到系统对于随机过程作为输入时的响应。为此,首先要解决随机过程的描述问题。随机过程的概念,是随机变量的概念加入了时间参量后的引申和推广。本章的主要内容是研究描述随机过程的相关函数、功率谱密度等平均值的性质及其间的关系,作为分析线性系统对随机过程响应的基础。

§13.2 随机过程的概率密度函数

描述随机过程的重要的函数依然是概率密度函数和概率分布函数。但是随机过程的样本本身就是函数,其概率密度或分布函数要比随机变量的概率密度或分布函数复杂得多。

在上一节中曾经说过,如果在某一个给定的时间 t_1 上对随机过程进行观测,就可以得到一个随机变量 $X(t_1)$。这个随机变量可以用概率分布函数进行描述,即

$$P_X(x_1;t_1) = P\{X(t_1) \leqslant x_1\} \tag{13-2}$$

这就是随机过程的**一阶概率分布函数**(first order probability distribution function)。注意这里的概率分布函数 P 的括号中有两个变量:x_1 和 t_1,分别对应于随机变量的值和取值时间,中间用分号隔开[①]。

如果在两个时间点 t_1、t_2 上对随机过程进行观测,就可以得到两个随机变量:$X(t_1)$ 和 $X(t_2)$。这两个随机变量之间是相互关联的,其关系可以用它们的二维联合概率分布函数表示,这样就得到了随机过程的**二阶概率分布函数**(second order probability distribution function)

$$P_X(x_1,x_2;t_1,t_2) = P\{X(t_1) \leqslant x_1, X(t_2) \leqslant x_2\} \tag{13-3}$$

按照相似的方法,可以推广到对任意 n 个时间点 $t_1, t_2, \cdots, t_n$ 上的随机过程的取值 $X(t_1)$,

---

① 也有文献中用 $P\{x_1 \mid t_1\}$ 表示。相应高阶分布用 $P\{x_1, x_2, \cdots, x_n \mid t_1, t_2, \cdots, t_n\}$ 表示。

$X(t_2),\cdots,X(t_n)$ 的 n 维联合概率分布函数,从而得到随机过程的 n 阶概率分布函数(n-th order probability distribution function)

$$P_X(x_1,x_2,\cdots,x_n;t_1,t_2,\cdots,t_n)=P\{X(t_1)\leqslant x_1,X(t_2)\leqslant x_2,\cdots,X(t_n)\leqslant x_n\} \tag{13-4}$$

对式(13-2)、式(13-3)和式(13-4)分别求导数,可分别得**一阶、二阶和 n 阶**的**密度函数**或**联合密度函数**如下:

$$p_X(x_1;t_1)=\frac{\mathrm{d}P_X(x_1;t_1)}{\mathrm{d}x_1} \tag{13-5}$$

$$p_X(x_1,x_2;t_1,t_2)=\frac{\partial^2 P_X(x_1,x_2;t_1,t_2)}{\partial x_1 \partial x_2} \tag{13-6}$$

$$p_X(x_1,\cdots,x_n;t_1,\cdots,t_n)=\frac{\partial^2 P_X(x_1,\cdots,x_n;t_1,\cdots,t_n)}{\partial x_1 \cdots \partial x_n} \tag{13-7}$$

根据上一章中的边界概率密度函数公式(12-46e),可以通过二阶概率密度函数推导出一阶概率密度函数

$$p(x_1;t_1)=\int_{-\infty}^{+\infty}p(x_1,x_2;t_1,t_2)\mathrm{d}x_2 \tag{13-8a}$$

以及用任意的 n 阶概率密度函数推导出 $n-1$ 阶概率密度函数:

$$p(x_1,x_2,\cdots,x_{n-1};t_1,t_2,\cdots,t_{n-1})=\int_{-\infty}^{+\infty}p(x_1,x_2,\cdots,x_n;t_1,t_2,\cdots,t_n)\mathrm{d}x_n \tag{13-8b}$$

所以,只要知道了 n 阶概率密度函数,就可以知道小于 n 的任意阶的概率密度函数。

但是,到底要知道几阶概率密度函数,才能全面了解一个随机过程的特性呢?这是一个很难回答的问题。从理论上讲,应该了解随机过程在所有时间点上的取值的联合统计特性,n 应该为无穷大,但这在实际计算和分析中是不可能达到的。在实际工作中,往往只关心随机过程的一阶和二阶两种统计特性。对于工程中常见的正态随机过程,只要知道了它的二阶统计特性,就可以知道其任意阶的统计特性。所以,一般情况下只需计算到随机过程的二阶概率密度函数就可以了。

对于随机变量,可以通过计算其矩,得到它的平均值、方差等统计量。对于随机过程,同样可以在一些给定的时间点上,计算其平均值、方差等统计量,也可以在多个时间点上取得其联合统计特征,如相关、协方差等。因为随机过程的概率密度函数和概率分布函数都可能随时间变化,所以随机过程在不同时刻的平均值和方差等统计量都可能不同,是一个时间的函数。随机过程的平均值的定义为

$$\overline{X}(t)=E\{X(t)\}=\int_{-\infty}^{+\infty}X(t)p(x;t)\mathrm{d}x \tag{13-9}$$

这里为了表示方便,去掉了一阶概率密度函数中的自变量的下标。随机过程的方差定义为

$$\sigma_X^2(t)=E\{(X(t)-\overline{X}(t))^2\}=\int_{-\infty}^{+\infty}(X(t)-\overline{X}(t))^2 p(x;t)\mathrm{d}x \tag{13-10}$$

自相关函数(autocorrelation function)的定义为

$$R_{XX}(t_1, t_2) = E\{X(t_1)X(t_2)\} = \int_{-\infty}^{+\infty}\int_{-\infty}^{+\infty} x_1 x_2 p(x_1, x_2; t_1, t_2)\,\mathrm{d}x_1\mathrm{d}x_2 \qquad (13\text{-}11)$$

自协方差函数的(autocovariance function)定义为

$$C_{XX}(t_1, t_2) = E\{[X(t_1) - \overline{X}(t_1)][X(t_2) - \overline{X}(t_2)]\}$$

$$= \int_{-\infty}^{+\infty}\int_{-\infty}^{+\infty} [x_1 - \overline{X}(t_1)][x_2 - \overline{X}(t_2)]p(x_1, x_2; t_1, t_2)\,\mathrm{d}x_1\mathrm{d}x_2 \qquad (13\text{-}12)$$

其中的均值和自相关函数是实际应用中用的最多的函数。对于随机过程而言,用统计量来描述比用概率密度或分布函数描述要方便得多。

§13.3 平稳随机过程与各态历经随机过程

1. 平稳随机过程(stationary process)

随机过程的概率密度函数、概率分布函数、平均值等都是与时间有关的函数,在一般情况下,不同时刻的结果是不相同的。但是,如果过程的概率密度函数或统计量与时间的起点无关,则此过程称为**平稳随机过程**,反之则是**非平稳随机过程**(nonstationary process)。所谓"与时间的起点无关",是指随机过程在任选时刻 t_1、t_2、$\cdots$、t_n 上的统计特性与将这些时刻同时移动了一任意时间 Δt 后得到新时刻 $t_1 + \Delta t$、$t_2 + \Delta t$、$\cdots$、$t_n + \Delta t$ 上的统计特性一样,这类似于系统的移不变特性。具体地说,其一阶、二阶及 n 阶概率密度函数分别应该满足:

$$p_X(x_1; t_1) = p(x_1; t_1 + \Delta t) \qquad (13\text{-}13)$$

$$p_X(x_1, x_2; t_1, t_2) = p(x_1, x_2; t_1 + \Delta t, t_2 + \Delta t) \qquad (13\text{-}14)$$

$$p_X(x_1, x_2, \cdots, x_n; t_1, t_2, \cdots, t_n) = p(x_1, x_2, \cdots, x_n; t_1 + \Delta t, t_2 + \Delta t, \cdots, t_n + \Delta t) \qquad (13\text{-}15)$$

这时分别称 $X(t)$ 为**一阶平稳过程**(first order stantionary process)、**二阶平稳过程**(second order stantionary process)和 **n 阶平稳过程**(n-th order stantionary process)。根据式(13-8),用随机过程的 n 阶概率密度函数可以推导出任意 $m(<n)$ 阶的概率密度函数。所以,如果 $X(t)$ 是 n 阶平稳的,则也一定是 $m(<n)$ 阶平稳的。如果一个随机过程 $X(t)$ 对于任何正整数 $n = 1$、2、$\cdots$,都能满足式(13-15)的 n 阶平稳的条件,则此过程称为**严平稳过程**(strictly station ary process),也称**狭义平稳过程**或**强平稳过程**。这里要指出的是,一切物理过程都是有始有终的,不可能在所有的时间上都满足概率特性的移动不变性。因此,所谓平稳,指的只是在人们观察的时间内过程不随时间作明显变化,而上面对于平稳的定义,仅是为了便于分析的一种合理的数学模型。由于系统对于非平稳随机过程的响应的分析十分困难,所以一般系统分析仅限于平稳过程。

对于严格平稳的随机过程,其平均值、方差等统计量一定满足:

$$\overline{X}(t) = \overline{X}(t + \Delta t) \qquad (13\text{-}16\mathrm{a})$$

$$\sigma_X^2(t) = \sigma_X^2(t+\Delta t) \tag{13-17a}$$

$$R_{XX}(t_1, t_2) = R_{XX}(t_1+\Delta t, t_2+\Delta t) \tag{13-18a}$$

$$C_{XX}(t_1, t_2) = C_{XX}(t_1+\Delta t, t_2+\Delta t) \tag{13-19a}$$

严格意义的平稳过程的条件过于苛刻,常常超过了实际需要。因此根据实用放宽条件,又定义了**广义平稳过程**(wide-sense stationary process),有时也称弱平稳过程(weakly stationary process)或宽平稳过程。如果一个随机过程的平均值和相关函数分别满足式(13-16a)和式(13-18a),则称该过程是广义平稳的过程。式(13-16a)实际上说明该过程的平均值是一个与时间无关的参数,经常用 $\overline{X}$ 表示;而式(13-18a)实际上说明该过程的自相关函数与时间起点无关,只与两个取样点的时间差有关,常将其记成 $R_{XX}(t_2-t_1)$。这样就可以将两个等式记为

$$\overline{X}(t) = \overline{X} \tag{13-16b}$$

$$R_{XX}(t_1, t_2) = R_{XX}(t_2-t_1) \tag{13-18b}$$

上面两个等式也可以作为广义平稳过程的定义。从这两个等式中可以看到,对于一个平稳随机过程而言,其平均值和相关函数都可以简化。例如,原来的相关函数是有两个自变量 t_1 和 t_2 的二维函数,现在可以简化成以时间差 t_2-t_1 为自变量的一维函数。所以,平稳随机过程的计算比较方便。在实际应用中遇到的随机过程大都具有平稳特性。

如果随机过程是广义平稳过程,则可以证明其方差和协方差函数同时满足时不变特性,这样式(13-17a)和(13-19a)可以记成:

$$\sigma_X^2(t) = \sigma_X^2 \tag{13-17b}$$

$$C_{XX}(t_1, t_2) = C_{XX}(t_2-t_1) \tag{13-19b}$$

2. 各态历经随机过程(ergodic process)

随机过程的各个样本都是时间函数,可以对随机样本的某个样本求其时间平均值,这种平均一般用符号 $A[\,\cdot\,]$ 或 $\langle\,\cdot\,\rangle$ 表示,其定义为

$$A[\,\cdot\,] = \langle\,\cdot\,\rangle = \lim_{T\to\infty}\frac{1}{2T}\int_{-T}^{T}[\,\cdot\,]\,\mathrm{d}t$$

其中 $[\,\cdot\,]$ 代表一定形式的实际函数。对于随机过程而言,最常用的是函数的时间平均值

$$\overline{x} = A[x(t)] = \lim_{T\to\infty}\frac{1}{2T}\int_{-T}^{T}x(t)\,\mathrm{d}t \tag{13-20}$$

和时间自相关函数

$$\mathscr{R}_{XX}(\tau) = A[x(t)x(t+\tau)] = \lim_{T\to\infty}\frac{1}{2T}\int_{-T}^{T}x(t)x(t+\tau)\,\mathrm{d}t \tag{13-21}$$

对于过程 $X(t)$ 的单个样本函数而言,在 τ 为定值时,$\overline{x}$ 和 $\mathscr{R}_{XX}(\tau)$ 分别各为一个定值,但是不同样本的 $\overline{x}$ 和 $\mathscr{R}_{XX}(\tau)$ 可能并不相同。所以,当考虑过程的所有样本函数时,$\overline{x}$ 和 $\mathscr{R}_{XX}(\tau)$ 就分别各自成为一个随机变量。假设 $X(t)$ 是平稳随机过程,则对式(13-20)和式(13-21)两边同时

求统计平均,可以得到[1]:

$$E[\bar{x}] = E\left[\lim_{T\to\infty}\frac{1}{2T}\int_{-T}^{T}x(t)\,\mathrm{d}t\right] = \lim_{T\to\infty}\frac{1}{2T}\int_{-T}^{T}E[x(t)]\,\mathrm{d}t$$

$$= \lim_{T\to\infty}\frac{1}{2T}\int_{-T}^{T}\bar{X}\mathrm{d}t = \bar{X} \tag{13-22}$$

$$E[\mathscr{R}_{XX}(t)] = E\left[\lim_{T\to\infty}\frac{1}{2T}\int_{-T}^{T}x(t)x(t+\tau)\,\mathrm{d}t\right] = \lim_{T\to\infty}\frac{1}{2T}\int_{-T}^{T}E[x(t)x(t+\tau)]\,\mathrm{d}t$$

$$= \lim_{T\to\infty}\frac{1}{2T}\int_{-T}^{T}R_{XX}(\tau)\,\mathrm{d}t = R_{XX}(\tau) \tag{13-23}$$

又假设这个平稳随机过程各个样本的 $\bar{x}$ 和 $\mathscr{R}_{XX}(\tau)$ 都相等,分别等于一个确定的值,此时有 $E[\bar{x}]=\bar{x}$,$E[\mathscr{R}_{XX}(\tau)]=\mathscr{R}_{XX}(\tau)$,代入上面两式,可以得到:

$$\bar{x}=\bar{X} \quad\text{或}\quad E\{X(t)\}=A\{x(t)\} \tag{13-24}$$

$$\mathscr{R}_{XX}(\tau)=R_{XX}(\tau) \quad\text{或}\quad E\{X(t)X(t+\tau)\}=A[x(t)x(t+\tau)] \tag{13-25}$$

也就是说,该随机过程的统计平均等于其样本的时间平均。满足这种统计平均与时间平均相等的特性的平稳随机过程被称为**各态历经随机过程**(ergodic process)。不具有这种性质的称为**非各态历经随机过程**(nonergodic process)。

从上面的推导过程中可以看到,各态历经随机过程一定要满足两个条件。其一,它的样本空间中各个样本的时间平均值必须相同,不会随样本不同而变化;其二,过程一定要是平稳随机过程,否则 $\bar{X}$ 和 R_{XX} 必然是一个随时间变化的函数,无法得到式(13-24)和式(13-25)的结论。所以,各态历经过程必定是平稳过程;非平稳过程必定是非各态历经过程。但是平稳过程不一定都是各态历经过程。例如有随机过程

$$X(t)=A\cos(t+\Theta) \tag{13-26}$$

其中 A 为随机变量,对不同的样本函数有不同的值,Θ 为在间隔 $[0,2\pi]$ 内作均匀分布的随机变量。读者不难自己证明,这是一个平稳过程,但不是各态历经过程。

这里,进行时间平均的样本可以是任意一个样本,也就是说,对于各态历经过程,有可能通过长时间观察一个样本函数的办法来确定整个样本函数集合的统计特性,包括平均值、各阶矩、各阶中心矩和相关函数。这给随机过程统计特性的分析带来了很大的方便。但要从理论上证

---

[1] 在这里以及以后的公式推导过程中,经常需要交换统计平均计算和积分计算的次序,即用到 $E\left[\int_{t_1}^{t_2}X(t)h(t)\mathrm{d}t\right]=\int_{t_1}^{t_2}E[X(t)]h(t)\mathrm{d}t$,其中 $X(t)$ 是一个随机过程,$h(t)$ 是一个确定性的函数。这个等式成立的条件是:(1) $X(t)$ 在积分区间内有界;(2) $\int_{t_1}^{t_2}E[|X(t)|]h(t)\mathrm{d}t$ 存在且有界。一般的随机过程都满足这两个条件。

明某个物理过程是各态历经过程却十分困难,因为人们无法得到过程中的一切样本函数来加以验证。在实际工作中,人们往往首先通过观测得到几个样本,并验证这几个样本的时间平均值 $\bar{x}$ 和 $\mathscr{R}_{XX}(\tau)$ 是否一致,由此判定随机过程是否是各态历经的。这样做,似乎显得理论根据不很充分,但是事实上除了如式(13-26)所示这样一些明显不能满足各态历经条件的过程外,各态历经过程还是多数物理过程的较好模型,用它来处理问题,仍不失为一种实际有效的方法。特别是对随机过程的某些重要的统计平均量值的测定,更显得方便。例如,用直流电表可以测得随机过程的平均值 $\bar{X}$,用功率表可以测得其方均值 $\overline{X^2}$,并且据此可以计算方差 $\sigma^2 = \overline{X^2} - \bar{X}^2$;或用交流电表测得方均根值,将此值平方可得(1 Ω 电阻中的)起伏功率。

§13.4 自相关函数

自相关函数(autocorrelation function)是平稳随机过程的一个非常重要的统计量。它与后面将要提到的随机过程的功率谱有很密切的联系。在这一节中将对自相关函数进行详细讨论。首先将其定义重写如下

$$R_{XX}(t_1, t_2) = E\{X(t_1)X(t_2)\} = \int_{-\infty}^{+\infty} \int_{-\infty}^{+\infty} x_1 x_2 p(x_1, x_2; t_1, t_2) \, \mathrm{d}x_1 \mathrm{d}x_2$$

对于平稳随机过程,R_{XX} 与所选的 t_1, t_2 的绝对时刻无关,而只是时间差 $t_2 - t_1 = \tau$ 的函数,即

$$R_{XX}(\tau) = E\{X(t)X(t+\tau)\} = \int_{-\infty}^{+\infty} \int_{-\infty}^{+\infty} x_1 x_2 p(x_1, x_2; t, t+\tau) \, \mathrm{d}x_1 \mathrm{d}x_2$$

对于各态历经的随机过程,还可以用下式计算

$$R_{XX}(\tau) = A\{X(t)X(t+\tau)\} = \lim_{T \to \infty} \frac{1}{2T} \int_{-T}^{+T} x(t)x(t+\tau) \, \mathrm{d}t$$

平稳随机过程的自相关函数具有下列一般性质:

(1) $R_{XX}(0) = \overline{X^2}$。此性质可由定义直接推导出。所以,通过自相关函数,可以得到随机过程的方均值。

(2) $|R_{XX}(\tau)| \leqslant R_{XX}(0)$,即自相关函数的最大值出现在 $\tau = 0$ 处。此性质可由 $E[\{X(t_1) \pm X(t_2)\}^2] \geqslant 0$ 得到,请读者自行证明。

(3) $R_{XX}(\tau) = R_{XX}(-\tau)$,即自相关函数是 τ 的偶函数。这个性质可以由自相关函数的定义证明。

(4) 若 $X(t) = A + N(t)$,其中 $X(t)$ 和 $N(t)$ 分别是两个随机过程,A 是一个常数,则 $R_{XX}(\tau) = A^2 + R_{NN}(\tau)$。

(5) 对于一般的平均值为零且非周期的各态历经过程 $X(t)$,有 $\lim_{\tau \to \infty} R_{XX}(\tau) = 0$,即 $R_{XX}(\tau)$ 一

般是收敛的[①]。

例题 13-1 求随机过程 $X(t) = A\cos(2\pi t + \Theta)$ 的平均值和相关函数,其中 A 和 Θ 分别是两个相互独立的随机变量。A 的均值为 0,方差等于 σ_A^2;Θ 在 $0 \sim 2\pi$ 之间均匀分布。

解: $E\{X(t)\} = E\{A\cos(2\pi t + \Theta)\} = E\{A\}E\{\cos(2\pi t + \Theta)\} = 0$

$$E\{X(t)X(t+\tau)\} = E\{A^2\cos(2\pi t + \Theta)\cos(2\pi t + 2\pi\tau + \Theta)\}$$

$$= E\{A^2\}E\left\{\frac{1}{2}\left[\cos(2\pi\tau) + \cos(4\pi t + 2\pi\tau + 2\Theta)\right]\right\}$$

$$= \sigma_A^2\left\{\frac{1}{2}\cos(2\pi\tau) + \frac{1}{2}E\left[\cos(4\pi t + 2\Theta + 2\pi\tau)\right]\right\}$$

其中

$$E\left[\cos(4\pi t + 2\Theta + 2\pi\tau)\right] = \int_{-\infty}^{+\infty}\cos(4\pi t + 2\theta + 2\pi\tau)p_\Theta(\theta)\,\mathrm{d}\theta$$

$$= \frac{1}{2\pi}\int_0^{2\pi}\cos(4\pi t + 2\theta + 2\pi\tau)\,\mathrm{d}\theta = 0$$

所以

$$E\{X(t)X(t+\tau)\} = \frac{\sigma_A^2}{2}\cos(2\pi\tau) = R_{XX}(\tau)$$

上述结果证明了这个随机过程的平均值不随时间变化,自相关函数只与时间差 τ 有关,是一个平稳随机过程。自相关函数的波形如图 13-1(a) 所示。

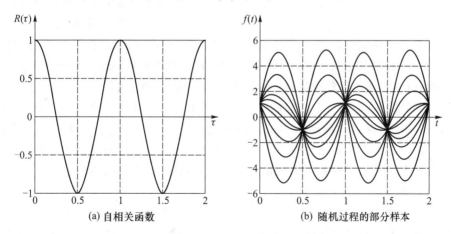

(a) 自相关函数　　　　(b) 随机过程的部分样本

图 13-1　例题 13-1 的自相关函数

自相关函数虽然十分重要,但要用计算来求得它却非常困难,只有一些简单的情况可以根据定义来导得。在一般情况下,样本函数无法表示为一已知函数,因此不能按定义进行积分;也

[①]　这个性质对实际应用中遇到的随机过程一定成立,但是从严格的数学意义上讲未必成立,可能存在一些反例。

不可能对过程的样本函数的集合取统计平均去求自相关函数,因为通常只能测得一个有限时间的样本函数。实用的测量自相关函数的办法是根据过程为各态历经的假定,首先观测并记录过程的一个必要时间长度的样本函数,再将此连续时间函数按需要进行抽样成为离散时间的序列,然后用数值计算的方法来求时间自相关函数中的积分。这样求得的时间自相关函数称为自相关函数的估计,可以用来近似地表示过程的自相关函数。上述数值计算的运算工作,可由一套包括延时器、乘法器和积分器的测量设备来完成。对于自相关函数的估计问题,本书不拟作进一步介绍,有兴趣的读者可参阅书末所列的参考书。

与自相关函数相近的还有一个自协方差函数(autoconvariance function),在式(13-12)中已经给出了其定义。如果随机过程的平均值等于零,则自协方差函数与自相关函数相等。所以对于例题 13-1,有

$$C_{XX}(\tau) = R_{XX}(\tau) = \frac{\sigma_A^2}{2}\cos(2\pi\tau)$$

其图形同样是图 13-1(a)。这个函数可以用于描述随机过程在不同时刻的两个点上的取样值的关联程度,也就是说,如果已经知道了 t 时刻样本的值,是否能确定(或大概确定)延时 τ 后的时间点 $t+\tau$ 上的值?或者说对该时间点的取值的估计有多大的把握。这里依然用例 13-1 来说明。假设已经知道 $t=0$ 时样本函数的值 $X(0)=1$,现在试图用这个信息来确定其他时间点上取值的大小。图 13-1(b)中画出了多条满足 $X(0)=1$ 的样本的波形。对比图 13-1 的(a)和(b)图,可以发现以下特点:

(1)在 $C_{XX}(\tau)$ 达到最大值 $\tau=0.5$、1、1.5…点上,各个样本的取值都是固定的,也就是说,通过 $X(0)=1$,可以完全确定 $X(0.5)$、$X(1)$、$X(1.5)$…时间点上的数值,或者换句话说,随机过程 $X(t)$ 在这些时间点上的取值有着很强的相关性。这个结论很容易从另外一个方面理解。虽然无法通过 $X(0)=1$ 这条信息来确定图 13-1(b)中的哪个样本是实际测量到的样本,但是有一点是可以肯定的:所有的样本都是周期为 1 的正弦函数。所以,通过 $X(0)=1$ 可以确定:样本在 0、1、2…信号周期的整数倍上的点上的取值一定也等于 1,而在 0.5、1.5、2.5…点上的取值一定等于-1。所以,可以通过随机过程 $X(t)$ 在 0 点的取值确定 0.5、1、1.5…点的取值。这个结论可以推广为:$X(t)$ 在 $t=t_0$ 点的取值与 $t_0+0.5$、t_0+1、$t_0+1.5$ 等点上的取值有很强的相关性。

(2)离开 0.5、1、1.5…点后,样本取值的离散性逐渐增加,这时预测的难度会相应加强。这时相应的 $C_{XX}(\tau)$ 的绝对值的大小也有所下降。

(3)$C_{XX}(\tau)$ 在 0.25、0.75、0.125、0.175…点上的取值等于零,而各个样本在这些点上的取值的离散性恰好最大。可以这样认为:对 $C_{XX}(\tau)$ 等于零的时延点上的数值无法进行预测。

综上所述,自协方差函数可以作为随机过程的不同时间点上的取值的关联性的衡量尺度。自协方差函数的绝对值越大,信号取值的关联性就越强。为了有一个统一的标准,可以用 $C_{XX}(0)$ 对自协方差函数进行归一化,得到自协方差系数(autocovariance coefficient)

$$\rho_{XX}(\tau) = \frac{C_{XX}(\tau)}{C_{XX}(0)} \tag{13-27}$$

并将它作为衡量关联性的标准。$|\rho(\tau)|$ 越大,数据取值的关联性就越强。当时间间隔 τ 满足 $|\rho(\tau)| = 1$ 时,两个时间点上的取值的关联性最强,数值可以相互确定;而时间间隔 τ 满足 $|\rho(\tau)| = 0$ 的两个时间点上的数据的关联性最弱,两个时间点上的取值几乎不相关。

如果随机过程的平均值为零,自相关函数和自协方差函数等价,这时自相关函数同样也可以用于判别各个时间点上信号的关联程度。这可能就是其名称"自相关函数"的来源,即它可以说明不同时间点上的数据"相互之间的关系"。但是如果平均值不等于零,就不行了。通过式(13-11)和式(13-12),可以推导出平稳随机过程的自相关函数和自协方差函数满足关系

$$C_{XX}(\tau) = R_{XX}(\tau) - \overline{X}^2 \tag{13-28}$$

也就是说必须从自相关函数中减去其平均值的平方以后才能够作为判定数据关联性的依据。读者可自行用下面的例子验证有关的结论

$$X(t) = A\cos(2\pi t + \Theta) + B$$

其中 B 是一个非零的常数,其他变量的含义同例题 13-1。

§13.5 互相关函数

自相关函数描述了同一个随机过程的两个时间点上的取值之间的相互关系。如果将这个概念推广到分别对应于两个不同的随机过程的两个时间点上的取值的相互关系,就引出了**互相关函数**(cross-correlation function)。在实际工作中,经常要考察几个随机信号施加于同一系统的情况或系统的输入和输出随机信号间的关系,这都要用到互相关函数的概念。

若有两个随机过程 $X(t)$ 和 $Y(t)$,这两个随机过程的互相关函数定义为

$$R_{XY}(t_1, t_2) = E[X(t_1)Y(t_2)] = \int_{-\infty}^{\infty}\int_{-\infty}^{\infty} x_1 y_2 p(x_1, y_2; t_1, t_2)\,\mathrm{d}x_1\mathrm{d}y_2 \tag{13-29}$$

其中 $p(x_1, y_2; t_1, t_2)$ 为随机变量 X_1 和 Y_2 分别在 t_1、t_2 时刻取值的联合概率密度函数,下标 1、2 表示所取变量的不同时刻 t_1、t_2。这两个时刻所对应的随机过程还可以交换,得到这两个随机过程的第二个互相关函数

$$R_{YX}(t_1, t_2) = E[Y(t_1)X(t_2)] = \int_{-\infty}^{\infty}\int_{-\infty}^{\infty} y_1 x_2 p(x_2, y_1; t_2, t_1)\,\mathrm{d}x_2\mathrm{d}y_1 \tag{13-30}$$

如果在两个过程中各取一样本函数,则还可以相应地定义两过程的两个**时间互相关函数**(time cross-correlation function):

$$\mathscr{R}_{XY}(\tau) = \lim_{T \to \infty} \frac{1}{2T} \int_{-T}^{T} x(t) y(t+\tau) \, dt \qquad (13-31)$$

$$\mathscr{R}_{YX}(\tau) = \lim_{T \to \infty} \frac{1}{2T} \int_{-T}^{T} y(t) x(t+\tau) \, dt \qquad (13-32)$$

对于两个随机过程,平稳、各态历经、统计独立等概念也都很重要。若随机过程 $X(t)$ 和 $Y(t)$ 各自都是广义平稳过程,且其互相关函数只是时间差 $\tau = t_2 - t_1$ 的函数而与 t_1, t_2 取何绝对时刻无关,则称 $X(t)$ 和 $Y(t)$ 是**联合广义平稳随机过程**(joint wide-sense stantionary random process)。这时各个互相关函数分别成为

$$R_{XY}(t, t+\tau) = E[X(t) Y(t+\tau)] = R_{XY}(\tau) \qquad (13-33)$$

$$R_{YX}(t, t+\tau) = E[Y(t) X(t+\tau)] = R_{YX}(\tau) \qquad (13-34)$$

若随机过程 $X(t)$ 和 $Y(t)$ 都是各态历经过程,且其时间互相关函数等于其统计互相关函数,即

$$R_{XY}(\tau) = \mathscr{R}_{XY}(\tau) \qquad (13-35)$$

则称 $X(t)$ 和 $Y(t)$ 是**联合各态历经**(joint ergodic)的。

两个随机变量统计独立的问题,已于 §12.8 中讨论过,此概念可以推广到两个随机过程间的统计独立。设有随机过程 $X(t)$ 和 $Y(t)$,若任意选择两组时间 t_1、t_2…、t_N 和 t_1'、t_2'、…、t_N',其相应的两个随机变量组 $X(t_1)$、$X(t_2)$、…、$X(t_N)$ 和 $Y(t_1')$、$Y(t_2')$、…、$Y(t_N')$ 的随机变量间均统计独立,则称过程 $X(t)$ 和 $Y(t)$ 是统计独立的。正如式(12-59)所示两个统计独立的随机变量的联合概率密度函数可以分解一样,两个随机过程若为统计独立,其联合密度函数亦可分解,即

$$P_{XY}(x_1, \cdots, x_N, y_1, \cdots, y_N; t_1, \cdots, t_N, t_1', \cdots, t_N')$$
$$= P_X(x_1, \cdots, x_N, t_1, \cdots, t_N) P_Y(y_1, \cdots, y_N, t_1', \cdots, t_N') \qquad (13-36)$$

因此,当两个随机过程统计独立而又是联合广义平稳时,其互相关函数成为

$$R_{XY}(\tau) = E[X(t)] E[Y(t+\tau)] = \overline{X}\,\overline{Y} = R_{YX}(\tau) \qquad (13-37)$$

此时,如果这两个过程的平均值中的一个为零或两个都为零,则互相关函数亦为零。互相关函数为零的两个过程称为**正交过程**(orthogonal process)。

互相关函数除了式(13-29)和式(13-30)等性质外,还有一些性质,下面只作简单介绍,不作证明:

(1) $R_{XY}(0) = R_{YX}(0)$,但此值无特殊意义,既不代表互相关函数的最大值,也不代表过程的方均值。

(2) $|R_{XY}(\tau)| \leqslant \sqrt{R_{XX}(0) R_{YY}(0)} \leqslant \frac{1}{2}[R_{XX}(0) + R_{YY}(0)]$。互相关函数的最大值可能出现在任何地方,但其值不会超过这两个过程自相关函数最大值的几何平均值和算术平均值。

(3) $R_{XY}(\tau) = R_{YX}(-\tau)$,这反映互相关函数本身虽然不一定是偶函数,但 $R_{XY}(\tau)$ 和 $R_{YX}(\tau)$ 关于原点相互对称。

互相关函数的一种应用是处理多个随机信号输入系统的问题。例如雷达系统发送一个信

号 $X(t)$，这信号经过目标反射再回到该系统的接收机，一方面延迟了一时间 τ_1，另一方面强度上亦大为减弱，所以接收到的信号为 $aX(t-\tau_1)$，这里 a 是一个甚小于 1 的系数。同时，雷达接收机输入端必然存在有噪声 $N(t)$，而且反射回的信号常常比噪声要弱得多。于是接收机的总输入为 $Y(t) = aX(t-\tau_1) + N(t)$。发送信号 $X(t)$ 与接收机总输入 $Y(t)$ 的互相关函数为

$$R_{XY}(\tau) = E[X(t)Y(t+\tau)] = E[aX(t)X(t+\tau-\tau_1) + X(t)N(t+\tau)]$$
$$= aR_{XX}(\tau-\tau_1) + R_{XN}(\tau)$$

一般情况下发送的信号和噪声是统计独立的，且信号和噪声的平均值都为零。所以互相关函数 $R_{XN}(\tau) = 0$。于是得

$$R_{XY}(\tau) = aR_{XX}(\tau-\tau_1)$$

上式右边自相关函数 $R_{XX}(\tau-\tau_1)$ 在 $\tau-\tau_1 = 0$ 时为最大，也就是说 $R_{XY}(\tau)$ 将在 $\tau = \tau_1$ 处达到最大值。所以，只要调节 τ 值使测得的互相关函数 $R_{XY}(\tau)$ 为最大，就可以得到 τ_1，经过换算就可由 τ 求得雷达所测目标的距离。当然在实际应用中不可能直接计算统计平均值 R_{XY}，而是假设信号是各态遍历的，转而通过时间平均求出 $\mathscr{R}_{XY}(\tau)$，用它代替 $R_{XY}(\tau)$ 进行判断。

例题 13-2 两个随机过程分别定义为

$$X(t) = a\cos(\omega_c t + \Theta), \quad Y(t) = b\sin(\omega_c t + \Theta)$$

其中 a、b、ω_c 均为常数，Θ 为在 0 至 2π 间作均匀分布的随机变量。求互相关函数 $R_{XY}(\tau)$ 和 $R_{YX}(\tau)$。

解：
$$R_{XY}(\tau) = E[X(t)Y(t+\tau)] = E[a\cos(\omega_c t + \Theta)b\sin(\omega_c t + \omega_c \tau + \Theta)]$$
$$= E\left[\frac{ab}{2}\sin(\omega_c \tau) + \frac{ab}{2}\sin(2\omega_c t + \omega_c \tau + 2\Theta)\right]$$
$$= E\left[\frac{ab}{2}\sin(\omega_c \tau)\right] + E\left[\frac{ab}{2}\sin(2\omega_c t + \omega_c \tau + 2\Theta)\right]$$
$$= \frac{ab}{2}\sin(\omega_c \tau)$$

同理可得

$$R_{YX}(\tau) = -\frac{ab}{2}\sin(\omega_c \tau)$$

这结果印证了前述性质(3)。

§13.6 功率谱密度

在分析确定信号通过线性系统时，都同时可以方便地采用时域或频域的分析方法。因此，人们自然会想到，在分析随机信号通过线性系统时，除了利用本章前述的时域特性外，随机过程

是否也有相应的频域特性? 是否也可以用巧妙的变换方法去作线性系统的分析? 回答是肯定的。从直观上说,不论确定信号和随机信号都应包含有自己的一定的频率分量。而且可以设想,与确定信号相似,变化迅速的随机信号也将具有较宽的频带,变化缓慢的则频带较窄。但是,由于随机信号的特点,不能直接搬用适合于确定信号的方法,而必须作一些变化,以建立随机过程的时域特性和频域特性间的关系。

随机过程与确定性信号有着不同的特点,这些特点带来了一些限制,使得确定性信号的傅里叶变换不可能直接应用到随机过程上。例如,要对时间函数 $f(t)$ 进行傅里叶变换,该时间函数必须符合绝对可积条件。当 $f(t)$ 是确定的非周期函数时,此条件即为

$$\int_{-\infty}^{\infty} |f(t)| \, \mathrm{d}t < \infty$$

但是对于随机过程,此条件一般都不能满足。一个平稳随机过程是在时间上无始无终地向正负方向无限延伸的函数集合,若以其中一个样本函数 $x(t)$ 取绝对值 $|x(t)|$ 进行积分,则积分值将无限趋大。如果直接应用第三章的傅里叶变换公式来求随机过程的频谱,这个变换一般将不存在。不仅如此,即使取有限时间区间,从 $-T$ 到 $+T$ 进行积分,得到傅里叶变换

$$X_T(\mathrm{j}\omega) = \int_{-T}^{T} x(t) \mathrm{e}^{-\mathrm{j}\omega t} \mathrm{d}t$$

因为这里出现的样本函数 $x(t)$ 是随机的,所以在 ω 为某定值时,$X_T(\mathrm{j}\omega)$ 也是一个不确定的值,它也是一个随机变量,它的各统计平均量值一般很难计算。这样,将随机过程分解为各种频率的正弦分量也就难以做到。

虽然不能对随机过程直接求傅里叶变换,但由于平稳随机过程的平均功率总是存在的,若将 $x(t)$ 的平均功率进行频率分解,不但是可能而且是有效的变换方法,从工程观点看,也完全能适应需要。这种分解所得的是**功率谱密度**(power spectrum density),或简称**功率谱**(power spectrum)。

现在先来定义随机过程的功率谱密度,实际上,这只是将第三章中讨论过的帕塞瓦尔定理在随机过程中推广应用。

令 $x_T(t)$ 是从随机过程 $X(t)$ 的样本函数 $x(t)$ 截取一部分所形成的函数,定义为

$$x_T(t) = \begin{cases} x(t) & -T < t < T \\ 0 & \text{其他 } t \text{ 值} \end{cases} \tag{13-38}$$

当 T 值有限时,$x_T(t)$ 绝对可积。当 $T \to \infty$ 时,$x_T(t) \to x(t)$。取 $x_T(t)$ 的傅里叶积分

$$X_T(\mathrm{j}\omega) = \int_{-\infty}^{\infty} x_T(t) \mathrm{e}^{-\mathrm{j}\omega t} \mathrm{d}t = \int_{-T}^{T} x(t) \mathrm{e}^{-\mathrm{j}\omega t} \mathrm{d}t \tag{13-39}$$

根据帕塞瓦尔定理,$x_T(t)$ 的能量为

$$W = \int_{-\infty}^{\infty} x_T^2(t) \mathrm{d}t = \int_{-T}^{T} x^2(t) \mathrm{d}t = \frac{1}{2\pi} \int_{-\infty}^{\infty} |X_T(\mathrm{j}\omega)|^2 \mathrm{d}\omega$$

对于时间间隔 $[-T, T]$ 取上式的时间平均值,得 $x(t)$ 在此时段的平均功率

$$P_T = \frac{1}{2T} \int_{-\infty}^{\infty} x_T^2(t)\,\mathrm{d}t = \frac{1}{2T} \int_{-T}^{T} x^2(t)\,\mathrm{d}t$$

$$= \frac{1}{2\pi} \int_{-\infty}^{\infty} \frac{|X_T(\mathrm{j}\omega)|^2}{2T}\,\mathrm{d}\omega \tag{13-40}$$

但此平均功率只是由样本函数的一段得出,在 $T\to\infty$ 之前,它不能代表整个样本函数的平均功率;而且如前所述,$x(t)$ 只是过程中随机出现的一个样本函数,因此此 P_T 是一随机变量。由此可见,欲求随机过程 $X(t)$ 的平均功率 P_{XX},则应求式(13-40)的统计平均值,并求 $T\to\infty$ 的极限值,即

$$P_{XX} = \lim_{T\to\infty} E[P_T] = \lim_{T\to\infty} E\left\{ \frac{1}{2T} \int_{-T}^{T} X^2(t)\,\mathrm{d}t \right\}$$

$$= \lim_{T\to\infty} \frac{1}{2T} \int_{-T}^{T} E\{X^2(t)\}\,\mathrm{d}t \tag{13-41a}$$

$$= \frac{1}{2\pi} \int_{-\infty}^{\infty} \lim_{T\to\infty} \frac{E[|X_T(\mathrm{j}\omega)|^2]}{2T}\,\mathrm{d}\omega \tag{13-41b}$$

式(13-41a)中的时间积分部分实为取 $E[X^2(t)]$ 的时间平均值。当 $X(t)$ 为广义平稳随机过程时,$E[X^2(t)] = \overline{X^2}$ 为一常数,于是得

$$P_{XX} = \lim_{T\to\infty} \frac{1}{2T} \int_{-T}^{T} E[X^2(t)]\,\mathrm{d}t = \lim_{T\to\infty} \frac{1}{2T} \int_{-T}^{t} \overline{X^2}\,\mathrm{d}t = \overline{X^2} \tag{13-42}$$

此式说明,平稳随机过程的平均功率即为该过程的方均值。由式(13-41b),过程的平均功率还可由频域积分得到。若将此频域积分的被积函数定义为**随机过程 $X(t)$ 的功率谱密度** $S_{XX}(\omega)$,即

$$S_{XX}(\omega) = \lim_{T\to\infty} \frac{E[|X_T(\mathrm{j}\omega)|^2]}{2T} \tag{13-43}$$

代入(13-41b),则有

$$P_{XX} = \frac{1}{2\pi} \int_{-\infty}^{\infty} S_{XX}(\omega)\,\mathrm{d}\omega = \int_{-\infty}^{\infty} S_{XX}(2\pi f)\,\mathrm{d}f = \overline{X^2} \tag{13-44}$$

由此式可以看出,功率密度是单位频率(1 Hz)内信号的功率,这个随频率变化的功率函数就是功率谱。这里要指出,在式(13-41b)和式(13-43)中应先取统计平均值,然后再取 $T\to\infty$ 的极限,其次序不能反过来。

随机过程的功率谱密度函数在线性系统分析中的重要作用,和确定信号的频谱密度函数相当,只是前者代表功率频谱密度,而后者代表电压或电流频谱密度。这种功率谱也有一频带宽度,作为功率分布于各频率中分散程度的度量。和第三章中讨论确定信号的情况一样,功率谱带宽亦可有各种定义方法。例如,按照功率谱的形状,有的可以取谱密度下降若干分贝的频率,有的可以取谱密度曲线第一次降为零点的频率,等等。还有一种是所谓的**方均根带宽**,它是根据标准差的概念按功率谱中各频率分量对于零频率或中心频率的方均根偏离而定义的。另一

种是**等效功率谱带宽**,它是根据用高度为 $S_{XX}(0)$、宽度为二倍带宽的矩形面积与功率谱积分面积相等的概念而定义的。比较各种典型随机信号的功率谱的带宽,就可以选择带宽较窄的函数作为信息传输用的信号波形,例如升余弦脉冲、高斯脉冲的带宽都较窄。

随机过程的功率谱具有以下一些一般性质:

(1) $S_{XX}(\omega)$ 为频率的实函数,且其值大于等于零。这可用式(13-43)的定义直接证明。

(2) $S_{XX}(\omega)$ 为频率的偶函数,即 $S_{XX}(-\omega)=S_{XX}(\omega)$。这也可由式(13-43)证明。

(3) $\dfrac{1}{2\pi}\displaystyle\int_{-\infty}^{\infty}S_{XX}(\omega)\mathrm{d}\omega=A\{E[X^2(t)]\}$。对于平稳随机过程,它们又都等于 $\overline{X^2}$。这可由式(13-42)和式(13-44)看出。

最后,再来简单说明一下**互功率谱密度**(cross-power spectrum density),它是考虑到例如线性系统的输入和输出等有两个相关的随机过程而定义的。如果 $X_T(\mathrm{j}\omega)$ 和 $Y_T(\mathrm{j}\omega)$ 分别是过程 $X(t)$ 和 $Y(t)$ 的样本函数截取一部分 $x_T(t)$ 和 $y_T(t)$ 的傅里叶变换,则可定义两过程的两个互功率谱密度为

$$S_{XY}(\omega)=\lim_{T\to\infty}\frac{E[X_T^*(\mathrm{j}\omega)\cdot Y_T(\mathrm{j}\omega)]}{2T} \tag{13-45a}$$

$$S_{YX}(\omega)=\lim_{T\to\infty}\frac{E[Y_T^*(\mathrm{j}\omega)\cdot X_T(\mathrm{j}\omega)]}{2T} \tag{13-45b}$$

式中 * 表示共扼。互功率谱密度不一定是 ω 的实函数和偶函数,也不一定不出现负值。它们有下列一般性质:

(1) $S_{XY}(\omega)=S_{YX}(-\omega)=S_{YX}^*(\omega)$。

(2) $\mathrm{Re}[S_{XY}(\omega)]$ 和 $\mathrm{Re}[S_{YX}(\omega)]$ 都是 ω 的偶函数。

(3) $\mathrm{Im}[S_{XY}(\omega)]$ 和 $\mathrm{Im}[S_{YX}(\omega)]$ 都是 ω 的奇函数。

由随机过程样本函数的一部分求傅里叶变换,再根据式(13-43)或式(13-45a)和式(13-45b)的定义求功率谱密度,运算冗繁,完整的样本函数的傅里叶变换往往根本不存在,而取样本函数的一段进行变换则与实际情况常相去甚远。而且,样本函数在多数情况下只能观测到一个,也无法作集合的平均。事实上,功率谱并不是由上述各式定义求取,而是由对相关函数进行傅里叶变换得到的。相关函数和功率谱间的变换关系将在下节研究。

在某种特定的简单情况下,从样本函数求功率谱及平均功率也是可能的(见例题13-3)。功率谱常可由测量得到,关于功率谱的测量和估计问题,是专门课程的内容,本书将不作具体介绍。

例题 13-3　一随机过程

$$X(t)=a\cos(\omega_c t+\Theta)$$

其中 a 和 ω_c 是实常数,Θ 是在间隔 $[0,2\pi]$ 内作均匀分布的随机变量。试求功率谱及平均功率。

解: 本题的样本函数的傅里叶变换是存在的,故可先求 $X_T(\mathrm{j}\omega)$

$$X_T(\mathrm{j}\omega) = \int_{-T}^{T} a\cos(\omega_c t + \Theta)\,\mathrm{e}^{-\mathrm{j}\omega t}\mathrm{d}t$$

$$= \frac{a}{2}\mathrm{e}^{\mathrm{j}\Theta}\int_{-T}^{T}\mathrm{e}^{\mathrm{j}(\omega_c-\omega)t}\mathrm{d}t + \frac{a}{2}\mathrm{e}^{-\mathrm{j}\Theta}\int_{-T}^{T}\mathrm{e}^{-\mathrm{j}(\omega_c+\omega)t}\mathrm{d}t$$

$$= aT\mathrm{e}^{\mathrm{j}\Theta}\frac{\sin(\omega-\omega_c)T}{(\omega-\omega_c)T} + aT\mathrm{e}^{-\mathrm{j}\Theta}\frac{\sin(\omega+\omega_c)T}{(\omega+\omega_c)T}$$

然后求 $|X_T(\mathrm{j}\omega)|^2$，再求它的统计平均值。略去代数运算过程，可得

$$\frac{E[|X_T(\mathrm{j}\omega)|^2]}{2T} = \frac{a^2\pi}{2}\left\{\frac{T}{\pi}\mathrm{Sa}^2[(\omega-\omega_c)T] + \frac{T}{\pi}\mathrm{Sa}^2[(\omega+\omega_c)T]\right\}$$

式中 $\mathrm{Sa}(\cdot)$ 为第三章中所定义的取样函数。

最后，令 $T\to\infty$。已知[1]

$$\lim_{T\to\infty}\frac{T}{\pi}\mathrm{Sa}^2[(\omega-\omega_0)T] = \delta(\omega-\omega_0)$$

于是由式(13-43)得功率谱密度函数

$$S_{XX}(\omega) = \frac{a^2\pi}{2}[\delta(\omega-\omega_c)+\delta(\omega+\omega_c)]$$

即此功率谱是在频率 $\pm\omega_c$ 处各有一强度为 $\dfrac{a^2\pi}{2}$ 的冲激函数。当然，这样的频谱特性原是在意料中的。

利用式(13-44)，可求此随机过程的平均功率为

$$P_{XX} = \frac{1}{2\pi}\int_{-\infty}^{\infty}S_{XX}(\omega)\mathrm{d}\omega$$

$$= \frac{1}{2\pi}\cdot\frac{a^2\pi}{2}\int_{-\infty}^{\infty}[\delta(\omega-\omega_c)+\delta(\omega+\omega_c)]\mathrm{d}\omega$$

$$= \frac{a^2}{2}$$

它还可以用式(13-35)求统计方均值的时间平均值来校核，即

$$P_{XX} = A\{E[X^2(t)]\} = \overline{X^2}$$

§13.7　功率谱密度函数与相关函数的关系

随机过程由于其本身的特性，它的时域和频域关系，不像确定信号那样表示为信号的时间

---

[1]　参阅 B. P.拉斯著，路卢正译，《通信系统》§1.10，国防工业出版社，1976。

函数与其傅里叶变换的关系。由§13.3,过程的自相关函数是样本函数中时间间隔为τ的两个函数值乘积的统计平均值;由上节,过程的功率谱密度则是样本函数的傅里叶变换的模平方的统计平均值。因此,从直观上可以预期两者间存在着某种关系。后面将要看到,它们正是一傅里叶变换对,代表着随机过程的时域和频域的关系。

由式(13-43)右边等式并考虑到现在$X_T(\mathrm{j}\omega)$是随机过程$X(t)$在时间间隔$[-T,T]$内的过程$X_T(t)$的傅里叶变换,则可有

$$S_{XX}(\omega) = \lim_{T\to\infty} \frac{E[\,|\,X_T(\mathrm{j}\omega)\,|^{\,2}\,]}{2T} = \lim_{T\to\infty} \frac{E[\,X_T^*(\mathrm{j}\omega)X_T(\mathrm{j}\omega)\,]}{2T}$$

$$= \lim_{T\to\infty} \frac{1}{2T} E\Big[\int_{-T}^{T} X_T(t_1)\,\mathrm{e}^{\mathrm{j}\omega t_1}\mathrm{d}t_1 \int_{-T}^{T} X_T(t_2)\,\mathrm{e}^{-\mathrm{j}\omega t_2}\mathrm{d}t_2\Big]$$

式中t_1和t_2是用来区别积分变量的,使在后面的推演中不致发生混淆。将上式改写成重积分,并变更积分和取统计平均的次序,则得

$$S_{XX}(\omega) = \lim_{T\to\infty} \frac{1}{2T} E\Big[\int_{-T}^{T}\int_{-T}^{T} \mathrm{e}^{-\mathrm{j}\omega(t_2-t_1)} X_T(t_1)X_T(t_2)\,\mathrm{d}t_2\mathrm{d}t_1\Big]$$

$$= \lim_{T\to\infty} \frac{1}{2T} \int_{-T}^{T}\int_{-T}^{T} \mathrm{e}^{-\mathrm{j}\omega(t_2-t_1)} E[\,X_T(t_1)X_T(t_2)\,]\,\mathrm{d}t_2\mathrm{d}t_1 \tag{13-46}$$

考虑到当$|\,t\,|>T$时,$X_T(t)=0$,所以

$$E[\,X_T(t_1)X_T(t_2)\,] = \begin{cases} R_{XX}(t_1,t_2) & |\,t_1\,|,\,|\,t_2\,|<T \\ 0 & 其他 \end{cases}$$

故可以将式(13-46)中的关于变量t_2的上下限改为正负无穷大而不影响结果,由此可得

$$S_{XX}(\omega) = \lim_{T\to\infty} \frac{1}{2T} \int_{-T}^{T}\int_{-\infty}^{\infty} \mathrm{e}^{-\mathrm{j}\omega(t_2-t_1)} E[\,X_T(t_1)X_T(t_2)\,]\,\mathrm{d}t_2\mathrm{d}t_1$$

对积分变量t_2进行代换,令$\tau=t_2-t_1$,代入上式,可得

$$S_{XX}(\omega) = \lim_{T\to\infty} \frac{1}{2T} \int_{-T}^{T}\int_{-\infty}^{\infty} \mathrm{e}^{-\mathrm{j}\omega\tau} E[\,X_T(t_1)X_T(t_1+\tau)\,]\,\mathrm{d}\tau\mathrm{d}t_1$$

$$= \int_{-\infty}^{+\infty} \lim_{T\to\infty} \Big\{\frac{1}{2T}\int_{-T}^{T} E[\,X_T(t_1)X_T(t_1+\tau)\,]\,\mathrm{d}t_1\Big\} \mathrm{e}^{-\mathrm{j}\omega\tau}\mathrm{d}\tau$$

当$T\to\infty$时,$E[\,X_T(t_1)X_T(t_1+\tau)\,]\to R_{XX}(t_1,t_1+\tau)$。如果$X(t)$又是平稳随机过程,自相关函数只与其时间差有关,即$R_{XX}(t_1,t_1+\tau)=R_{XX}(\tau)$,则

$$S_{XX}(\omega) = \int_{-\infty}^{\infty} \lim_{T\to\infty} \Big\{\frac{1}{2T}\int_{-T}^{T} R_{XX}(\tau)\,\mathrm{d}t_1\Big\} \mathrm{e}^{-\mathrm{j}\omega\tau}\mathrm{d}\tau = \int_{-\infty}^{+\infty} R_{XX}(\tau)\,\mathrm{e}^{-\mathrm{j}\omega\tau}\mathrm{d}\tau \tag{13-47}$$

此式说明,平稳随机过程的功率谱密度是过程的自相关函数的傅里叶变换。这个关系称为**维纳-欣钦定理**(Wiener-Khinchine theorem),它是随机过程分析中非常有用的重要公式。有时也用式(13-47)作随机过程功率谱的定义,以代替式(13-43)的定义。由于傅里叶变换的唯一性,所以$R_{XX}(\tau)$是$S_{XX}(\omega)$的傅里叶反变换,即

$$R_{XX}(\tau)=\mathscr{F}^{-1}\{S_{XX}(\omega)\} \tag{13-48}$$

或

$$R_{XX}(\tau)\leftrightarrow S_{XX}(\omega) \tag{13-49}$$

如果考虑到 $e^{-j\omega t}=\cos(\omega t)-j\sin(\omega t)$ 和 $e^{j\omega t}=\cos(\omega t)+j\sin(\omega t)$ 以及 $R_{XX}(\tau)$ 和 $S_{XX}(\omega)$ 的偶对称性,可以将上述正反变换式分别改写为

$$S_{XX}(\omega)=2\int_0^\infty R_{XX}(\tau)\cos(\omega\tau)\,d\tau \tag{13-50}$$

$$R_{XX}(\omega)=\frac{1}{\pi}\int_0^\infty S_{XX}(\omega)\cos(\omega\tau)\,d\omega \tag{13-51}$$

同在确定信号时的情况一样,上述时域和频域间的傅里叶正反变换也可推广为时域和复频域间的拉普拉斯变换。但要注意,平稳随机过程的自相关函数是时间向正负方向无限延伸的,所以这里必须应用双边拉普拉斯变换。这样,相应的变换对为

$$S_{XX}(s)=\int_{-\infty}^\infty R_{XX}(\tau)e^{-s\tau}\,d\tau=\mathscr{F}\{R_{XX}(\tau)\} \tag{13-52}$$

$$R_{XX}(\tau)=\frac{1}{2\pi j}\int_{-j\infty}^{j\infty} S_{XX}(s)e^{s\tau}\,ds=\mathscr{F}^{-1}\{S_{XX}(s)\} \tag{13-53}$$

对于两个联合广义平稳的随机过程 $X(t)$ 和 $Y(t)$,可以用与上面类似的方法,推演其互功率谱密度和互相关函数的关系。这里略去推演,只列出结果如下:

$$S_{XY}(\omega)=\int_{-\infty}^\infty R_{XY}(\tau)e^{-j\omega\tau}\,d\tau=\mathscr{F}\{R_{XY}(\tau)\} \tag{13-54}$$

$$R_{XY}(\tau)=\frac{1}{2\pi}\int_{-\infty}^\infty S_{XY}(\tau)e^{j\omega\tau}\,d\omega=\mathscr{F}^{-1}\{S_{XY}(\omega)\} \tag{13-55}$$

$$S_{YX}(\omega)=\int_{-\infty}^\infty R_{YX}(\tau)e^{-j\omega\tau}\,d\tau=\mathscr{F}\{R_{YX}(\tau)\} \tag{13-56}$$

$$R_{YX}(\tau)=\frac{1}{2\pi}\int_{-\infty}^\infty S_{YX}(\tau)e^{-j\omega\tau}\,d\omega=\mathscr{F}^{-1}\{S_{YX}(\omega)\} \tag{13-57}$$

功率谱密度和相应的相关函数分别形成了各个傅里叶变换对,因此本书第三章中的基本概念和不少具体的函数变换,这里都同样适用。作为时域和频域间这种关系的最重要应用,是分析线性系统对随机过程响应的问题。这种分析方法,将在下一章讨论。这里要指出的是,相关函数与平均功率都是一些平均量值,正是采用了平均的办法,才避开了难以捉摸的随机性带来的困难。这就是处理随机过程问题的基本思想和基本方法。

例题 13-4 一随机过程 $Z(t)$ 为另外两个随机过程 $X(t)$ 和 $Y(t)$ 之和。求 $Z(t)$ 的自相关函数。问此合成过程的功率谱密度与两个分量过程的功率谱密度的关系为何,各过程的平均功率间关系又为何?

解:已知随机过程 $Z(t)=X(t)+Y(t)$,则此过程的自相关函数为

$$R_{ZZ}(t,t+\tau)=E[Z(t)Z(t+\tau)]=E[(X(t)+Y(z))(X(t+\tau)+Y(t+\tau))]$$

$$= R_{XX}(t, t+\tau) + R_{YY}(t, t+\tau) + R_{XY}(t, t+\tau) + R_{YX}(t, t+\tau)$$

此结果中前两项为 $X(t)$ 和 $Y(t)$ 各自的自相关函数,后两项为互相关函数。如果 $X(t)$、$Y(t)$ 是联合平稳过程,则

$$R_{ZZ}(\tau) = R_{XX}(\tau) + R_{YY}(\tau) + R_{XY}(\tau) + R_{YX}(\tau)$$

对上等式两边进行傅里叶变换,可得过程 $Z(t)$ 的功率谱密度

$$\begin{aligned} S_{ZZ}(\omega) &= S_{XX}(\omega) + S_{YY}(\omega) + S_{XY}(\omega) + S_{YX}(\omega) \\ &= S_{XX}(\omega) + S_{YY}(\omega) + S_{XY}(\omega) + S_{YX}^{*}(\omega) \\ &= S_{XX}(\omega) + S_{YY}(\omega) + 2 \cdot \operatorname{Re}\{S_{XY}(\omega)\} \end{aligned}$$

由此可见,合成过程的功率谱中包含四个分量,前两个分量分别是分量过程 $X(t)$ 和 $Y(t)$ 的功率谱,后两个分量是互功率谱。

若按式(13-44)求合成过程的平均功率,可得

$$P_{ZZ} = P_{XX} + P_{YY} + P_{XY} + P_{YX} = P_{XX} + P_{YY} + 2P_{XY}$$

其中前两项分别是过程 $X(t)$ 和 $Y(t)$ 的平均功率,后两项是互功率。因为 $S_{XY}(\omega) = S_{YX}(-\omega)$,所以 $P_{XX} = P_{YX}$。两个过程相加后合成过程的平均功率,除了两个过程各自的平均功率外,还因二者相关而产生了互功率 $2P_{XY}$。如二过程成正交,则两个互相关函数均为零,因而互功率谱和互功率亦均为零,于是 $P_{ZZ} = P_{XX} + P_{YY}$。

§13.8 常见随机过程

按照其概率分布或功率谱等特性,可以将随机过程分成各种不同的种类,分别冠以不同的名称。这里简略介绍常见的**高斯随机过程**及**白噪声**的一些概念。

1. 高斯随机过程(Gaussian random process)

正如正态分布的随机变量是实际应用中最常见的随机变量一样,正态分布的随机过程也是实际应用中最常见的随机过程。为了定义正态分布随机过程,首先将上一章中的两个随机变量联合高斯分布概率密度函数式(12-72)扩展为任意 N 个随机变量联合高斯分布概率密度函数

$$p(x_1, x_2, \cdots, x_N) = \frac{1}{(2\pi)^{N/2} |\boldsymbol{\Lambda}|^{1/2}} e^{-\frac{1}{2}(\boldsymbol{x}-\overline{\boldsymbol{X}})^{\mathrm{T}} \boldsymbol{\Lambda}^{-1}(\boldsymbol{x}-\overline{\boldsymbol{X}})} \tag{13-58}$$

等式右边涉及的各个矢量定义为

$$\boldsymbol{X} = \begin{bmatrix} X_1 \\ X_2 \\ \vdots \\ X_N \end{bmatrix}, \boldsymbol{x} = \begin{bmatrix} x_1 \\ x_2 \\ \vdots \\ x_N \end{bmatrix}, \overline{\boldsymbol{X}} = \begin{bmatrix} \overline{X}_1 \\ \overline{X}_2 \\ \vdots \\ \overline{X}_N \end{bmatrix}$$

$$\boldsymbol{\Lambda} = E\{(\boldsymbol{X} - \overline{\boldsymbol{X}})(\boldsymbol{X} - \overline{\boldsymbol{X}})^{\mathrm{T}}\} = \begin{bmatrix} C_{11} & C_{12} & \cdots & C_{1N} \\ C_{21} & C_{22} & \cdots & C_{2N} \\ \vdots & \vdots & \ddots & \vdots \\ C_{N1} & C_{N2} & \cdots & C_{NN} \end{bmatrix} \tag{13-59}$$

其中 $\boldsymbol{X}$ 是由 N 个随机变量 X_1、X_2、$\cdots$、X_N 构成的随机变量矢量，$\overline{\boldsymbol{X}}$ 为随机变量矢量的平均值；$\boldsymbol{\Lambda}$ 是协方差矩阵，其 i 行 j 列元素 C_{ij} 为第 i 个随机变量 X_i 与第 j 个随机变量 X_j 的协方差，如果 $i = j$，则该元素也等于第 i 个随机变量 X_i 的方差 σ_i^2。从式（13-58）中，可以看到，如果确定了平均值矢量 $\overline{\boldsymbol{X}}$ 和协方差矩阵 $\boldsymbol{\Lambda}$，就可以得到联合高斯分布的概率密度函数。

现在可以很方便地定义高斯随机过程了。一个随机过程 $X(t)$，如果对于任一个 N 值的任一组 t_1、t_2、$\cdots$、t_N 值，其相应的 N 个随机变量 $X(t_1)$、$X(t_2)$、$\cdots$、$X(t_N)$ 的 N 阶联合密度函数为高斯型，则称 $X(t)$ 称为高斯（或正态）随机过程。其 N 阶概率密度函数为

$$p(x_1, x_2, \cdots, x_N; t_1, t_2, \cdots, t_N) = \frac{1}{(2\pi)^{N/2} |\boldsymbol{\Lambda}|^{1/2}} e^{-\frac{1}{2}(x-\overline{x})^{\mathrm{T}} \boldsymbol{\Lambda}^{-1}(x-\overline{x})} \tag{13-60}$$

其中有关矩阵为

$$\boldsymbol{X} = \begin{bmatrix} X(t_1) \\ X(t_2) \\ \vdots \\ X(t_N) \end{bmatrix}, \overline{\boldsymbol{X}} = \begin{bmatrix} \overline{X(t_1)} \\ \overline{X(t_2)} \\ \vdots \\ \overline{X(t_N)} \end{bmatrix}$$

$$\boldsymbol{\Lambda} = E\{(\boldsymbol{X} - \overline{\boldsymbol{X}})(\boldsymbol{X} - \overline{\boldsymbol{X}})^{\mathrm{T}}\} = \begin{bmatrix} C_{XX}(t_1, t_1) & C_{XX}(t_1, t_2) & \cdots & C_{XX}(t_1, t_N) \\ C_{XX}(t_2, t_1) & C_{XX}(t_2, t_2) & \cdots & C_{XX}(t_2, t_N) \\ \vdots & \vdots & \ddots & \vdots \\ C_{XX}(t_N, t_1) & C_{XX}(t_N, t_2) & \cdots & C_{XX}(t_N, t_N) \end{bmatrix} \tag{13-61}$$

所以，由平均值矢量 $\overline{\boldsymbol{X}}$ 和协方差矩阵 $\boldsymbol{\Lambda}$，同样可以确定高斯型随机过程的概率密度分布函数。

联合密度函数为高斯型的一组随机变量还有一个重要的性质，就是将这些随机变量经过线性变换后得到的另一组随机变量依然是高斯分布的。这一性质说明，一个高斯过程施加于线性系统后，仍将输出一个高斯过程。这样就使线性系统分析变得较为简易。

2. 白噪声（white noise）

在信号传输过程中除有用信号外的一切不需要的信号和干扰都可称为噪声（noise）。但通常，噪声是指随机产生的各种干扰。其中有一些是人为的，如荧光灯和某些电气设备在工作时发出的电磁干扰；还有一些非人为的，如自然界的雷电和宇宙辐射的干扰，以及电子设备本身的元器件中由电子等的无序运动而产生的起伏噪声。起伏噪声包括**热噪声**（thermal noise）和**散粒**

噪声(shot noise),它们分别由电阻中电子的随机热运动,半导体器件中载流子的随机产生、扩散和复合,以及电子器件中电子的随机发射等原因而发生。

各种噪声按其不同的发生机制而有不同的特性。这里不准备广泛地讨论各种不同特性的噪声,只考虑一种在很宽的频带上密度函数保持一常数的那种噪声,称为**白噪声**。最典型的白噪声是电阻热噪声,它是由导电媒质中的电子热运动引起的起伏电压,一个电阻就是一个噪声源。在二十年代时,就已有人从理论和实验求得温度为 T(单位:K)、阻值为 R(单位:Ω)的电阻的噪声起伏电压的方均值(V^2)为

$$\overline{V^2} = 4kTRB \qquad (13\text{-}62)$$

其中 k 为玻尔兹曼常数(1.38×10^{-23} J/K),B 代表测量设备的带宽(Hz)。由于热噪声是平稳随机过程,式(13-62)的方均值即表示此有限频带 B 内的噪声功率,因此相应的功率谱密度即为

$$S_{VV}(\omega) = \frac{4kTRB}{2B} = 2kTR \qquad (13\text{-}63)$$

此式表示,热噪声的功率谱密度仅由温度 T 和电阻 R 决定,而不随频率变化。这种频谱为一常数的性质,可以到频率高达 10^{13} Hz 量级还能成立。散粒噪声也有类似的常数谱密度的性质,但只有在频率低于 100 MHz 的范围内成立。当频率分别超过上述各高限时,热噪声和散粒噪声的功率谱的值都开始下降。

白噪声过程(或简称**白噪声**)就是用于特指具有这样一种特性的随机过程,这种随机过程的功率谱密度在所有的频率上都是一常数,即

$$S_{NN}(\omega) = N_0[1] \qquad -\infty < \omega < +\infty \qquad (13\text{-}64)$$

取此式的博里叶反变换,即得白噪声过程的自相关函数

$$R_{NN}(\tau) = N_0 \delta(\tau) \qquad (13\text{-}65)$$

白噪声一定是一个平均值等于零的随机过程。因为如果这个随机过程的平均值不等于零,在相关函数 R_{NN} 中就会出现直流分量,相应的功率谱中在 $\omega = 0$ 处将会出现冲激,这与式(13-65)不符。从式(13-65)还可以看出,当 $\tau \neq 0$ 时,$R_{NN}(\tau) = 0$,即白噪声随机过程的任意两个不同的时间点上的取值是不相关的。

白噪声过程的自相关函数和功率谱密度如图 13-2 所示。"白噪声"这一名称是借用了光学中的概念。白色光的光谱中包含了所有可见光分量,而这里的噪声也包含所有的频率分量,两者非常相似。如果在白光的光谱中去除一些分量,或将某些分量的大小改变,则光就会呈现出一定的颜色,不再是白色的。同样,如果噪声的功率谱中不再含有各个频率分量,或各个频率分量的大小不相等,这样的噪声则称为**有色噪声**(colored noise),或简称**色噪声**。

实际上,真正的白噪声这种过程并不存在,因为如果将式(13-64)的谱密度从频率 $-\infty$ 到 ∞ 积分,可以计算出白噪声信号的功率为无限大,这在物理上是不可能的。所以白噪声是一个理

---

① 也有教材上定义为:$S_{NN}(\omega) = N_0/2$。这时 N_0 对应于单边功率谱强度。

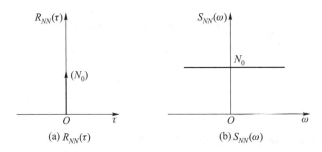

图 13-2 白噪声过程的自相关函数和功率谱密度

想化的模型。但是这一概念在线性系统的分析中却是至为重要的,因为在很多情况下白噪声可以简化分析计算的复杂性程度,而且在实际应用中,不论是热噪声或是散粒噪声,当它们通过一个线性系统时,只要这些噪声信号保持常数功率谱的带宽远大于系统的通频带,那么都可以将这些噪声看成是白噪声。这样,在计算系统的输出时就会大大简化而不致引入明显的误差。尤其是热噪声,在通常的应用场合(在不涉及光波频率的领域),它的性质是很接近白噪声的。因此,热噪声和白噪声这两词也常可通用。

一个白噪声同时也可以是高斯型的随机过程,这时其 N 阶概率密度函数满足式(13-60),同时其功率谱密度函数满足式(13-64)。这种白噪声被称为**高斯白噪声**(Gaussian white noise)。这种随机过程是实际应用中遇到最多的随机过程,例如,由大量粒子运动产生的热噪声就是高斯白噪声。上面曾经提到过,白噪声在不同时间点上的取值是不相关的。对于高斯随机过程而言,不相关就意味着统计独立。所以,高斯白噪声在各个时间点上的取值是统计独立的。由此可以得到高斯白噪声的 N 阶概率密度函数为

$$p(x_1, x_2, \cdots, x_N; t_1, t_2, \cdots, t_N) = \prod_{i=1}^{N} p(x_i; t_i) = \prod_{i=1}^{N} \frac{1}{\sqrt{2\pi\sigma^2}} e^{-\frac{1}{2}\frac{(x_i-\bar{X})^2}{\sigma^2}} \qquad (13-66)$$

其中 σ^2 和 $\bar{X}$ 分别是高斯白噪声的方差和平均值。这个函数比式(13-60)要简单得多。

另外一种常见过程称为**带限白噪声**(band limited white noise),它的谱密度在有限频带 B_N(单位:rad/s)内是一常数,在此频带外等于零。如果这有限频带在低频范围,即有

$$S_{NN}(\omega) = \begin{cases} N_0 & |\omega| \leqslant B_N \\ 0 & |\omega| > B_N \end{cases}$$

这可以看成白噪声通过低通滤波器后的输出。它也是理想化的模型,因为实际上并不存在有这样整齐的功率谱的过程,只不过在这种假设下分析比较方便。取此谱密度的傅里叶反变换,可以得到带限白噪声的自相关函数为

$$R_{NN}(\tau) = \frac{N_0 B_N}{\pi} \left[\frac{\sin(B_N \tau)}{B_N \tau} \right]$$

当然,带限白噪声也可以是在某中心频率 ω_0 附近带宽为 B_N 的噪声,其功率谱密度为

$$S_{NN}(\omega) = \begin{cases} N_0 & \omega_0 - \dfrac{B_N}{2} \leqslant |\omega| \leqslant \omega_0 + \dfrac{B_N}{2} \\ 0 & \text{其他} \end{cases} \tag{13-67}$$

其自相关函数为

$$R_{NN}(\tau) = \frac{N_0 B_N}{\pi} \cdot \frac{\sin(B_N \tau/2)}{B_N \tau/2} \cdot \cos(\omega_0 \tau) \tag{13-68}$$

低通白噪声的自相关函数和功率谱密度如图 13-3 所示。

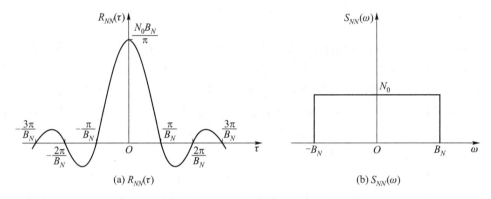

(a) $R_{NN}(\tau)$ (b) $S_{NN}(\omega)$

图 13-3　低通白噪声的自相关函数和功率谱密度

3. 窄带高斯随机过程(narrow band Gaussian random process)

所谓**窄带过程**(narrow band random process)是指其功率谱密度限定在一个较窄的频带内的过程,在此频带之外,功率谱密度为零。如果这个过程的概率分布特性属高斯型,则称之为**窄带高斯随机过程**。典型的窄带随机过程是窄带噪声,这种噪声可以看成是由白噪声通过一个窄带的带通滤波器而产生的,它的一个样本函数是某种调幅高频振荡。窄带过程功率谱占有的频带 B 与频带的中心频率(通常就是载波频率)ω_c 相比是很小的,即 $B \ll \omega_c$。不符合这个条件的过程就不是窄带,而只是一般的带限过程。窄带随机过程可以表示为

$$N(t) = A(t)\cos[\omega_c t + \Theta(t)] \tag{13-69}$$

其中 $A(t)$ 和 $\Theta(t)$ 是分别表示缓慢变化的振幅和初相位的随机过程。窄带过程的样本函数 $n(t)$ 的典型波形如图 13-4(a)所示,此过程的高频振荡的振幅(包络)及初相位都作随机变化。窄带过程的功率谱密度 $S_{NN}(\omega)$ 如图 13-4(b)所示,其中 $B \ll \omega_c$。窄带高斯噪声是通讯、雷达、声呐等信号处理场合经常要遇到的噪声。由于对窄带噪声等过程的详细研究,已经超出本课程的范围,下面只对有关性质作扼要介绍而不加证明[①]。

窄带高斯过程可以看成是高斯白噪声通过窄带滤波器后的输出。前面已经提及,高斯分布

[①]　可参阅:Davenport W B, Root W L, "An Introduction to the Theory of Random Signals and Noise", §8-5, McGraw-Hill, New York, 1958;或:施瓦茨 M 著,柴振明译,"信息传输、调制和噪声",第六章,人民邮电出版社,1979 年。

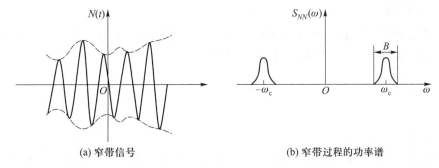

(a) 窄带信号　　　　　　　　　(b) 窄带过程的功率谱

图 13-4　窄带过程的样本函数 $N(t)$ 及过程的功率谱 $S_{NN}(\omega)$

的随机过程通过窄带滤波器而成为窄带噪声后,也还是高斯型的。利用三角函数关系,式(13-70)可以写成

$$N(t) = X(t)\cos(\omega_c t) - Y(t)\sin(\omega_c t) \qquad (13-70)$$

式中:

$$X(t) = A(t)\cos\left[\Theta(t)\right] \qquad (13-71a)$$

$$Y(t) = A(t)\sin\left[\Theta(t)\right] \qquad (13-71b)$$

这里的 $X(t)$ 有时称为同相分量,而 $Y(t)$ 称为正交分量,它们同样都是高斯随机过程。由上式显然可得:

$$A(t) = \sqrt{X^2(t) + Y^2(t)} \qquad (13-72a)$$

$$\Theta(t) = \arctan\left[\frac{Y(t)}{X(t)}\right] \qquad (13-72b)$$

这时,$X(t)$ 作瑞利分布,$\Theta(t)$ 作均匀分布。对于某一确定时刻 t_1,随机变量 $A(t_1)$ 和 $\Theta(t_1)$ 是统计独立的,但是随机过程 $A(t)$ 和 $\Theta(t)$ 却并非统计独立的。

当 $N(t)$ 是广义平稳过程时,$X(t)$ 和 $Y(t)$ 是联合广义平稳过程。$N(t)$ 的平均值为零,同样 $X(t)$ 和 $Y(t)$ 的平均值亦为零,即 $\overline{N} = \overline{X} = \overline{Y} = 0$。它们的方均值此时即为方差,并且也都相等;即若 $\overline{N^2} = \sigma^2$,则 $\overline{X^2} = \overline{Y^2} = \sigma^2$。同时过程 $X(t)$ 和 $Y(t)$ 的自相关函数相等,相应地它们的功率谱密度亦相等,即 $R_{XX}(\tau) = R_{YY}(\tau)$ 及 $S_{XX}(\omega) = S_{YY}(\omega)$。过程 $X(t)$ 和 $Y(t)$ 的两个互相关函数间的关系是 $R_{XY}(\tau) = -R_{YX}(\tau)$,而 $R_{XY}(0) = R_{YX}(0)$。这说明两过程是正交的。两过程的两个互功率谱密度间的关系亦相应地为 $S_{XY}(\omega) = -S_{YX}(\omega)$。

利用窄带噪声的上述表示形式以及由此得出的性质,可以进而研究各种数字和模拟系统的检波等问题,并对各种系统加以评价。这些都是通信理论中要详细讨论的问题。

4. 其他常见随机过程

除了上述的几种随机过程以外,这里再介绍一些常见的随机过程及其自相关函数和功率谱密度函数,以备读者需要时查用。

（1）随机直流量

其样本函数为 $X(t) = A$，其中 A 为随机变量。该随机过程的平均值等于 $\overline{A}$，方均值等于 $\overline{A^2}$。该随机过程的自相关函数和功率谱密度函数分别为

$$R_{XX}(\tau) = \overline{A^2}$$

$$S_{XX}(\omega) = 2\pi\,\overline{A^2}\delta(\omega)$$

（2）随机相位正弦信号

其样本函数为 $X(t) = a\cos(\omega_0 t + \Theta)$，其中 a 和 ω_0 是常数，Θ 是随机相位，它在 $[0, 2\pi)$ 间均匀分布。该随机过程的自相关函数和功率谱密度函数分别为

$$R_{XX}(\tau) = \frac{a^2}{2}\cos(\omega_0\tau)$$

$$S_{XX}(\omega) = \frac{a^2\pi}{2}\big[\delta(\omega + \omega_0) + \delta(\omega - \omega_0)\big]$$

（3）随机脉冲序列

这种随机过程是由一个固定的脉冲信号 $f(t)$ 形成的一个周期等于 t_a 的脉冲序列

$$X(t) = \sum_{k=-\infty}^{+\infty} A_k f(t - t_0 - kt_a)$$

各个脉冲的幅度 A_k 是随机变量，不同脉冲的幅度统计独立，且各个脉冲的幅度具有相同的统计特性，平均值为 $\overline{A}$，方均值为 σ_A^2。t_0 是一个在 $[0, t_a]$ 之间均匀分布的随机变量，反映了信号的时延。该随机过程的自相关函数和功率谱密度函数分别为

$$R_{XX}(\tau) = f(\tau) * f(\tau) * \left[\frac{\sigma_A}{t_a}\delta(\tau) + \frac{\overline{A^2}}{t_a^2}\sum_{n=-\infty}^{\infty} e^{j\frac{2n\pi\tau}{t_a}}\right]$$

$$S_{XX}(\omega) = |F(j\omega)|^2 \left[\frac{\sigma_A}{t_a} + \frac{2\pi\overline{A^2}}{t_a^2}\sum_{n=-\infty}^{\infty}\delta\left(\omega - \frac{2\pi n}{t_a}\right)\right]$$

其中 $F(j\omega)$ 为 $f(t)$ 的傅里叶变换。

只要将不同的 $f(t)$ 代入，就可以得到不同的随机脉冲序列的自相关函数和功率谱密度函数。下面给出几个具体的脉冲信号下的随机脉冲信号实例。

① 随机矩形脉冲序列

这是随机脉冲序列的一种。这里的脉冲信号 $f(t)$ 是一个矩形脉冲信号，脉宽为常数 b。脉冲的幅度 A 以等概率取 $-A_0$ 和 $+A_0$，见图 13-5（a）。该随机过程的自相关函数和功率谱密度函数分别为

$$R_{XX}(\tau) = \begin{cases} \dfrac{A_0^2}{t_a}\big[b - |\tau|\big] & |\tau| \leqslant b \\[2mm] 0 & \text{其他} \end{cases}$$

$$S_{XX}(\omega) = \frac{A_0^2 b^2}{t_a}\left[\frac{\sin\left(\dfrac{\omega b}{2}\right)}{\dfrac{\omega b}{2}}\right]^2 = \frac{A_0^2 b^2}{t_a}\left[\mathrm{Sa}\left(\frac{\omega b}{2}\right)\right]^2$$

其自相关函数和功率谱密度函数的波形分别如图 13-5(b)、(c)所示。

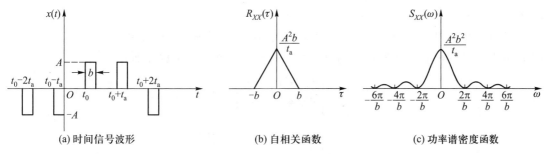

(a) 时间信号波形 (b) 自相关函数 (c) 功率谱密度函数

图 13-5 随机矩形脉冲序列

② 随机二进制信号

在上面的随机矩形脉冲序列中,令 $b=t_a$,就得到了随机二进制信号,见图 13-6(a)。该随机过程的自相关函数和功率谱密度函数分别为

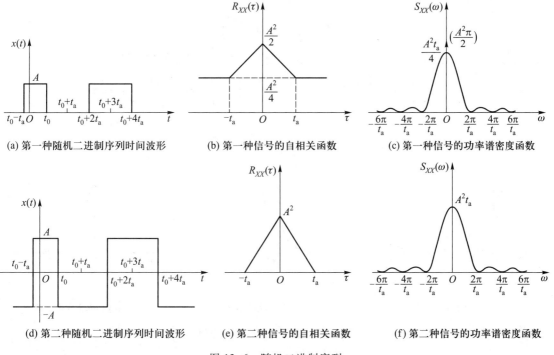

(a) 第一种随机二进制序列时间波形 (b) 第一种信号的自相关函数 (c) 第一种信号的功率谱密度函数

(d) 第二种随机二进制序列时间波形 (e) 第二种信号的自相关函数 (f) 第二种信号的功率谱密度函数

图 13-6 随机二进制序列

$$R_{XX}(\tau) = \begin{cases} A_0^2\left[1-\dfrac{|\tau|}{t_a}\right] & |\tau| \leqslant t_a \\ 0 & \text{其他} \end{cases}$$

$$S_{XX}(\omega) = A_0^2 t_a\left[\text{Sa}\left(\dfrac{\omega t_a}{2}\right)\right]^2$$

其自相关函数和功率谱密度函数的波形分别如图 13-6(b)、(c)所示。

在实际应用中还有一种随机二进制信号,其幅度按等概率取 A_0 和 0(而不是 $-A_0$)。见图 13-6(d)。这种随机二进制信号的自相关函数和功率谱密度函数分别为

$$R_{XX}(\tau) = \begin{cases} \dfrac{A_0^2}{4}+\dfrac{A_0^2}{4}\left[1-\dfrac{|\tau|}{t_a}\right] & |\tau| \leqslant t_a \\ \dfrac{A_0^2}{4} & \text{其他} \end{cases}$$

$$S_{XX}(\omega) = \dfrac{A_0^2 t_a}{4}\left[\text{Sa}\left(\dfrac{\omega t_a}{2}\right)\right]^2+\dfrac{A_0^2\pi}{2}\delta(\omega)$$

其自相关函数和功率谱密度函数的波形分别如图 13-6(e)、(f)所示。

③ 随机升余弦脉冲序列

这些随机脉冲序列的脉冲信号为升余弦信号

$$f(t) = \dfrac{A}{2}\left[1+\cos\left(\dfrac{2\pi t}{t_a}\right)\right]$$

信号的波形如图 13-7(a)所示。其自相关函数和功率谱密度函数分别为

$$R_{XX}(\tau) = \begin{cases} \dfrac{A^2}{4}\left(1-\dfrac{|\tau|}{t_a}\right)\left[1+\dfrac{1}{2}\dfrac{\cos(2\pi|\tau|)}{t_a}\right]+\dfrac{3A^2}{16\pi}\sin\left(\dfrac{2\pi|\tau|}{t_a}\right) & |\tau| \leqslant t_a \\ 0 & |\tau| > t_a \end{cases}$$

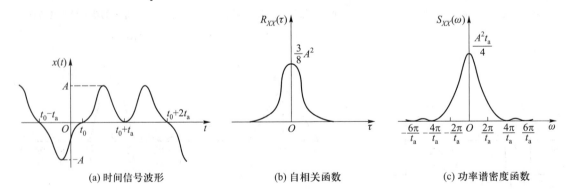

(a) 时间信号波形   (b) 自相关函数   (c) 功率谱密度函数

图 13-7 随机升余弦脉冲序列

$$S_{XX}(\omega) = \frac{A^2 t_{\mathrm{a}}}{4}\left[\mathrm{Sa}\left(\frac{\omega t_{\mathrm{a}}}{2}\right)\right]^2 \times \left[\frac{\pi^2}{\pi^2-(\omega t_{\mathrm{a}}/2)^2}\right]^2$$

其自相关函数和功率谱密度函数的波形分别如图 13-7(b)、(c)所示。

④ 随机间隔二进制信号

这种信号将时间区间划分为一系列随机长度的间隔,信号在各个间隔内等概率地取$-A_0$和$+A_0$。每个间隔的长度 Δt_i 为满足指数型概率密度分布的随机变量

$$p_{\Delta t}(x) = \frac{1}{a}\mathrm{e}^{-\frac{1}{a}x}\varepsilon(x)$$

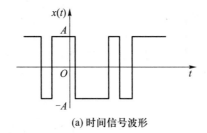

(a) 时间信号波形

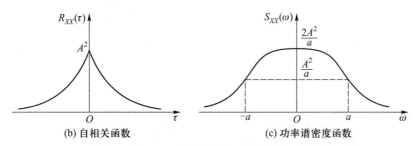

(b) 自相关函数　　　　(c) 功率谱密度函数

图 13-8　随机间隔二进制信号

其图形见图 13-8(a)。根据例题 12-2,Δt 的平均值为 $\frac{1}{a}$,也就是说时间间隔的平均值为 $\frac{1}{a}$,则每秒时间内平均间隔数就等于 a。假设各个间隔的长度之间统计独立。该信号的自相关函数和功率谱密度函数分别为

$$R_{XX}(\tau) = A^2 \mathrm{e}^{-a|\tau|}$$

$$S_{XX}(\omega) = \frac{2A_0^2 a}{a^2+\omega^2}$$

其自相关函数和功率谱密度函数的波形分别如图 13-8(b)、(c)所示。

习　题

13.1　随机过程$\{x(t)\}$的样本函数为

$$x(t) = \cos(\omega_0 t + \theta)$$

其中 θ 为随机变量 Θ 之值,该变量在区间$[0,2\pi]$内均匀分布,即

$$\begin{cases} p_\Theta(\theta) = \dfrac{1}{2\pi} & 0 \leqslant \theta \leqslant 2\pi \\[2mm] p_\Theta(\theta) = 0 & \text{其他 } \theta \text{ 值} \end{cases}$$

试说明该过程为各态历经的。

13. 2 图 P13-2 所列各波形中,何者可能、何者不可能为自相关函数? 说明其理由。

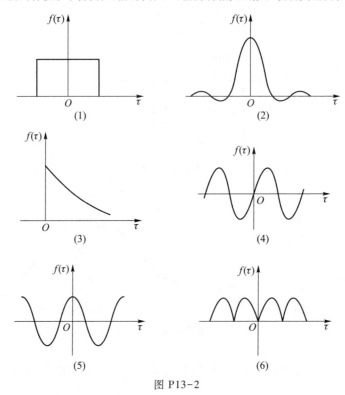

图 P13-2

13. 3 已知随机过程的自相关函数如下,求各过程的平均值、方均值及方差。

(1) $R_{XX}(\tau) = 25 + 25e^{-10|\tau|}$

(2) $R_{XX}(\tau) = A^2 e^{-\alpha|\tau|} \cos(\beta\tau)$

(3) $R_{XX}(\tau) = \dfrac{A^2 \sin(\beta\tau)}{\beta\tau}$

13. 4 一随机过程 $X(t)$ 由 N 个复量信号组成

$$X(t) = \sum_{n=1}^{N} A_n e^{j\omega_0 t + j\Theta_n}$$

其中 ω_0 为各信号的共同角频率。A_n 与 Θ_n 为随机变量,且对于 $n = 1$、2、$\cdots$、N 这些变量均为独立,Θ_n 在 $[0,2\pi]$ 间作均匀分布。求 $X(t)$ 的自相关函数。

13. 5 随机过程 $X(t) = A + N(t)$,其中 $N(t)$ 为一统计平均值为零的随机过程,A 为一确定非零的平均(直

流)分量,同时也是随机过程 $X(t)$ 的平均值。试证明

$$R_{XX}(\tau)=A^2+R_{NN}(\tau)$$

即自相关函数中包含有一直流分量,其值为过程 $X(t)$ 平均值之平方。

13.6　设随机过程 $X(t)=A\cos(\omega t+\Theta)+N(t)$,其中 A 和 ω 为常数,Θ 为在 $[0,2\pi]$ 间作均匀分布的随机变量,$N(t)$ 为随机噪声,其自相关函数为 $R_{NN}(\tau)=B^2\mathrm{e}^{-a|\tau|}$。对于所有的时间 t_1,随机变量 $N(t_1)$ 和 Θ 都是统计独立的。试求 $X(t)$ 的自相关函数 $R_{XX}(\tau)$,并构作函数图形。

13.7　一平稳随机过程 $X(t)$ 的自相关函数为

$$R_{XX}(\tau)=4\mathrm{e}^{-|\tau|}\cos(\pi\tau)+\cos(3\tau)$$

求:(1) 过程的方均值 $\overline{X^2}$ 及方差 σ^2;

(2) 此过程中包含何种频率分量?

(3) 若 $R_{XX}(\tau)$ 中后一项代表过程中信号分量的自相关函数,前一些代表过程中噪声分量的自相关函数,问此过程中信噪功率比为何?

13.8　两个统计独立的随机过程 $X(t)$ 和 $Y(t)$ 的自相关函数分别为

$$R_{XX}(\tau)=2\mathrm{e}^{-2|\tau|}\cos(\omega\tau),R_{YY}(\tau)=9+\mathrm{e}^{-3\tau^2}$$

第三个随机过程 $Z(t)=WX(t)Y(t)$,其中 W 是平均值为 2、方差为 9 的随机变量。试求:

(1) 随机过程 $Z(t)$ 的自相关函数 $R_{ZZ}(\tau)$;

(2) $Z(t)$ 的平均值的方差。

13.9　两个随机过程 $X(t)$ 和 $Y(t)$ 定义如下·

$$X(t)=A\cos(\omega_0 t)+B\sin(\omega_0 t),Y(t)=B\cos(\omega_0 t)-A\sin(\omega_0 t)$$

其中 ω_0 为常数,A、B 为两个不相关、平均值都为零且方差都为 σ^2 的随机变量。

(1) 证明 $X(t)$ 和 $Y(t)$ 分别是广义平稳随机过程;

(2) 求互相关函数 $R_{XY}(t,t+\tau)$,并证明 $X(t)$ 和 $Y(t)$ 是联合广义平稳过程。

13.10　下列 ω 的各个函数中,何者可以是、何者不能是随机过程的功率谱密度? 说明理由。

(1) $\dfrac{\omega^2+4}{\omega^4-5\omega^2+4}$
　　　　　　　　　(2) $\dfrac{\omega^2+10}{\omega^4+5\omega^2+4}$

(3) $\dfrac{\omega+4}{\omega^4+5\omega^2+4}$
　　　　　　　　　(4) $\dfrac{\sqrt{\omega^2-4}}{\omega^4+5\omega^2+4}$

(5) $\left(\dfrac{\sin\omega}{\omega}\right)^2$
　　　　　　　　　(6) $2\pi\delta(\omega-\omega_0)$

(7) $\pi[\delta(\omega-\omega_0)+\delta(\omega+\omega_0)]$

13.11　对于习题 13.10 中可以是功率谱密度的函数,求其相应的随机过程的方均值。

13.12　一平稳随机过程的以复频率表示的功率谱密度为 $S_{XX}(s)=\dfrac{s^2}{s^6-1}$,试求该过程的方均值。

13.13　一随机过程 $X(t)$ 的样本函数可以表示为

$$x(t)=\frac{a_0}{2}+\sum_{n=1}^{\infty}\{a_n\cos[n\omega_0(t+t_0)]+b_n\sin[n\omega_0(t+t_0)]\}$$

其中 a_0、a_n、b_n、ω_0 均为常数,t_0 为在一周期内作均匀分布的随机变量。求此过程的功率谱密度。

13.14　(1) 低通白噪声的功率谱密度为

$$\begin{cases} S_{NN}(\omega) = N_0 & |\omega| \leqslant \omega_0 \\ S_{NN}(\omega) = 0 & |\omega| > \omega_0 \end{cases}$$

求其自相关函数。

（2）带限白噪声的功率谱密度为

$$\begin{cases} S_{NN}(\omega) = N_0 & \omega_1 \leqslant |\omega| \leqslant \omega_2 \\ S_{NN}(\omega) = 0 & |\omega| < \omega_1, |\omega| > \omega_2 \end{cases}$$

求其自相关函数。

13.15 随机过程 $X(t)$ 的自相关函数为

$$R_{XX}(\tau) = Ae^{-a|\tau|} \qquad A>0, a>0$$

求功率谱密度，构作此自相关函数及功率谱密度图。

13.16 随机过程 $X(t)$ 的谱密度为

$$\begin{cases} S_{XX}(\omega) = 0.1 & |\omega| \leqslant 50\pi \\ S_{XX}(\omega) = 0 & |\omega| > 50\pi \end{cases}$$

求：（1）此过程的方均值；

（2）自相关函数为零之最小之 τ 值。

13.17 随机过程 $X(t) = A\cos(\Omega t + \Theta)$，其中 A、Ω、Θ 为统计独立的随机变量；A 的平均值为 1，方差为 4；Ω 在 $[-10,10]$ 间作均匀分布；Θ 在 $[-\pi,\pi]$ 间作均匀分布。

（1）此过程是否平稳？是否各态历经？

（2）求过程的自相关函数。

（3）求过程的功率谱密度。

13.18 一平稳随机过程的自相关函数为

$$R_{XX}(\tau) = Ae^{-a|\tau|}\cos(\omega_0\tau)$$

求此过程的功率谱密度，并构作频率谱图。

13.19 有两个平稳随机过程 $X(t)$ 和 $Y(t)$，试证明其两个互功率谱密度 $S_{XY}(\omega)$ 和 $S_{YX}(\omega)$ 间有下列关系：

（1）$\text{Re}[S_{XY}(\omega)] = \text{Re}[S_{YX}(-\omega)] = \text{Re}[S_{YX}(\omega)]$ ，

  $\text{Im}[S_{XY}(\omega)] = \text{Im}[S_{YX}(-\omega)] = -\text{Im}[S_{YX}(\omega)]$ ，

  即 $S_{XY}(\omega)$ 和 $S_{YX}(\omega)$ 互为共轭，且其实部均为偶函数，虚部均为奇函数；

（2）若 $X(t)$ 和 $Y(t)$ 正交，则 $S_{XY}(\omega) = S_{YX}(\omega) = 0$；

（3）若 $X(t)$ 和 $Y(t)$ 不相关，且其平均值分别为 $\overline{X}$ 和 $\overline{Y}$，

  则 $S_{XY}(\omega) = S_{YX}(\omega) = 2\pi \overline{X}\, \overline{Y}\delta(\omega)$。

13.20 随机过程 $Z(t)$ 由两个联合平稳的随机过程 $X(t)$ 和 $Y(t)$ 之和构成，即 $Z(t) = X(t) + Y(t)$。若 $X(t)$ 和 $Y(t)$ 为统计独立的，它们的平均值分别为 $\overline{X}$ 和 $\overline{Y}$，求：

（1）过程 $Z(t)$ 的功率谱密度 $S_{ZZ}(\omega)$；

（2）互功率谱密度 $S_{XY}(\omega)$ 和 $S_{YX}(\omega)$；

（3）互功率谱密度 $S_{XZ}(\omega)$。

第十四章

线性系统对随机信号的响应

§14.1 引言

在前面两章的内容中,分别介绍了随机变量和随机过程的数学表述以及它们的有关性质。在这一章中,将进一步研究如何应用这些数学方法去分析线性系统对于随机信号的响应。正如第十二章中所讨论的,实际作用于通信系统和控制系统的输入信号往往是一个不确定的随机信号,这个随机信号是随机过程所包含的许多样本函数中随机出现的一个样本函数,而且这个携有信息的随机信号又常常是伴有噪声的,系统就要在这样多个随机过程作用下来工作,显然,此时系统的输出也将是一个不确定的随机信号。现在要分析的是随机过程通过线性系统后,根据系统的特性,输出信号将要产生何种变化。并且进一步还要考虑为满足某种特定要求,例如减少在输出中的噪声影响,对于系统应提出何种最优化的条件。

分析随机信号通过线性系统,不可能像确定信号那样,解得一个以确定函数表示的输出信号。如前两章所述,随机特性只能用概率的或统计的方法描述,前者表示为概率密度函数,后者表示为各种平均值,即各阶矩和中心矩。因此,对于系统输出端的随机过程,当然也只能用概率的或统计的方式来表述。但在实际工作中,即使输入信号的概率密度函数已经知道,欲求得输出信号的密度函数往往也是十分困难的。这样,人们也就只能满足于求得输出信号的平均值、自相关函数和功率谱密度以及输入输出信号间的互相关函数和互功率谱密度等统计量。所幸,对于许多工程实际问题,这些量足够了。

系统分析还有一个重要的内容,就是针对具有某些特点的随机信号,设计出某种意义上的最佳系统,提高系统的性能。例如,雷达接收到的目标信号的回波就是一个不确定的随机信号,这个随机信号同时还有可能附加有很大的干扰噪声。这时就必须找到一种最佳滤波器,最大限度地降低噪声对信号的影响,提高雷达检测的可靠性。

本章的主要内容是讨论应用时域和频域分析法求得系统输出的统计量值,并介绍一些最佳系统的概念。在这里,本书中前面部分线性系统的时域和频域分析法的基本概念仍可适用,只是由于随机过程描述的特点,在表现形式上有些差别而已。

§14.2 线性系统对随机信号响应的时域分析法

在时域中应用卷积求系统零状态响应的方法也适用于输入为随机信号的情况,人们依然可以用这种方法计算系统对随机过程样本空间中的任意一个样本的响应。但是,在实际应用中并不能事先知道实际作用于系统的是哪一个样本,而且一般情况下样本空间中的样本有很多,计算出系统对所有样本的响应也是不现实的,所以求出系统对样本空间中的样本的响应没有什么意义。在这种情况下,一般只需要关心系统对随机信号响应的统计量的影响,包括平均值、方均值、自相关函数和互相关函数等。时域分析法在这里的任务就是利用卷积法来建立输入和输出的这些统计量之间的关系。这种方法依然可以将响应分为零输入和零状态两部分求解。零输入响应依然是一个确定性响应,其求解过程与本书第二章所讨论的并无不同,这里不再赘述。下面只讨论零状态响应。

现在设有一随机信号,它是广义平稳随机过程 $X(t)$ 中的一个样本函数 $x(t)$。将它作为输入施加于一初始状态为零的稳定的线性时不变系统,此系统的单位冲激响应为 $h(t)$。这时,系统输出响应 $y(t)$ 可由卷积积分表示为

$$y(t) = \int_{-\infty}^{\infty} h(\xi) x(t-\xi) \, d\xi \qquad (14-1)$$

为了与随机过程中的自相关函数的自变量 τ 相区别,这里卷积积分的积分变量改成了 ξ。因为上式是表示输入过程中任一个样本函数与其相应的输出过程样本函数间的关系,所以可以将它们推广成为输入随机过程与输出随机过程间的关系,即

$$Y(t) = \int_{-\infty}^{\infty} h(\xi) X(t-\xi) \, d\xi \qquad (14-2)$$

下面将根据此式来分别求 $Y(t)$ 的各统计量。

首先,考虑系统输出随机过程的平均值,这很易按式(14-2)求得。因为 $X(t)$ 是广义平稳随机过程,所以

$$\overline{Y(t)} = E[Y(t)] = E\left[\int_{-\infty}^{\infty} h(\xi) X(t-\xi) \, d\xi\right]$$

$$= \int_{-\infty}^{\infty} h(\xi) E[X(t-\xi)] \, d\xi = \overline{X} \int_{-\infty}^{\infty} h(\xi) \, d\xi \qquad (14-3)$$

此式结果为一常数,所以,此时系统的输出 $Y(t)$ 一定也是一个一阶广义平稳的随机过程。

式(14-3)中的积分 $\int_{-\infty}^{\infty} h(\xi)\mathrm{d}\xi$ 是冲激响应的面积,同时也是 $h(t)$ 的傅里叶变换 $H(\mathrm{j}\omega)$ 在 $\omega=0$ 时的值 $H(0)$,这就是系统的直流增益。所以式(14-3)又可以表示成

$$\overline{Y(t)} = \overline{X} \cdot H(0) \tag{14-4}$$

当所考虑的过程为各态历经时,系统的输出也是一个各态历经的随机过程,$\overline{X}$ 和 $\overline{Y(t)}$ 分别等于输入和输出随机过程的样本的时间平均值,也就是其直流分量。此时式(14-4)表示了系统输出的直流分量等于输入直流分量与直流增益的乘积这一显而易见的事实。

其次,再来看输出随机过程 $Y(t)$ 的方均值。为求此方均值,必须计算两个积分的乘积的方均值,而此乘积总可表示为重积分。即

$$\overline{Y^2(t)} = E[Y^2(t)] = E\left[\int_{-\infty}^{\infty} h(\xi_1)X(t-\xi_1)\mathrm{d}\xi_1 \times \int_{-\infty}^{\infty} h(\xi_2)X(t-\xi_2)\mathrm{d}\xi_2\right]$$

$$= \int_{-\infty}^{\infty}\int_{-\infty}^{\infty} E[X(t-\xi_1)X(t-\xi_2)]\, h(\xi_1)h(\xi_2)\,\mathrm{d}\xi_1\mathrm{d}\xi_2$$

这里引用了 ξ_1 和 ξ_2 两个积分变量,以免在积分时互相混淆。因为 $X(t)$ 是广义平稳的,则

$$E[X(t-\xi_1)X(t-\xi_2)] = R_{XX}(\xi_1-\xi_2)$$

于是,输出过程的方均值成为

$$\overline{Y^2(t)} = E[Y^2(t)] = \int_{-\infty}^{\infty}\int_{-\infty}^{\infty} R_{XX}(\xi_1-\xi_2)h(\xi_1)h(\xi_2)\,\mathrm{d}\xi_1\mathrm{d}\xi_2 \tag{14-5}$$

这就是所求的系统输入过程的自相关函数与输出过程的方均值的关系。式(14-5)表明输出 $Y(t)$ 的方均值依然与时间 t 无关。按此式计算方均值虽不难,但往往运算冗繁。特别是当输入信号 $X(t)$ 的自相关函数分为若干不连续区间时,上述积分还要分段计算。

再来考虑输出过程 $Y(t)$ 的自相关函数

$$R_{YY}(\tau) = E[Y(t)Y(t+\tau)]$$

$$= E\left[\int_{-\infty}^{\infty} h(\xi_1)X(t-\xi_1)\mathrm{d}\xi_1 \times \int_{-\infty}^{\infty} h(\xi_2)X(t+\tau-\xi_2)\mathrm{d}\xi_2\right]$$

$$= \int_{-\infty}^{\infty}\int_{-\infty}^{\infty} E[X(t-\xi_1)X(t+\tau-\xi_2)] \times h(\xi_1)h(\xi_2)\,\mathrm{d}\xi_1\mathrm{d}\xi_2$$

$$= \int_{-\infty}^{\infty}\left[\int_{-\infty}^{\infty} R_{XX}(\tau+\xi_1-\xi_2)h(\xi_2)\mathrm{d}\xi_2\right] h(\xi_1)\mathrm{d}\xi_1 \tag{14-6}$$

对此式中积分变量 ξ_2 进行置换,令 $\lambda=\xi_2-\xi_1$,$\mathrm{d}\lambda=\mathrm{d}\xi_2$,则有

$$R_{YY}(\tau) = \int_{-\infty}^{\infty}\left[\int_{-\infty}^{\infty} R_{XX}(\tau-\lambda)h(\xi_1+\lambda)\mathrm{d}\lambda\right] h(\xi_1)\mathrm{d}\xi_1$$

$$= \int_{-\infty}^{\infty} R_{XX}(\tau-\lambda)\left[\int_{-\infty}^{\infty} h(\xi_1)h(\xi_1+\lambda)\mathrm{d}\xi_1\right]\mathrm{d}\lambda \tag{14-7}$$

若令

$$g(\lambda) = \int_{-\infty}^{\infty} h(\xi_1)h(\xi_1+\lambda)\mathrm{d}\xi_1 = h(\lambda)*h(-\lambda) \tag{14-8}$$

则

$$R_{YY}(\tau) = \int_{-\infty}^{\infty} R_{XX}(\tau - \lambda)g(\lambda)\mathrm{d}\lambda = R_{XX}(\tau) * g(\tau)$$
$$= R_{XX}(\tau) * h(\tau) * h(-\tau) \tag{14-9}$$

函数 $g(\tau)$ 称为**滤波器自相关函数**（filter autocorrelation function），它由系统的冲激响应唯一地确定，但不能反过来由它唯一地确定冲激响应。这样，根据式（14-9）可知，系统输出过程的自相关函数等于输入过程自相关函数与滤波器自相关函数的卷积，或者也可以说是用滤波器自相关函数对输入过程自相关函数加权后的平均。式（14-7）或式（14-9）是在时域中输入和输出间的主要关系式，因为由自相关函数还可求得其他平均量值。例如，当 $\tau = 0$ 时，$R_{YY}(0) = \overline{Y^2}$，可以得到输出过程的方均值。

从式（14-9）中还可以看到，如果输入信号 $X(t)$ 是一个平稳随机过程，其自相关函数只与时间差 τ 有关而与时间起点无关，则输出信号 $Y(t)$ 也是一个自相关函数只与时间差有关的函数，也就是说 $Y(t)$ 一定是二阶平稳的。结合前面关于 $Y(t)$ 一阶广义平稳的讨论，可以得到下面的结论：如果系统的输入是广义平稳的，那么其输出也一定是广义平稳的。

最后，再来讨论输入过程 $X(t)$ 和输出过程 $Y(t)$ 的互相关函数。

$$R_{XY}(\tau) = E[X(t)Y(t + \tau)]$$
$$= E\left[X(t)\int_{-\infty}^{\infty} h(\xi)X(t + \tau - \xi)\mathrm{d}\xi\right]$$
$$= \int_{-\infty}^{\infty} E[X(t)X(t + \tau - \xi)]h(\xi)\mathrm{d}\xi$$
$$= \int_{-\infty}^{\infty} R_{XX}(\tau - \xi)h(\xi)\mathrm{d}\xi$$
$$= R_{XX}(\tau) * h(\tau) \tag{14-10}$$

同以前一样，在推演此式时，$X(t)$ 是作为广义平稳过程的，这时 $X(t)$ 和 $Y(t)$ 即为联合广义平稳的。此式说明，互相关函数 $R_{XX}(\tau)$ 是输入自相关函数与系统冲激响应的卷积。另一个互相关函数及 $R_{YX}(t)$ 可以用类似的方法求得为

$$R_{YX} = E[X(t + \tau)Y(t)]$$
$$= E\left[X(t + \tau)\int_{-\infty}^{\infty} h(\xi)X(t - \xi)\mathrm{d}\xi\right]$$
$$= \int_{-\infty}^{\infty} E[X(t + \tau)X(t - \xi)]h(\xi)\mathrm{d}\xi$$
$$= \int_{-\infty}^{\infty} R_{XX}(\tau + \xi)h(\xi)\mathrm{d}\xi = R_{XX}(\tau) * h(-\tau) \tag{14-11}$$

可见 $R_{YX}(\tau)$ 和 $R_{XY}(\tau)$ 是不相等的，而且 $R_{XY}(\tau) = R_{YX}(-\tau)$。将式（14-9）与式（14-10）和式（14-11）相比较，可以得到 R_{YY} 与 R_{XY} 和 R_{YX} 的关系如下

$$R_{YY}(\tau) = R_{XX}(\tau) * h(\tau) * h(-\tau)$$

$$= R_{XY}(\tau) * h(-\tau) \tag{14-12}$$

$$= R_{YX}(\tau) * h(\tau) \tag{14-13}$$

§14.3 线性系统对白噪声输入的响应

在这节中,作为系统对随机信号响应的时域分析法的一个应用实例,将介绍系统对白噪声输入信号的响应。由§13.8已经知道白噪声过程是在系统分析中一个理想化了的噪声模型,它近似地代表在远大于系统通频带的频带上其功率谱保持一常数的实际噪声。在实际系统中遇到的背景噪声,例如弱信号放大时可能遇到的电子器件的热噪声和散弹噪声、接收机接收到的信号中的背景噪声等,都可以用白噪声描述。在这些情况下,都需要分析系统对白噪声的响应。由此推出的一些结论在实际工程应用中具有很大的实用价值。

当输入信号 $X(t)$ 等于白噪声 $N(t)$ 时,根据式(13-65),输入的白噪声的自相关函数为

$$R_{XX}(\tau) = R_{NN}(\tau) = N_0\delta(\tau)$$

现在先考虑将这样一个随机过程 $N(t)$ 输入单位冲激响应为 $h(t)$ 的线性系统,求输出过程的有关统计量。首先求输出信号的平均值。因为输入信号 $N(t)$ 是一个白噪声,其平均值等于零,所以

$$\overline{Y} = \overline{N} \cdot H(0) = 0 \tag{14-14}$$

即系统的输出信号的平均值一定也等于零。

系统对白噪声过程响应的方均值可按式(14-5)求得

$$\overline{Y^2} = \int_{-\infty}^{\infty}\int_{-\infty}^{\infty} R_{NN}(\xi_1 - \xi_2)h(\xi_1)h(\xi_2)\mathrm{d}\xi_1\mathrm{d}\xi_2$$

$$= \int_{-\infty}^{\infty}\int_{-\infty}^{\infty} [N_0\delta(\xi_1 - \xi_2)h(\xi_1)\mathrm{d}\xi_1]\, h(\xi_2)\mathrm{d}\xi_2$$

$$= \int_{-\infty}^{\infty} [N_0 h(\xi_2)]\, h(\xi_2)\mathrm{d}\xi_2$$

$$= N_0\int_{-\infty}^{\infty} h^2(\xi)\mathrm{d}\xi \tag{14-15}$$

在最后一个等式中,为了方便表达,这里省去了积分变量的下标。如果实际系统是一个因果系统,式(14-15)中的积分的下限也可以改成0。式(14-15)说明,线性系统对白噪声过程响应的方均值正比于系统单位冲激响应平方的面积。

系统对白噪声过程响应的自相关函数,可按式(14-9)求得

$$R_{YY}(\tau) = R_{NN}(\tau) * g(\tau) = N_0\delta(\tau) * g(\tau) = N_0 g(\tau) \tag{14-16}$$

这里 $g(\tau)$ 是按式(14-8)定义的滤波器的自相关函数,即

$$g(\tau) = \int_{-\infty}^{\infty} h(\xi) h(\xi + \tau) \mathrm{d}\xi$$

式(14-16)说明,线性系统对白噪声过程响应的自相关函数正比于滤波器的自相关函数。

最后求系统的输入和输出过程之间的互相关函数 R_{XY}。根据式(14-10),可以得到

$$R_{XY}(\tau) = R_{XX}(\tau) * h(\tau) = R_{NN}(\tau) * h(\tau) = N_0 \delta(\tau) * h(\tau)$$
$$= N_0 h(\tau) \tag{14-17}$$

这说明在输入为白噪声的情况下,系统的输入和输出之间的互相关函数正比于系统的冲激响应。

例题 14-1 试求如图 14-1 所示的简单 RC 滤波器对白噪声信号的响应(即输出信号的平均值、方均值、自相关函数等统计量)。

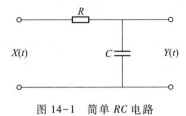

图 14-1 简单 RC 电路

解:该 RC 滤波器的冲激响应为

$$h(t) = \frac{1}{RC} \mathrm{e}^{-\frac{1}{RC}} \varepsilon(t) = a \mathrm{e}^{-at} \varepsilon(t)$$

其中 $a = \dfrac{1}{RC}$ 为 RC 滤波器的衰减常数,它等于此滤波器的 3 dB 通频带 $\omega_{3\mathrm{dB}}$。

根据公式(14-14),可以直接得到输出的平均值

$$\overline{Y} = 0$$

将 $h(t)$ 代入式(14-15),可得方均值

$$\overline{Y^2} = N_0 \int_0^{\infty} a^2 \mathrm{e}^{-2a\xi} \mathrm{d}\xi = \frac{a}{2} N_0 = \frac{\omega_{3\mathrm{dB}} N_0}{2}$$

此式说明,滤波器输出的噪声平均功率正比于此滤波器的通带带宽。这一结论,对于更为复杂的滤波电路也是成立的,它在系统分析中有重要意义。

该 RC 滤波器的自相关函数为

$$g(\tau) = \int_{-\infty}^{\infty} a \mathrm{e}^{-a\xi} \varepsilon(\xi) a \mathrm{e}^{-a(\xi+\tau)} \varepsilon(\xi + \tau) \mathrm{d}\xi$$

$$= a^2 \mathrm{e}^{-a\tau} \int_{-\infty}^{\infty} \mathrm{e}^{-2a\xi} \varepsilon(\xi) \varepsilon(\xi + \tau) \mathrm{d}\xi$$

当 $\tau \geq 0$ 时,上式中的积分计算的积分区间下限可以改成 0;当 $\tau < 0$ 时,积分区间的下限可以改成 $-\tau$。由此可以得到

$$g(\tau) = \begin{cases} a^2 e^{-a\tau} \int_0^\infty e^{-2a\xi} d\xi = \dfrac{a}{2} e^{-a\tau} & \tau \geqslant 0 \\[3mm] a^2 e^{-a\tau} \int_{-\tau}^\infty e^{-2a\xi} d\xi = \dfrac{a}{2} e^{a\tau} & \tau < 0 \end{cases}$$

或

$$g(\tau) = \frac{a}{2} e^{-a|\tau|}$$

将其代入式(14-16),即得 RC 电路的输出过程的自相关函数

$$R_{YY}(\tau) = \frac{aN_0}{2} e^{-a|\tau|} \qquad -\infty < \tau < +\infty \tag{14-18}$$

此函数的图形如图 14-2 所示。当 $\tau = 0$ 时,得 $R_{YY}(0) = \dfrac{aN_0}{2}$,它等于式(14-15)的方均值 $\overline{Y^2}$,而这正符合自相关函数的性质。

将 RC 电路的冲激响应代入(14-17),可以得到 RC 电路输入和输出之间的相关函数为

$$R_{XY}(\tau) = N_0 a e^{-a\tau} \varepsilon(\tau)$$

当 $\tau < 0$ 时,$R_{XY}(\tau) = 0$,这表明 RC 滤波器 t_0 时刻的输入与 t_0 以前系统的输出不相关。显然,不仅是 RC 电路,所有的因果系统都具有这个特性。

现在再仔细观察式(14-17),从中可以看出,系统对白噪声的响应的互相关函数 $R_{XY}(\tau)$ 与其冲激响应 $h(\tau)$ 之间仅相差一个常数 N_0。如果得到了系统在白噪声激励下的互相关函数,反过来也可以得到系统的冲激响应 $h(t)$。所以,它也可以作为测量系统冲激响应 $h(t)$ 的依据。图 14-3 是利用白噪声来测量线性系统冲激响应的方法示意图。输入白噪声过程 $X(t)$ 经被测系统而得到输出 $Y(t)$,同时 $X(t)$ 经过可调节延时器的输出为 $X(t-\tau)$。将 $Y(t)$ 和 $X(t-\tau)$ 同时输入乘法器进行时域相乘,得到

$$Z(t) = X(t-\tau) Y(t)$$

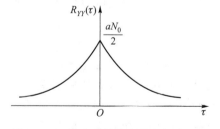

图 14-2 RC 电路的输出的自相关函数

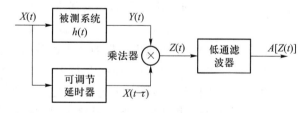

图 14-3 线性系统冲激响应测量法框图

对 $Z(t)$ 求统计平均值,可以得到

$$\overline{Z} = E\{Z(t)\} = E\{X(t-\tau) Y(t)\} = R_{XY}(\tau) = N_0 h(\tau)$$

由此可以得到

$$h(\tau) = \frac{\overline{Z}}{N_0} \tag{14-19}$$

如果输入信号是各态历经过程,则可以用时间平均代替统计平均

$$\overline{Z} = A\{Z(t)\} = \lim_{T \to \infty} \frac{1}{2T} \int_{-T}^{+T} Z(t) \, dt$$

这时 $Z(t)$ 的时间平均值即为它的直流分量。所以,可以将 $Z(t)$ 通过一低通滤波器,滤除其直流分量以外的所有分量,其输出就是时间平均值 $A\{Z(t)\}$。当然,实际的低通滤波器都是具有一定的带宽的,其输出中除了直流分量以外还包含了其他一些低频分量,所以图 14-3 所示的系统的输出中除了 $Z(t)$ 的时间平均值外还叠加了一随机分量。如果滤波器的滤波性能好,带宽很窄,这个随机分量可以很小。这样,滤波器的输出即比例于一定 τ 值的系统冲激响应 $h(\tau)$。改变延时器的 τ 值,测出各个不同 τ 值下的系统输出 $\overline{Z}$,即可得完整的响应 $h(\tau)$。因为可实现的物理系统都符合因果律,所以当 τ 值小于零时,$h(\tau)$ 为零。

这种利用系统的输入和输出随机过程之间的相关性测量系统的方法也有一定的局限性。由于白噪声是一种理想化了的过程,在测量时,加在输入端的实际上是一个功率谱密度在比系统通带宽得多(十倍以上)的频带内保持某个常数的随机信号。并且被测系统的输入和输出的随机信号,只分别是输入和输出的随机过程的一个样本函数 $x(t)$ 和 $y(t)$。此外,因为这种方法要用样本函数的时间平均值来代替随机过程的统计平均值,则样本函数 $x(t)$ 必须是各态历经的。

§14.4 线性系统对随机信号响应的频域分析法

在第四章中已经知道,如果已知输入信号 $x(t)$ 的傅里叶变换 $X(j\omega)$ 和系统函数 $H(j\omega)$,则可很方便地得到系统输出信号 $y(t)$ 的傅里叶变换

$$Y(j\omega) = H(j\omega) X(j\omega) \tag{14-20}$$

但是对于随机过程,平稳随机过程的样本函数的傅里叶变换往往不存在,因而也就无法直接求得输出过程样本函数的傅里叶变换。在上一章中已经把随机过程的相关函数和功率谱密度通过傅里叶变换及其反变换联系了起来,而这种变换关系也就是随机过程联系其时域和频域的关系。所以,由频域分析法确定系统对输入过程的响应,就是由输入过程的功率谱密度和系统函数来求得输出过程的功率谱密度,或者求输入和输出的互功率谱密度。

将式(14-12)输出过程自相关函数的等式两边取傅里叶变换

$$\mathscr{F}\{R_{YY}(\tau)\} = \mathscr{F}\{R_{XX}(\tau) * h(\tau) * h(-\tau)\}$$

由维纳-欣钦定理,平稳随机过程的自相关函数的傅里叶变换等于该过程的功率谱密度。同时,

根据傅里叶变换的性质,两个时间函数相卷积的变换等于这两个函数的变换的乘积。于是上式成为

$$S_{YY}(\omega) = S_{XX}(\omega)H(j\omega)H(-j\omega) = S_{XX}(\omega)\left|H(j\omega)\right|^2 \qquad (14-21)$$

此式说明,输出过程的功率谱密度是输入过程的功率谱密度与系统传输函数模量平方之乘积。在这里,系统传输函数模量平方 $\left|H(j\omega)\right|^2$ 的作用同式(14-20)中的传输函数 $H(j\omega)$ 相类似,只不过它不是作用于信号的频谱密度函数上,而是作用于信号的功率谱密度函数上,所以称之为**功率传输函数**(power transfer function),或功率转移函数。由式(14-8)很容易看出

$$\left|H(j\omega)\right|^2 = \mathscr{F}\{g(\tau)\}$$

也就是滤波器自相关函数与功率传输函数是一傅里叶变换对。

根据式(13-44)中功率谱密度和平均功率的关系,则可求得系统响应的平均功率为

$$P_{YY} = \frac{1}{2\pi}\int_{-\infty}^{\infty} S_{XX}(\omega)\left|H(j\omega)\right|^2 d\omega \qquad (14-22)$$

对于平稳随机过程,此式又等于输出过程 $Y(t)$ 的方均值 $\overline{Y^2}$。

式(14-21)中输入与输出功率谱的关系也可推广到复频域。为此,只要将式中的 $j\omega$ 以复频率 s 代替,或 ω^2 以 $-s^2$ 代替。此时该式成为

$$S_{YY}(s) = S_{XX}(s)H(s)H(-s) \qquad (14-23)$$

这里要注意拉普拉斯变换 $S_{XX}(s)$ 和 $S_{YY}(s)$ 都应是相应的自相关函数的双边变换。与式(14-22)相当的复频域关系是

$$P_{YY} = \frac{1}{2\pi j}\int_{\sigma-j\infty}^{\sigma+j\infty} S_{XX}(s)H(s)H(-s) ds \qquad (14-24)$$

通过式(14-23)和式(14-24),可以利用拉普拉斯变换分析系统对随机信号的响应。但是这种方法在实际应用中使用得不多。

分别将式(14-10)和式(14-11)的等式两边各取傅里叶变换,可以得到输入过程和输出过程的互功率谱密度:

$$S_{XY}(\omega) = S_{XX}(\omega)H(j\omega) \qquad (14-25)$$
$$S_{YX}(\omega) = S_{XX}(\omega)H(-j\omega) \qquad (14-26)$$

同样,只要将式中的 $j\omega$ 以复频率 s 代替,或 ω^2 以 $-s^2$ 代替,可将上面两式改写为复频率变量的形式。

作为频域分析法,当求得上述各有关功率谱后,可以认为任务已经完成,并且在实际工作中,这常常可满足需要。如果一定要返回到时域,则可利用反变换求得相关函数。这些都和求系统对确定信号的响应类似,这里不再赘述。

例题 14-2 试用频域法求例题 14-1 所示 RC 滤波器的输出的功率谱及方均值。

解:图 14-2 所示 RC 电路的传输函数是

$$H(j\omega) = \frac{1}{1+j\omega CR} = \frac{a}{a+j\omega}$$

其中 $a = \dfrac{1}{RC}$ 是电路的衰减常数。由此得此电路的功率传输函数

$$|H(j\omega)|^2 = H(j\omega)H(-j\omega) = \frac{a}{a+j\omega} \cdot \frac{a}{a-j\omega}$$

$$= \frac{a^2}{a^2+\omega^2}$$

白噪声的功率谱为一常数,即 $S_{NN}(\omega) = N_0$,故得输出过程的功率谱密度为

$$S_{YY}(\omega) = S_{NN}(\omega)|H(j\omega)|^2 = \frac{a^2 N_0}{a^2+\omega^2}$$

容易证明,此式就是式(14-18)的傅里叶变换。

利用式(14-22),可以求得输出过程的方均值或平均功率为

$$\overline{Y^2} = P_{YY} = \frac{1}{2\pi}\int_{-\infty}^{\infty} \frac{a^2 N_0}{a^2+\omega^2}\mathrm{d}\omega$$

$$= \frac{a^2 N_0}{2\pi}\left[\frac{1}{a}\arctan\left(\frac{\omega}{a}\right)\right]_{-\infty}^{\infty} = \frac{a N_0}{2}$$

这结果与前面例题 14-1 中利用时域法求得的结果相同。

例题 14-3 假设图 14-1 所示 RC 滤波器的输入为

$$X(t) = S(t) + N(t)$$

其中 $S(t)$ 是一个具有随机初相位的余弦函数随机过程

$$S(t) = a_0\cos(\omega_0 t + \Theta)$$

这里 Θ 为在区间 $[0, 2\pi]$ 内作均匀分布的随机变量。$N(t)$ 为白噪声,其平均值为零,功率谱密度为常数 $S_{NN}(\omega) = N_0$。随机信号 $S(t)$ 和噪声 $N(t)$ 间不相关。试求滤波器输出端信号平均功率对噪声平均功率之比。

解:由式(14-22)可知滤波器的输出平均功率为

$$P_{YY} = \frac{1}{2\pi}\int_{-\infty}^{\infty} S_{XX}(\omega)|H(j\omega)|^2\mathrm{d}\omega$$

式中 RC 滤波器的功率传输函数已在上题中求得为

$$|H(j\omega)|^2 = \frac{\alpha^2}{\alpha^2+\omega^2}$$

在输入端口有两个随机过程,根据例题 13-4,此时输入功率谱密度为

$$S_{XX}(\omega) = S_{SS}(\omega) + S_{NN}(\omega) + 2\mathrm{Re}[S_{SN}(\omega)]$$

这里 $S_{SS}(\omega)$ 和 $S_{NN}(\omega)$ 分别为信号和噪声的功率谱,$S_{SN}(\omega)$ 为互功率谱。由于信号与噪声不相关,且噪声的平均值为零,根据式(13-37),它们的互相关函数亦为零,即

$$R_{SN}(\tau) = R_{NS}(\tau) = \overline{S}\ \overline{N} = 0$$

故

$$S_{SN}(\omega) = S_{NS}(\omega) = 0$$

于是输入功率谱即为信号功率谱和噪声功率谱之和

$$S_{XX}(\omega) = S_{SS}(\omega) + S_{NN}(\omega)$$

在例题 13-3 中已经求得随机过程 $S(t) = a_0 \cos(\omega_0 t + \Theta)$ 的功率谱密度为

$$S_{SS}(\omega) = \frac{a_0^2 \pi}{2} [\delta(\omega + \omega_0) + \delta(\omega - \omega_0)]$$

由此可得输入功率谱密度为

$$S_{XX}(\omega) = \frac{a_0^2 \pi}{2} [\delta(\omega + \omega_0) + \delta(\omega - \omega_0)] + N_0$$

系统的输出功率为

$$
\begin{aligned}
P_{YY} &= \frac{1}{2\pi} \int_{-\infty}^{\infty} S_{XX} |H(j\omega)|^2 d\omega \\
&= \frac{1}{2\pi} \int_{-\infty}^{\infty} (S_{SS}(\omega) + S_{NN}(\omega)) |H(j\omega)|^2 d\omega \\
&= \frac{1}{2\pi} \int_{-\infty}^{\infty} S_{SS}(\omega) |H(j\omega)|^2 d\omega + \frac{1}{2\pi} \int_{-\infty}^{\infty} S_{NN}(\omega) |H(j\omega)|^2 d\omega
\end{aligned}
$$

它可分为两部分,一部分为由输入信号功率谱 $S_{SS}(\omega)$ 得到的输出信号功率 P_{SS},另一部分为由噪声功率谱 $S_{NN}(\omega)$ 得到的输出噪声功率 P_{NN}。后者已由例题 14-2 求得为 $P_{NN} = \dfrac{\alpha N_0}{2}$,前者亦很容易通过积分求得

$$
\begin{aligned}
P_{SS} &= \overline{Y_{SS}^2} = \frac{1}{2\pi} \int_{-\infty}^{\infty} \frac{a^2}{a^2 + \omega^2} \cdot \frac{a_0^2 \pi}{2} [\delta(\omega + \omega_0) + \delta(\omega - \omega_0)] d\omega \\
&= \frac{a_0^2}{2} \frac{a^2}{a^2 + \omega_0^2}
\end{aligned}
$$

最后可得滤波器输出信号平均功率与噪声平均功率之比为

$$\frac{P_{SS}}{P_{NN}} = \frac{a_0^2}{N_0} \cdot \frac{\alpha}{\alpha^2 + \omega_0^2}$$

系统输出信号中信号和噪声的平均功率的比值简称为**信噪比**(signal to noise ratio, SNR),它是衡量系统输出信号质量的一个重要指标。信噪比越大,系统输出中信号的成分就越多,信号的质量就越好。在实际应用中经常要研究当系统的参数取什么值时,系统的输出信噪比最大,即系统参数取何值时系统为"最佳"。对于本例题,显然有

$$\frac{P_{SS}}{P_{NN}} = \frac{a_0^2}{N_0} \cdot \frac{\alpha}{\alpha^2 + \omega_0^2} = \frac{a_0^2}{N_0} \cdot \frac{1}{a + \dfrac{\omega_0^2}{a}} \leqslant \frac{a_0^2}{N_0} \cdot \frac{\alpha}{2\alpha\omega_0} = \frac{a_0^2}{2\omega_0 N_0}$$

上式等号成立的条件是 $\alpha = \dfrac{1}{RC} = \omega_0$，此时系统输出信噪比达到最大值 $\dfrac{a_0^2}{2\omega_0 N_0}$。这时，滤波器的半功率点的频率即等于信号频率。关于最佳系统设计问题，下一节中还有详细讨论。

§14.5 最佳线性系统

本章前面几节讨论的，都是对具有随机输入的线性系统的分析问题。现在再来进一步介绍一点涉及综合问题的关于最佳系统（optimum system）的概念。一个系统在实际工作中，总不可避免地会引入各种不希望有的干扰，所以就要设法找出一种系统，使得在输出处这种干扰的影响减到最小。这样的系统就称为**最佳的**。在本书中讨论的系统都是线性系统，所以这里的最佳系统是在线性系统中的最佳系统，或称为**最佳线性系统**（optimum linear system）。在前面的例题 14-3 的最后，已经看到了一个最佳系统的例子。下面将对最佳系统设计问题进行讨论。

要设计一个最佳系统，必须事先了解三个问题。首先是对于系统的输入信号要有一定的了解：系统输入中的信号和噪声的关系怎样？信号是确定性的还是随机的？信号和噪声满足怎样的统计特性等。例如，在例题 14-3 中，输入端的信号和噪声是相加的，信号是随机相位的正弦波随机过程，噪声是白噪声。其次，必须了解实际应用对于最佳系统本身的限制，例如要求它是一线性时不变系统，系统应服从因果律，甚至指定系统的结构形式，等等。例如在例题 14-3 中确定了系统是一个 RC 滤波器，时间参数可以任意选择。第三是对于所谓最佳采用何种准则，也就是用什么标准去衡量一个系统是否最佳。这种准则可以从许多不同的角度去建立，但是由它出发去导出对系统的要求时，要在数学上是便于求解的。例如，在例题 14-3 中，最优的准则是使信号平均功率对噪声平均功率之比达到最大。根据准则求得的是系统的冲激响应或传输函数，有时这些函数是不可能实现的。尽管如此，这种结果仍不失为设计工作的重要参考，因为利用它可以评价一个实际系统在多大程度上接近了最佳要求。

本节将介绍**最大信噪比**和**最小方均误差**两种最佳准则及由这些准则导出的最佳滤波器——匹配滤波器和维纳滤波器。前者适用于输入是属于随机出现的确定脉冲波形，后者适用于输入是不知其波形的随机信号。两者在通讯、雷达、声呐等系统中都有很重要的应用价值。

1. 最大信噪比系统（maximum SNR system）与匹配滤波器（matched filter）

最大信噪比系统用于对已知的确定性信号进行检测，检查收到的信号中是否有我们所关心的信号分量。假设系统接收到的信号为一个已知的确定性信号 $s(t)$ 和干扰噪声 $N(t)$ 的和，即

$$X(t) = s(t) + N(t) \tag{14-27}$$

其中，干扰信号 $N(t)$ 是叠加在有用信号上的，被称为加性噪声（additive noise）。信号 $s(t)$ 是一个形式完全确定的信号，例如，在通信中可能是代表一个码元的特定的脉冲信号，在雷达信号处

理中可能是目标对雷达发出的探测波的反射信号。在这些时候,通常关心的是在接收到的信号 $X(t)$ 中是否存在信号 $s(t)$,这个工作被称为**检测**。如果存在,则意味着在通信中接收到了一个特定的码元,或在雷达里测量到了一个目标。但是,由于存在干扰,信号可能完全淹没在噪声中,无法直接根据接收到的信号判定其中是否有信号 $s(t)$ 存在,如图 14-4 所示。这时,需要设计一个特定的系统,用于对信号 $s(t)$ 的存在进行检测,系统的框图如图 14-5 所示。这个系统的输出 $Y(t)$ 可以分为两部分:一部分是输入信号 $s(t)$ 的响应 $y_s(t)$,另一部分是干扰 $N(t)$ 的响应 $y_N(t)$。这时系统的任务是对输入信号进行预处理,**以便能够根据某个特定时刻 t_0 时系统的输出 $Y(t_0)$,来判定是否存在输入信号**。这里只关心系统在 t_0 时刻的输出,并不关心输出信号波形,也不要求对信号不失真传输,对系统具有何种结构形式也并无规定,唯一的限制是它必须是线性时不变的因果系统。这时滤波器的设计目标是 t_0 时刻系统的输出 $Y(t_0)$ 中信号的成分要尽可能地大,噪声的成分尽可能地小。这时在 t_0 时刻系统的输出 $Y(t_0)$ 中信号的响应成分占有主导地位,如果 $Y(t_0)$ 比较大,就可以判断输入信号中存在信号 $s(t)$;而如果 $Y(t_0)$ 比较小,则可以判断输入信号中不存在信号。当然,由于输出信号中存在干扰,这种判别方法有时会出现错误。$Y(t_0)$ 中的信号与噪声成分的幅度之比越大,出错的可能性就越小。如果能够使 $Y(t_0)$ 中信号与噪声的幅度的比值达到最大,这时的系统就达到最佳,这就是这种最佳系统的设计准则。

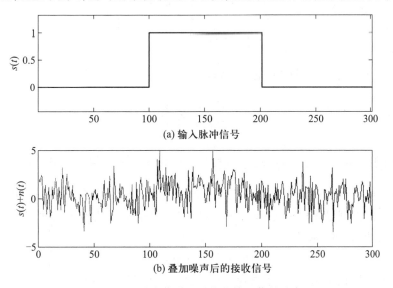

(a) 输入脉冲信号

(b) 叠加噪声后的接收信号

图 14-4　最大信噪比系统的输入信号示意

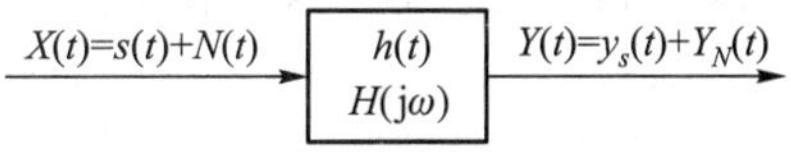

假设系统的冲激响应为 $h(t)$,信号 $s(t)$ 经过系统后的输出 $y_s(t)$ 可由系统冲激响应和输入信号卷积得到,即

$$y_s(t) = \int_{-\infty}^{\infty} h(\xi) s(t - \xi) \, \mathrm{d}\xi \qquad (14\text{-}28)$$

图 14-5　系统的输入和输出

$X(t)=s(t)+N(t) \rightarrow \boxed{\begin{array}{c} h(t) \\ H(\mathrm{j}\omega) \end{array}} \rightarrow Y(t)=y_s(t)+Y_N(t)$

设输入噪声 $N(t)$ 是白噪声,则由式(14-15)可以得到噪声 $N(t)$ 经过系统后的输出 $y_N(t)$ 的

方均值为

$$\overline{y_N^2(t)} = N_0 \int_{-\infty}^{\infty} h^2(\xi) \,\mathrm{d}\xi \tag{14-29}$$

由式(14-28)和式(14-29)，可得时间 t_0 时刻的信噪比为

$$\frac{y_s^2(t_0)}{\overline{y_N^2(t_0)}} = \frac{\left[\int_{-\infty}^{\infty} h(\xi)s(t_0-\xi)\,\mathrm{d}\xi\right]^2}{N_0 \int_{-\infty}^{\infty} h^2(\xi)\,\mathrm{d}\xi} \tag{14-30}$$

　　根据最大信噪比系统的最优化准则，必须找到合适的系统冲激响应 $h(t)$，使得式(14-30)达到最大值。为此，较为方便的方法是利用**施瓦茨不等式**（Schwarz inequality）[①]。根据该不等式，对任意两个实函数 $f(t)$ 和 $g(t)$，存在着如下不等关系

$$\left[\int_a^b f(t)g(t)\,\mathrm{d}t\right]^2 \leqslant \int_a^b f^2(t)\,\mathrm{d}t \int_a^b g^2(t)\,\mathrm{d}t \tag{14-31}$$

式中的相等关系只有在 $f(t) = k \cdot g(t)$ 时成立，这里 k 是与 t 无关的任意常数。应用施瓦茨不等式于式(14-30)，可得

$$\frac{y_s^2(t_0)}{\overline{y_N^2(t_0)}} \leqslant \frac{\int_{-\infty}^{\infty} h^2(\xi)\,\mathrm{d}\xi \int_{-\infty}^{\infty} s^2(t_0-\xi)\,\mathrm{d}\xi}{N_0 \int_{-\infty}^{\infty} h^2(\xi)\,\mathrm{d}\xi} = \frac{1}{N_0} \int_{-\infty}^{\infty} s^2(t_0-\xi)\,\mathrm{d}\xi \tag{14-33a}$$

其中 $\int_{-\infty}^{\infty} s^2(t_0-\xi)\,\mathrm{d}\xi$ 等于信号的能量 W，所以

$$\frac{y_s^2(t_0)}{\overline{y_N^2(t_0)}} \leqslant \frac{W}{N_0} \tag{14-33b}$$

上式表明，任何线性系统在式(14-28)这种输入下的输出在 t_0 时刻的信噪比不可能大于 $\dfrac{W}{N_0}$，或系统的最大输出信噪比由输入信号能量与噪声功率密度之比决定。式(14-33b)中等号成立时，系统在 t_0 时刻的输出得到最大信噪比，系统达到最佳。根据施瓦茨不等式等号成立的条件，可以得到最佳系统的冲激响应为

$$h_{\text{opt}}(t) = k \cdot s(t_0-t) \tag{14-34a}$$

式中增益常数 k 可以任意选取，为了讨论方便，可以令其等于1，这样可以得到

$$h_{\text{opt}}(t) = s(t_0-t) \tag{14-34b}$$

式(14-34a)与式(14-34b)相比，只不过对系统传输函数的幅度增加了 k 倍，这将使信号和噪声

① 对于任意两个具有实自变量的复函数 $A(\omega)$ 和 $B(\omega)$，施瓦茨不等式为
$$\left|\int_{-\infty}^{+\infty} A(\omega)B(\omega)\,\mathrm{d}\omega\right|^2 \leqslant \left[\int_{-\infty}^{+\infty}|A(\omega)|^2\,\mathrm{d}\omega\right]\left[\int_{-\infty}^{+\infty}|B(\omega)|^2\,\mathrm{d}\omega\right] \tag{14-32}$$
不等式中的等号在 $A(\omega) = K \cdot B^*(\omega)$ 时成立，其中 K 是任意常数。

的幅度同时扩大 k 倍,但是显然不会影响两者的比值,所以在设计时一般使用式(14-34b)。从这个等式很易看出,这个系统的冲激响应的波形只是把输入信号波形绕纵轴反褶并延时 t_0 的结果,如图 14-6 所示。$h_{opt}(t)$ 的波形与 $s(t)$ 相比,除了左右相反以外,其余完全一样,这个系统似乎是按照信号 $s(t)$ 量身定做的,所以这个系统常称为**匹配滤波器**(matched filter),因为滤波器的冲激响应的波形是与输入信号波形相匹配的。

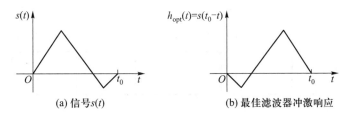

(a) 信号 $s(t)$　　　　　　(b) 最佳滤波器冲激响应

图 14-6　最佳滤波器的冲激响应

根据式(14-34a),可以得到具有最大输出信噪比的最佳系统的传输函数是

$$H_{opt}(j\omega) = k \cdot S^*(j\omega) e^{-j\omega t_0} = k \cdot S(-j\omega) e^{-j\omega t_0} \qquad (14-35)$$

其中 $S^*(j\omega)$ 是信号 $s(t)$ 的傅里叶变换的共轭函数,因为 $s(t)$ 是一个实函数,所以

$$S^*(j\omega) = S(-j\omega)$$

在上面的讨论中,并没有考虑滤波器是否满足因果性和能否实现的问题。但是在实现这个系统时,因果性是一个必要条件。从式(14-34b)可以看到,如果输入信号 $s(t)$ 在 $t>t_0$ 时有非零值,则 $h_{opt}(t) = s(t_0-t)$ 在 $t<0$ 时就会有非零值,系统就不满足因果性,因而这时的最佳滤波器是不可能用因果系统实现的。这时,为了使系统满足因果性,必须要调节判决时刻 t_0,使 $t>t_0$ 时,$s(t)$ 满足 $s(t)=0$,或者说判决时刻应该选择在信号结束以后。但是有时实际信号的延续时间不一定是有限的,例如指数信号 $e^{-\alpha t}\varepsilon(t)$ 就是随着时间作无限延伸的信号,不可能找到结束的时间。这时,可以修改最佳滤波器的冲激响应,令

$$h_{opt}(t) = k \cdot s(t_0-t)\varepsilon(t) \qquad (14-34c)$$

这里乘以单位阶跃函数 $\varepsilon(t)$ 的作用是切去原来 $h_{opt}(t)$ 中 $t<0$ 那部分中的非零值,强行使系统满足因果条件。这时信噪比降为

$$\left[\frac{y_s^2(t_0)}{y_N^2(t_0)}\right] = \frac{1}{N_0}\int_0^\infty s^2(t_0-\xi)\,\mathrm{d}\xi$$

$$= \frac{1}{N_0}\int_{-\infty}^{t_0} s^2(t)\,\mathrm{d}t = \frac{W(t_0)}{N_0} \qquad (14-36)$$

式中 $W(t_0) = \int_{-\infty}^{t_0} s^2(t)\,\mathrm{d}t$,是信号 $s(t)$ 到时间 t_0 为止的能量。这时的最大信噪比就不是理想值了,而是用因果系统对信号进行处理后,在 t_0 时刻可以达到的最大信噪比。

例题 14-4　设输入信号波形 $s(t)$ 为矩形脉冲

$$s(t) = A[\varepsilon(t) - \varepsilon(t-T)]$$

而接收到的信号中除了含有信号 $s(t)$ 以外还附加有白噪声干扰,其常数功率谱密度为 N_0。试求在判决时刻 t_0 小于脉冲宽度 T 和大于等于 T 两种情况下匹配滤波器的冲激响应,并比较这两种情况下的最大输出信噪比。

解:根据匹配滤波器的设计原理,可以得到匹配滤波器的冲激响应,如图 14-7 所示。图(a)为信号的波形,图(b)对应于 $t_0 \geqslant T$ 时系统的冲激响应,图(c)对应于 $t_0 < T$ 时系统的冲激响应,其中的虚线部分是为了保证系统的因果性而去除的部分。

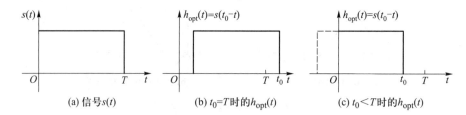

(a) 信号 $s(t)$　　(b) $t_0 = T$ 时的 $h_{opt}(t)$　　(c) $t_0 < T$ 时的 $h_{opt}(t)$

图 14-7　例题 14-4 的最佳滤波器的冲激响应

当 $t_0 \geqslant T$ 时,匹配滤波器的冲激响应的表达式为

$$h_{opt}(t) = s(t_0 - t) = A[\varepsilon(t_0 - t) - \varepsilon(t_0 - t - T)]$$

这时的最大信噪比为

$$\left[\frac{y_s^2(t_0)}{y_N^2(t_0)}\right]_{max} = \frac{A^2 T}{N_0}$$

当 $t_0 < T$ 时,因果的匹配滤波器的冲激响应的表达式应该如式(14-34c),即

$$h_{opt}(t) = s(t_0 - t)\varepsilon(t) = A[\varepsilon(t) - \varepsilon(t - t_0)]$$

这时的信噪比按式(14-36)应为

$$\left[\frac{y_s^2(t_0)}{y_N^2(t_0)}\right] = \frac{1}{N_0}\int_0^{t_0} A^2 \mathrm{d}\xi = \frac{A^2 t_0}{N_0}$$

可见,当 $t_0 < T$ 时,最大信噪比较 $t_0 = T$ 时小,减小的程度与 $T - t_0$ 成比例。

在这个例题中还可以看出,当 $t_0 \geqslant T$ 时,最佳系统输出的信噪比没有变化。在实际应用中,一般情况取 $t_0 = T$,这样可以尽早得到判决结果。

图 14-8 显示了用匹配滤波器对信号进行处理的结果。为了比较,分别在不带有有用信号和带有有用信号 $s(t)$ 两种条件下进行了仿真,输入信号分别如图 14-8(a)和(b)所示。从输入信号中无法判定其中是否含有信号 $s(t)$。图 14-8(a)、(b)所示的信号分别经过匹配滤波器处理后的结果如图 14-8(c)、(d)所示,这里重点对其在判决时刻 $t_0 = 200$ ms 处的取值进行观察。当输入信号中没有有用信号时,系统的输出很小(不超过 30);有信号时,系统的输出可以达到100 以上。这说明通过匹配滤波器后,信号中的有用信号分量得到了加强,信噪比得到了提高,这有利于判定接收信号中是否含有有用信号(例如雷达探测信号的回波)。

在雷达信号处理应用中还有一个很重要的问题是确定一个判别目标是否存在的判决门限,

也就是说最佳滤波器的输出达到多大可以判定目标存在。这显然也是目标判别的一个非常重要的因素。关于这个问题的讨论超出了本教材的内容,有兴趣的读者可以参考其他文献。

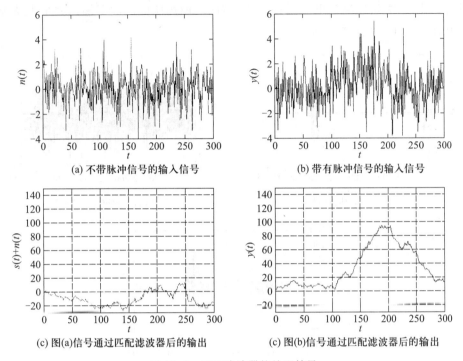

(a) 不带脉冲信号的输入信号

(b) 带有脉冲信号的输入信号

(c) 图(a)信号通过匹配滤波器后的输出

(c) 图(b)信号通过匹配滤波器后的输出

图 14-8　匹配滤波器的处理结果

要判定接收信号中是否含有有用信号 $s(t)$,只要关心匹配滤波器在 t_0 时刻的输出值就可以了,其他时刻的输出值并没有使用价值。但是实际上匹配接收系统每个时刻的输出都是有一定意义的。如果将原始有用信号 $s(t)$ 右移 Δt,成为 $s_1(t) = s(t-\Delta t)$,同时判决时刻也右移 Δt 成为 $t_1 = t_0 + \Delta t$。则对于信号 $s_1(t)$ 的匹配滤波器的冲激响应为

$$h_{opt1}(t) = s_1(t_1-t) = s(t_1-t-\Delta t) = s(t_0+\Delta t-t-\Delta t) = s(t_0-t) = h_{opt}(t)$$

此时的匹配滤波器与前面式(14-34)给出的完全相同,只不过判决时刻变成了 $t_0+\Delta t$。所以,根据匹配滤波器在 $t_0+\Delta t$ 时刻的输出,可以判定系统是否存在信号 $s(t-\Delta t)$。这样,通过匹配滤波器的输出不仅能够判定接收信号中是否含有 $s(t)$ 本身,而且还可以判定其中是否含有平移后的有用信号 $s(t-\Delta t)$ 以及平移的时间 Δt,从平移时间上可以估计出信号出现的时刻。这在很多应用场合都具有很大的价值。例如,雷达通过发射脉冲信号来探测目标,它通过检测目标对发射脉冲的反射回波探测是否有物体存在,并通过测量回波到达的时间来计算目标的距离。如果没有干扰存在,这个检测和估计问题很容易解决。但是,在具有强干扰的情况下,问题就不容易解决了。图 14-9(a)画出了一个原始的回波信号,而在接收机输入端接收到的信号很可能叠加有很强的干扰噪声,如图 14-9(b)所示,这时从接收信号中无法直接判定是否有回波信号,更不用

说判定回波到达的时间了。但是将接收信号通过根据发射信号波形(同时也是接收到的回波信号的波形)设计的匹配滤波器后,信噪比得到了提高,如图 14-9(c)所示,从图中可以清晰地看到回波信号的出现,并可以测量出回波到达的时间(一般用匹配滤波器输出的最大值处的时间减去 t_0),从而可以推算出目标的距离。

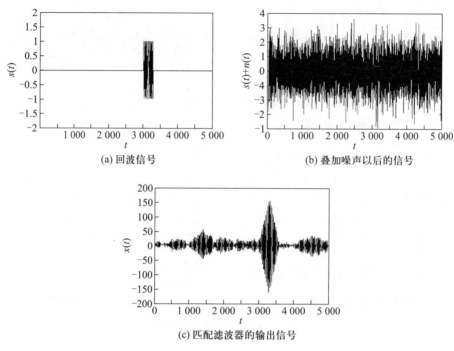

(a) 回波信号   (b) 叠加噪声以后的信号

(c) 匹配滤波器的输出信号

图 14-9 雷达回波检测

2. 最小方均误差的系统与维纳滤波器

在上面介绍的匹配滤波器中,输入信号内的有用信号是确定性的信号,干扰是随机信号。在实际应用中,接收机接收或测量到的信号中不仅干扰是一个随机信号,而且有用的信号也是一个随机信号,这时希望能够有一个对这个接收信号进行处理的系统,能够最大限度地抑制接收信号中的干扰,恢复出有用的信号分量,以取得有用的信息。这时系统的设计目标是在有噪声干扰的情况下,系统的输出与输入信号中的有用信号之间误差的方均值为最小,要求在噪声影响下的总输出尽量与输入信号相接近。这种系统适用于输入信号属于不知道波形的随机过程的情况,用于对接收到的信号的波形进行估计。可以使用的优化准则有很多,使用得比较多的是按最小方均误差准则进行优化,在方均意义上使总输出与输入信号间估计误差最小,也就是在统计意义上两者尽量接近,但系统的输出与输入信号的真值仍可有一定误差。这种按照最小方均误差准则求得的最佳系统称为**维纳滤波器**(Wiener filter)。此时对系统的限制只要求系统是线性时不变的,并不预先规定系统的结构形式。

维纳滤波器的输入输出关系仍可用式(14-27)这样的加性噪声模型来表示,但这时输入信

号 $s(t)$ 是随机过程,这里改用 $S(t)$ 表示;噪声过程 $N(t)$ 的平均值为零,但不要求必须是白噪声;此外,还设 $S(t)$ 和 $N(t)$ 是广义平稳过程,且两者不相关。系统总的输入过程为

$$X(t) = S(t) + N(t)$$

总的输出过程为

$$Y(t) = S_o(t)$$

其中 $S_o(t)$ 是输出信号过程。现在的工作是求得系统的传输函数 $H(j\omega)$,使得 $Y(t)$ 与 $t+t_0$ 时的 $S(t+t_0)$ 的方均误差最小,就是两者最为接近,或者说使 $Y(t)$ 是 $S(t+t_0)$ 的最好估计。若 $t_0 > 0$,$Y(t)$ 是 $S(t)$ 未来值的估计,则系统是一个**预测滤波器**(prediction filter)。若 $t_0 < 0$,$Y(t)$ 是 $S(t)$ 过去值的估计,则系统是一个**平滑滤波器**(smoothing filter)。若 $t_0 = 0$,$Y(t)$ 就是 $S(t)$ 即时值的估计。

要想达到 $Y(t)$ 与所希望的 $S(t+t_0)$ 完全相同是不可能的,两者一定存在误差

$$\varepsilon_\Delta(t) = S(t+t_0) - Y(t) \tag{14-37}$$

此误差的方均值为

$$\begin{aligned}
E[\varepsilon_\Delta^2(t)] &= E[\{S(t+t_0) - Y(t)\}^2] \\
&= E[S^2(t+t_0) + Y^2(t) - 2Y(t)S(t+t_0)] \\
&= R_{SS}(0) + R_{YY}(0) - 2R_{YS}(t_0) \tag{14-38}
\end{aligned}$$

现在先把方均误差用有关的功率密度谱表示出来。设 $S_{SS}(\omega)$、$S_{XX}(\omega)$ 和 $S_{YY}(\omega)$ 分别为 $S(t)$、$X(t)$、$Y(t)$ 的功率谱密度,则

$$R_{SS}(0) = \overline{S^2(t+t_0)} = \frac{1}{2\pi} \int_{-\infty}^{\infty} S_{SS}(\omega)\,d\omega \tag{14-39}$$

$$R_{YY}(0) = \overline{Y^2(t)} = \frac{1}{2\pi} \int_{-\infty}^{\infty} S_{YY}(\omega)\,d\omega$$

$$= \frac{1}{2\pi} \int_{-\infty}^{\infty} S_{XX}(\omega)|H(j\omega)|^2\,d\omega \tag{14-40}$$

这里的 $H(j\omega)$ 就是欲求的滤波器的传输函数。再把式(14-38)中的互相关函数 $R_{YS}(t_0)$ 用有关的功率谱密度来表示,得

$$\begin{aligned}
R_{YS}(t_0) &= E[Y(t)S(t+t_0)] \\
&= E\left[S(t+t_0)\int_{-\infty}^{\infty} h(\xi)X(t-\xi)\,d\xi\right] \\
&= \int_{-\infty}^{+\infty} R_{XS}(t_0+\xi)h(\xi)\,d\xi \\
&= \int_{-\infty}^{+\infty} \frac{1}{2\pi}\int_{-\infty}^{+\infty} S_{XS}(\omega)e^{j\omega(t_0+\xi)}\,d\omega\, h(\xi)\,d\xi \\
&= \frac{1}{2\pi}\int_{-\infty}^{+\infty} S_{XS}(\omega)e^{j\omega t_0}\left\{\int_{-\infty}^{+\infty} h(\xi)e^{j\omega\xi}\,d\xi\right\}d\omega
\end{aligned}$$

$$= \frac{1}{2\pi} \int_{-\infty}^{\infty} S_{XS}(\omega) H(-j\omega) e^{j\omega t_0} d\omega \qquad (14-41)$$

式中 $R_{XS}(t_0)$ 和 $S_{XS}(\omega)$ 分别为 $X(t)$ 与 $S(t)$ 的互相关函数和互功率谱密度。将式(14-39)至式(14-41)代入式(14-38)并经整理,则方均误差成为

$$E[\varepsilon_\Delta^2(t)] = \frac{1}{2\pi} \int_{-\infty}^{+\infty} \{ S_{SS}(\omega) - 2S_{SX}(\omega) H(-j\omega) e^{j\omega t_0} + S_{XX}(\omega) |H(j\omega)|^2 \} d\omega \quad (14-42)$$

至此,方均误差已经用有关的功率谱密度和系统的传输函数表示出来了。下一步的工作要来进一步求出此方均误差最小时的 $H(j\omega)$。为此,把上式中的复函数用其模和相位表示为

$$H(j\omega) = H(\omega) e^{j\varphi(\omega)} , \quad H(-j\omega) = H(\omega) e^{-j\varphi(\omega)} \qquad (14-43)$$

$$S_{XS}(\omega) = A(\omega) e^{jB(\omega)} \qquad (14-44)$$

再以这两式代入式(14-42),得

$$E[\varepsilon_\Delta^2(t)] = \frac{1}{2\pi} \int_{-\infty}^{\infty} \{ S_{SS}(\omega) + S_{XX}(\omega) H^2(\omega) \} d\omega$$

$$- \frac{1}{2\pi} \int_{-\infty}^{\infty} 2A(\omega) H(\omega) e^{j[\omega t_0 + B(\omega) - \varphi(\omega)]} d\omega \qquad (14-45)$$

其中,$\varphi(\omega)$ 只与第二个积分项有关。由于方均误差是实数,同时第一个积分项的结果一定是实数,所以第二个积分项的结果亦应该是实数。其虚部一定等于零。所以

$$\frac{1}{2\pi} \int_{-\infty}^{\infty} 2A(\omega) H(\omega) e^{j[\omega t_0 + B(\omega) - \varphi(\omega)]} d\omega$$

$$= \frac{1}{2\pi} \int_{-\infty}^{\infty} 2A(\omega) H(\omega) \cos[\omega t_0 + B(\omega) - \varphi(\omega)] d\omega$$

$$\leqslant \frac{1}{2\pi} \int_{-\infty}^{\infty} 2A(\omega) H(\omega) d\omega \qquad (14-46)$$

其中等号在 $\cos[\omega t_0 + B(\omega) - \varphi(\omega)] = 0$ 时成立。为了使式(14-45)表示的方均误差最小,要求第二个积分项的结果最大,于是可以得到最佳系统的传输函数 $H(j\omega)$ 的相位特性为

$$\varphi(\omega) = \omega t_0 + B(\omega) \qquad (14-47)$$

接下来讨论幅频特性 $H(\omega)$。将式(14-47)代入式(14-45),合并两项积分,并经配方整理,可得

$$E[\varepsilon_\Delta^2(t)] = \frac{1}{2\pi} \int_{-\infty}^{\infty} \left\{ S_{SS}(\omega) - \frac{A^2(\omega)}{S_{XX}(\omega)} + S_{XX}(\omega) \left[H(\omega) - \frac{A(\omega)}{S_{XX}(\omega)} \right]^2 \right\} d\omega \qquad (14-48)$$

由此式可以清楚地看出,使方均误差最小的传输函数的模为

$$H(\omega) = \frac{A(\omega)}{S_{XX}(\omega)} \qquad (14-49)$$

然后,由式(14-43)、式(14-44)、式(14-47)、式(14-49)可得最佳滤波器的传输函数为

$$H_{opt}(j\omega) = \frac{S_{XS}(\omega)}{S_{XX}(\omega)} e^{j\omega t_0} \qquad (14-50)$$

推演此式时,并未以输入信号 $S(t)$ 和噪声 $N(t)$ 不相关为条件。但如果两者不相关,则

$$S_{XX}(\omega) = S_{SS}(\omega) + S_{NN}(\omega) \tag{14-51}$$

$$S_{XS}(\omega) = S_{SS}(\omega) \tag{14-52}$$

将这两个关系代入式(14-50),则最佳滤波器的传输函数还可进一步简化为

$$H_{\text{opt}}(j\omega) = \frac{S_{SS}(\omega)}{S_{SS}(\omega) + S_{NN}(\omega)} e^{j\omega t_0} \tag{14-53}$$

应用式(14-50)和式(14-53),由式(14-48)可以得 $S(t)$ 与 $N(t)$ 相关和不相关两种情况时的最小方均误差分别为

$$E[\varepsilon_\Delta^2(t)]_{\min} = \frac{1}{2\pi} \int_{-\infty}^{+\infty} \left\{ S_{SS}(\omega) - \frac{|S_{XS}(\omega)|^2}{S_{XX}(\omega)} \right\} d\omega \tag{14-54}$$

$$E[\varepsilon_\Delta^2(t)]_{\min} = \frac{1}{2\pi} \int_{-\infty}^{+\infty} \frac{S_{SS}(\omega) S_{NN}(\omega)}{S_{SS}(\omega) + S_{NN}(\omega)} d\omega \tag{14-55}$$

如果系统的输入信号中没有噪声,即 $S_{NN}(\omega) = 0$。由式(14-53)可知此时维纳滤波器的传输函数为

$$H_{\text{opt}}(j\omega) = e^{j\omega t_0}$$

这个滤波器为一延时 t_0 的理想延时器。若 $t_0 > 0$,这相当于一预测滤波器,它是一不能实现的负延时的延时器;若 $t_0 < 0$,这相当于一平滑滤波器,它是一可实现的延时器;若 $t_0 = 0$,$H_{\text{opt}}(j\omega) = 1$,此时 $Y(t) = s(t)$,当然这是对 $s(t)$ 即时值的最好估计。

上面对于最小方均误差的最佳系统的讨论中,没有考虑系统是否因果的和它能否实现的问题。事实上,式(14-50)或式(14-53)表示的滤波器一般为非因果的,因此也是不能实现的。在某些场合,因果性不是一个重要问题,例如在信号处理中,有些存储的数据序列根本与时间无关。但除此以外,系统的因果性仍是一个必须加以解决的问题。现在一般使用的解决办法的思路是:预先使用一个可实现的所谓**白化滤波器**(prewhitening filter),将信号和噪声合成的输入转变成白噪声;然后将这白噪声通过一个因果滤波器,该滤波器的传输函数是将式(14-50)或式(14-53)传输函数中非因果的因素剔除后的新传输函数。这样做所得的方均误差比式(14-54)或式(14-55)的当然要大,但这是实际能做到的最小方均误差。关于维纳滤波器的深入研究,已经超出了本书的范围,所以就不再作进一步介绍了。

例题 14-5 假设某系统的输入信号为

$$X(t) = S(t) + N(t)$$

其中 $S(t)$ 是一个具有随机初相位的余弦函数随机过程,即

$$S(t) = a_0 \cos(\omega_0 t + \Theta)$$

这里 Θ 为在区间 $[0, 2\pi]$ 内作均匀分布的随机变量。$N(t)$ 为白噪声,其平均值为零,功率谱密度为常数 $S_{NN}(\omega) = N_0$。随机信号 $S(t)$ 和噪声 $N(t)$ 间不相关。求能够得到信号 $S(t)$ 的最小方均误差估计的维纳滤波器的传输函数。

解:在例题 13-3 中已经求得随机过程 $S(t) = a_0 \cos(\omega_0 t + \Theta)$ 的功率谱密度为

$$S_{SS}(\omega) = \frac{a_0^2 \pi}{2} [\delta(\omega+\omega_0) + \delta(\omega-\omega_0)]$$

而根据公式(13-64),白噪声的功率谱密度为

$$S_{NN}(\omega) = N_0$$

因为信号 $S(t)$ 和噪声 $N(t)$ 不相关,所以可以应用式(14-53),得到维纳滤波器的传输函数为

$$H_{opt}(j\omega) = \frac{S(\omega)}{S(\omega)+N(\omega)} e^{j\omega t_0} = \frac{\dfrac{a_0^2 \pi}{2}[\delta(\omega+\omega_0)+\delta(\omega-\omega_0)]}{\dfrac{a_0^2 \pi}{2}[\delta(\omega+\omega_0)+\delta(\omega-\omega_0)]+N} e^{j\omega t_0}$$

$$= \begin{cases} e^{j\omega t_0} & \text{当 } \omega = \pm\omega_0 \text{ 时} \\ 0 & \text{其他} \end{cases}$$

这时的滤波器仅让频率分量为 ω_0 的信号通过,是一个"点频滤波器"。随机信号 $S(t)$ 中的所有样本都可以通过这个滤波器。噪声 $N(t)$ 中只能有频率点 ω_0 上的信号分量通过,而在这个频率点上的噪声分量强度为 $N_0 \mathrm{d}\omega$,又等于无穷小,所以输出信号的信噪比等于无穷大。根据式(14-55),最小均方误差为

$$E[\varepsilon_\Delta^2(t)]_{min} = \frac{1}{2\pi}\int_{-\infty}^{+\infty} \frac{S_{SS}(\omega)S_{NN}(\omega)}{S_{SS}(\omega)+S_{NN}(\omega)} \mathrm{d}\omega = \frac{1}{2\pi}\int_{-\infty}^{+\infty} N_0 \cdot H_{opt}(j\omega)\mathrm{d}\omega$$
$$= 0$$

其误差自然最小。但显然这个"点频滤波器"是无法实现的,一般在实际使用中都用窄带滤波器近似。

3. 其他类型的最佳滤波器

在不同的输入信号、不同限制条件和不同的最佳准则下,可以设计出不同的最佳系统。在实际中经常遇到这样的情况:系统的结构形式已经给定,但系统的参数可以改变,通过调节参数的办法,来使系统输出方均误差最小,或者输出信噪比最大,从而达到最佳。这种办法能保证滤波器必定可以实现,当然其最佳的结果可能不如前述理想情况了。在前面题题14-3中已见到过这样的例子。这里再给出一个应用实例。

例题 14-6 对于如例题 14-4 的输入信号和噪声,如果指定用图 14-1 的简单 RC 滤波器作为判决前的预处理系统,试求其最佳判决时刻、最大输出信噪比时的滤波器参数以及此最大信噪比,并与例题 14-4 给出的匹配滤波器的结果比较。

解:本题简单 RC 滤波器的传输函数为

$$H(j\omega) = \frac{\alpha}{\alpha+j\omega}$$

其中可调变的参数只有一个,即衰减常数 $\alpha = \dfrac{1}{RC}$。矩形脉冲信号通过此滤波器后的输出信号为

$$s_o(t) = \begin{cases} A(1-e^{-\alpha t}) & 0 \leqslant t < T \\ A(1-e^{-\alpha T}) e^{-\alpha(t-T)} & T \leqslant t < \infty \end{cases}$$

如图 14-10 所示。输出信号最大值出现于 $t=T$ 时,因此选择 $t_0=T$ 是合理的。这时的最大信号输出是 $s_o(t_0) = A(1-e^{-\alpha T})$。

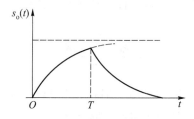

图 14-10   RC 滤波器输出波形

白噪声通过此 RC 滤波器后输出噪声的方均值 $\overline{N^2}$ 已由例题 14-2 求得为 $\dfrac{\alpha N_0}{2}$。于是得 $t_0=T$ 时的信噪比为

$$\frac{s_o^2(t_0)}{\overline{N^2}} = \frac{2A^2(1-e^{-\alpha T})^2}{\alpha N_0}$$

现在欲求得使这个信噪比为最大时的 a 值。为此,将上式对 a 求导数并令其为零,即

$$\frac{\mathrm{d}}{\mathrm{d}a}\left[\frac{s_o^2(t_0)}{\overline{N^2}}\right] = 0$$

经过并不复杂的运算,即可求得最大信噪比时 a 应满足的条件为

$$2aT+1 = e^{aT}$$

用数值计算法可解出上式 aT 的近似值为 $aT \approx 1.257$,或

$$a \approx \frac{1.257}{T}, \quad RC \approx \frac{T}{1.257}$$

这就是所要求的最佳滤波器的参数。将这最佳 aT 值代入信噪比公式,就可求得这个滤波器输出端的最大信噪比为

$$\left[\frac{s_o^2(t_0)}{M^2}\right]_{\max} = \frac{2A^2(1-\theta^{-1.257})^2}{1.257N_0/T} = \frac{0.814A^2T}{N_0}$$

把此结果同例题 14-4 中得到的匹配滤波器再与 $t_0=T$ 时的结果作比较,可以看出输出信噪比大约减少了 20%,它的效果自然没有匹配滤波器好。但是考虑到这个 RC 滤波器的制作简单而价廉,信噪比又减少并不太多,在本题的信号和噪声条件下,可以认为这种滤波器还是不差的。

以上介绍了几种简单的最佳系统的设计过程。在通信、雷达、声呐等实际的应用系统中,类似最佳系统设计的例子很多。随着信息传输模型的不同、传输信号的差异,以及信息处理的目标不同,对应的最佳系统也就不一样。在后续专业课程的学习中,读者会接触到更多更加复杂的最佳系统,例如卡尔曼滤波(Kalman filter),相比于维纳滤波而言,卡尔曼滤波以递推公式的形式出现,而且一定保证是物理可实现的,在实际应用中得到了广泛的应用。但是它的原理和推导过程比维纳滤波要复杂得多,超出了本课程的范围。这里介绍的只不过是其中简单的几种,旨在给读者建立最佳系统的概念。有兴趣的读者可以在后续课程中继续学习。

习　题

14.1　单节 RC 低通滤波器如图 P14-1 所示。当输入过程 $X(t)$ 的平均值为 $\overline{X}$ 时,求输出过程 $Y(t)$ 的平均值 $\overline{Y}$。把随机过程的平均值看成直流分量,本题结果说明什么?

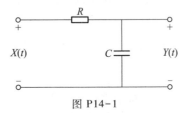

图 P14-1

14.2　上题 RC 低通滤波器的衰减常数为 $\alpha = \dfrac{1}{RC} = 100\pi$,输入是低通带限白噪声,其功率谱密度为 $10 \text{ V}^2/\text{Hz}$,带宽 50 Hz。求滤波器输出的方均值。

14.3　若输入图 P14-1 所示 RC 电路的随机过程为

$$X(t) = X_0 + \cos(2\pi t + \Theta)$$

其中 X_0 为一个均匀分布于 $[0,1]$ 间的随机变量;Θ 是均匀分布于 $[0,2\pi]$ 间的随机变量,并对于 X_0 独立。求输出 $Y(t)$ 的自相关函数。

14.4　平稳白噪声电压过程 $X(t)$ 的功率谱密度为 N_0,平均值为零。将它输入图 P14-4 所示的 RL 电路,求:

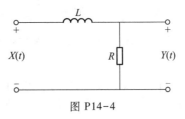

图 P14-4

(1) 输入过程 $Y(t)$ 的平均值 $\overline{Y}$;
(2) 在电阻 R 中消耗的平均功率;
(3) 输出过程的相关函数 $R_{YY}(\tau)$;
(4) 输出过程的功率谱密度 $S_{YY}(\omega)$。

14.5　一线性时不变系统的冲激响应为

$$h(t) = e^{-\alpha t}\varepsilon(t)$$

在 $t = 0$ 时,以平稳噪声过程接入此系统,而在此之前输入为零。该噪声的自相关函数为

$$R_{NN}(\tau) = e^{-\beta|\tau|}$$

求输出过程的方均值的时间函数。

14.6　一系统的冲激响应为

$$\begin{cases} h(t) = 1-t & 0 \leq t \leq 1 \\ h(t) = 0 & \text{其他} \end{cases}$$

该系统输入为功率谱密度等于 $6\ \mathrm{V}^2/\mathrm{Hz}$ 的白噪声。求系统输出分别在 $\tau = 0$、$\dfrac{1}{2}$、1 时的自相关函数值。

14.7　一系统的冲激响应为 $h(t) = (2e^{-t} - e^{-2t})\varepsilon(t)$,该系统的输入为功率谱密度等于 $12\ \mathrm{V}^2/\mathrm{Hz}$ 的白噪声,求系统输出的平均值和方均值。

14.8　RL 电路如图 P14-8 所示,将功率谱密度为 N_0 的白噪声 $X(t)$ 输入此电路。

（1）试以时域法求输出 $Y(t)$ 的自相关函数;

（2）求输入输出的互相关函数。

14.9　假设上题中输入过程的自相关函数为

$$R_{XX}(\tau) = \frac{\beta S_0}{2} e^{-\beta|\tau|}$$

求输出过程的自相关函数。

14.10　对于题 14.8,试以频域法求输出的各个功率谱密度。

14.11　图 P14-11 所示为一定时积分器的框图。其中 $\sum$ 为加法器。$\int$ 为积分器,表示 $\displaystyle\int_{-\infty}^{t} Y(\xi)\,\mathrm{d}\xi$。D 表示延迟时间 T 的延迟器。求:

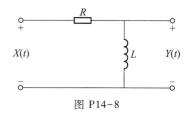

图 P14-8

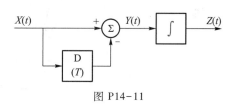

图 P14-11

（1）此系统的冲激响应;

（2）求此系统的直流增益;

（3）若以一谱密度为 N_0 的白噪声输入此系统,试用时域法求输出的方均值,再以频域法求此值并与前者核对。

14.12　将谱密度为 N_0 的白噪声输入一理想带通滤波器,此滤波器的通带带宽为 B,通带中心频率为 f_0,试求输出的自相关函数 $Y(t)$,并构作函数图。

14.13　$X(t)$ 是一广义平稳随机过程,其功率谱密度为 $S_{XX}(\omega)$。另一随机过程 $Y(t)$ 与 $X(t)$ 的关系为

$$Y(t) = \frac{1}{2T}\int_{t-T}^{t+T} X(\xi)\,\mathrm{d}\xi$$

试证明 $Y(t)$ 的功率谱密度为

$$S_{YY}(\omega) = S_{XX}(\omega)\left[\frac{\sin(\omega T)}{\omega T}\right]^2$$

14.14 一平稳随机过程 $X(t)$ 分别输入两个线性系统,这两个系统的冲激响应分别为 $h_1(t)$ 和 $h_2(t)$,它们的输出分别为 $Y_1(t)$ 和 $Y_2(t)$,如图 P14-14 所示。

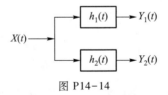

图 P14-14

(1) 若定义

$$g_{12}(-\tau) = \int_{-\infty}^{+\infty} h_1(\xi)h_2(\xi+\tau)\mathrm{d}\tau$$

为滤波器的互相关函数,试证明 $g_{12}(-\tau) = g_{21}(\tau)$;

(2) 求 $Y_1(t)$ 和 $Y_2(t)$ 的互相关函数 $R_{Y_1Y_2}(\tau)$ 与 $g_{12}(\tau)$、$R_{XX}(\tau)$ 的关系;

(3) 若 $h_1(t) = h_2(\tau) = h(t)$,输出 $Y_1(t) = Y_2(t) = Y(t)$,定义

$$g(\tau) = \int_{-\infty}^{+\infty} h(\xi)h(\xi+\tau)\mathrm{d}\xi$$

为滤波器的自相关函数,求两个输出过程的相关函数 $R_{YY}(\tau)$;

(4) 若 $h_1(t) = h(t)$,$h_2(t) = \delta(t)$(即直接连接),求此时滤波器的互相关函数及两个输出过程的互相关函数。

14.15 上题中若两个系统分别为 RC 滤波器,其参数如图 P14-15 所示。

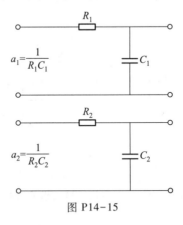

图 P14-15

(1) 试求这两个系统的滤波器互相关函数 $g_{12}(\tau)$;

(2) 设输入为白噪声,其自相关函数为 $R_{XX}(\tau) = N_0\delta(\tau)$,求输出 $Y_1(t)$ 和 $Y_2(t)$ 的互相关函数。

14.16 白噪声的功率谱密度为 $S_{NN}(\omega) = N_0$,将它输入图 P14-16 所示的 RLC 电路。试分别用下列方法求输出的相关函数:

(1) 先求出输出功率谱密度,然后转求相关函数;

（2）先由电路的冲激响应求出滤波器自相关函数,然后再求输出的相关函数,并和（1）相比较。

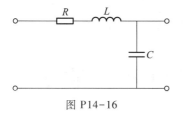

图 P14-16

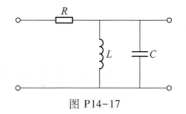

图 P14-17

14.17　图 P14-17 所示为一抑制白噪声的滤波器,其中 $R = \dfrac{1}{2}\sqrt{\dfrac{L}{C}}$。输入信号为 $X(t) = S(t) + N(t)$,其中 $N(t)$ 是功率谱密度为 N_0 的白噪声,$S(t)$ 为随机信号,其样本函数为

$$s(t) = a\cos(\omega_0 t + \theta)$$

式中 a 和 ω_0 为常数,θ 为均匀分布于 $[0, 2\pi]$ 间的随机变量 Θ 之值。信号与噪声不相关。

（1）求输出端的信号噪声功率比;

（2）增大 LC 将会对上述信噪比产生何种影响?

14.18　一个冲激响应为 $h(t)$ 的线性时不变系统对于联合平稳过程 $X_1(t)$ 和 $X_2(t)$ 的响应分别为 $Y_1(t)$ 和 $Y_2(t)$。若将两个过程 $X_1(t)$ 与 $X_2(t)$ 同时施加于此系统,试证明输出分量 $Y_1(t)$ 和 $Y_2(t)$ 的互相关函数为

$$R_{Y_1 Y_2}(\tau) = \int_{-\infty}^{\infty} \int_{-\infty}^{\infty} R_{X_1 X_2}(\tau + \xi_1 - \xi_2) h(\xi_1) h(\xi_2) \, \mathrm{d}\xi_1 \mathrm{d}\xi_2$$

14.19　试证明,匹配滤波器在同时输入频谱函数为 $F_S(\mathrm{j}\omega)$ 的信号及白噪声的情况下,在时刻 t_0 具有最大输出信噪比的最佳滤波器传输函数是

$$H_{\mathrm{opt}}(\mathrm{j}\omega) = K \cdot F_S^*(\mathrm{j}\omega) \mathrm{e}^{-\mathrm{j}\omega t_0}$$

其中 K 是任意常数,$F_S^*(\mathrm{j}\omega) = F_S(-\mathrm{j}\omega)$ 是 $F_S(\mathrm{j}\omega)$ 的复共轭函数。

14.20　一信号 $s(t)$,如图 P14-20 所示,与功率谱密度为 $0.1\ \mathrm{V^2/Hz}$ 的白噪声相混合。

（1）求在 $t_0 = 1$ 时输出信噪比最大的最佳滤波器的冲激响应并构作响应图;求此时的最大信噪比。

（2）若 $t_0 = 0$,重求（1）的结果。比较两者结果并作出解释。

14.21　匹配滤波器的输入信号是 $s(t) = A\mathrm{e}^{-\beta t}\varepsilon(t)$,同时输入的是功率谱密度为 N_0 的白噪声。试求对于某选定时刻 t_0 输出信噪比最大的最佳滤波器的冲激响应,并求该最大输出信噪比。

14.22　一角频率为 ω_0 的正弦信号与谱密度为 N_0 的白噪声同时存在。现在用如图 P14-1 所示的单节 RC 低通滤波器传输信号而使输出信噪比为最大,问滤波器的时间常数 RC 为何?

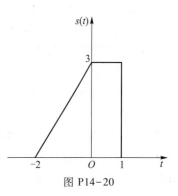

图 P14-20

信号与线性系统分析方法综述

到目前为止,本书对线性系统的分析方法作了较为全面的研究。这里对前面各章介绍的内容进行一个总的回顾。

正如本书的名称所说明的,在这里研究的对象有两个:一个是信号,一个是系统。两者是相互联系的:信号是系统处理的对象,而系统则是信号的载体。整个信号与系统的课程是围绕着线性系统对信号的响应这个主题展开的,相关的内容可以分为两部分:一个是信号的分析,另一部分是系统分析。

信号是信息的载体,它可以描述成某个自变量的函数,这个自变量可能是时间,也可能是空间等其他物理量或非物理量。考虑到本书的应用背景主要是电类专业的学生,为了便于理解和掌握信号分析的方法和各个物理量的本质,本书所涉及的信号多设为时间的函数。信号的许多特性都可以从时间波形上进行描述,例如波形的形状、大小,周期性信号的周期,脉冲信号的宽度和幅度,信号边沿变化的快慢等。对于随机信号而言,其均值、方差、自相关函数、互相关函数等统计值也是描述信号特性的重要参数。

信号分析的任务是将信号分解为多个简单信号的和,目的是便于求解线性系统对信号的响应。信号分析的过程实际上就是通过正交分解将信号分解为一系列的相互正交的子信号的和。根据子信号的不同,可以得到不同类型的变换,其中使用得最多的是傅里叶变换,这种变换将信号分解为一系列正弦函数的和。这里的正弦函数可以是实正弦函数,例如 $\sin(\omega t)$ 或者 $\cos(\omega t)$,也可以是复正弦信号 $e^{j\omega t}$,后者在数学处理上更加方便。对于确定性周期性连续信号而言,可以将其分解为一系列傅里叶级数的和;对于确定性连续非周期信号而言,则可以通过傅里叶变换分解为一系列幅度为无穷小的正弦信号的积分,在引入了奇异函数以后,周期性连续信号也可以用傅里叶变换进行分解;对于确定性周期性离散信号,可以通过离散傅里叶级数进行展开;而对于一般确定性离散信号,可以通过离散序列傅里叶变换进行分析。另外还有离散傅里叶变换,它可以用于对确定性有限长序列进行分析。通过傅里叶变换,可以得到信号的频谱密度函数或者频谱函数,据此可以得到信号的幅度频谱和相位频谱,并以幅频特性曲线和相频特性曲线这两种图形来表示,这就是信号的频谱图。对于随机信号而言,因为其信号波形的不确定性,用一般的幅频特性和相频特性很难描述,这时则转而用功率谱密度进行描述。随机信号的功率谱定义为随机信号的自相关函数的傅里叶变换,它同时也表示了随机信号在相关频率点上的功率的相对大小。通过信号的频谱,可以确定信号的其他一些特性,例如通频带的宽窄,相位特性的形状等。信号的频谱也包含了信号的全部信息。这种傅里叶分解方法物理意义明确,而且由于系统对正弦信号的响应很容易求出,所以在工程中有很大的实用价值。

信号的另外两种非常重要的分析方法就是拉普拉斯变换和 z 变换。这两种方法可以看成是傅里叶变换的扩展,它们将傅里叶变换中的子信号从幅度不变的正弦信号扩展为幅度可变的正弦信号,从而使得原先很多不能用傅里叶变换分析的信号也可以被分析了,使得这种正交分解的应用更加灵活。拉普拉斯变换和 z 变换分别是连续时间系统和离散时间系统分析的主要数学工具。

本书许多地方所称的线性系统实际上是线性时不变系统的简称。线性时不变系统的分析方法之所以重要,是因为一方面许多实用的系统是线性的而且是时不变的,还有不少非线性系统又是在指定的线性条件下工作的。另一方面,也因为线性时不变系统的分析方法已经发展得很成熟而形成了完整、严密的体系;相反,非线性和时变系统的分析方法距离这个水平还很远,目前对于这些系统的较为有效而实用的工程分析方法中,很多也是从线性时不变系统分析方法引申出来的近似方法。

线性时不变系统按其所处理的信号不同,可以分为**连续时间系统**和**离散时间系统**两类。在对这两种系统进行处理的过程里,很多方法是相同或者相似的,但是也有不同之处。下面从各个方面对线性系统的分析方法进行归纳,同时也说明两种系统在处理中的差异。

一、系统描述

这里首先讨论对线性系统的描述。对系统的描述方法有数学模型和框图两种。

在用数学模型描述系统时,对于连续时间系统是应用常系数线性微分方程去分析模拟信号的处理问题;而对于离散时间系统则是应用常系数线性差分方程去分析离散信号的处理问题。虽然方程的实质不同,但是形式上很相似。而用微分方程或差分方程描写系统也有两种方法。一种是输入-输出法,这种方法用高阶微分或差分方程描述系统输入和输出之间的关系,适用于描述单输入单输出的线性系统。对于线性时不变系统而言,这里的方程往往是一个常系数线性微分或差分方程。在连续时间系统和离散时间系统中都引入了算子(微分算子 p 和移序算子 S),以简化微分和差分方程的表达形式。另一种方法是状态变量描述法,用一组多变量的一阶微分或差分方程组描述系统。这种方法适用于描述多输入多输出系统,也便于对系统内部的状态进行深入研究。

在引入了积分变换(如傅里叶变换、拉普拉斯变换和 z 变换)以后,也可以用变换域中的系统传输函数来描述系统。这种描述方法与系统的微分方程和差分方程的描述方法有着紧密的关系,两者之间可以方便地相互转换。

系统的框图描述法是用理想化的运算单元的连接来描述线性系统。这种描述方法的优点在于它与实际的物理模型非常接近,有利于将来实现该系统。在连续时间系统的框图中,使用了加法器、标量乘法器和微分器三种基本的运算单元;在离散时间系统的描述中,也用到了加法器和标量乘法器,但用延时器替代了微分器。连续时间系统和离散时间系统的框图的构成规则几乎完全相同。

二、系统响应的求解

线性系统的响应的求解方法可以分为两类,一是时域分析法,二是变换域分析法。

1. 时域分析方法

这种方法直接在时域中求解分析连续时间系统的微分方程和离散时间系统的差分方程,直接得到响应的时域表达式。这种方法适用于求解系统对某具体输入信号的响应。时域求解方法又可以分为两大类。一类是经典解法,它将系统的解分为自然响应(或称通解)和受迫响应(或称特解)两部分求解,然后相加得到系统的全响应。这种解法在求解自然响应部分时比较简单,但是求解受迫响应部分时比较麻烦,特别是当输入信号非常复杂的时候,很难"猜"出受迫响应解的形式。第二类方法是近代时域解法,它将系统的响应分为零输入响应和零输出响应两个部分,分别求解,最后相加得到系统的全响应。这种方法是本书介绍的重点。在求解零输入响应时,因为不用考虑激励信号,所以一般仍然使用经典解法,这时只要解出自然响应即可。在求解零状态响应时,首先必须求出连续时间系统的冲激响应或离散时间系统的单位函数响应,然后通过与激励信号进行卷积积分(对连续系统)或卷积和(对离散系统),得到系统的零状态响应。

2. 变换域分析方法

这类分析方法通过积分变换,将原来求解时域中微分或差分方程的问题转换成为求解变换域中代数方程的问题,从而使求解过程简化。对于连续时间系统可以采用傅里叶变换或拉普拉斯变换求解,对于离散时间系统可以采用 z 变换求解。使用拉普拉斯变换和 z 变换求解系统响应时,可以一次性求出系统的全响应,也可以分零状态响应和零输入响应分别求解;使用傅里叶变换则能求出系统的零状态响应或稳态响应。无论哪种变换,优点都是表现在求解系统的零状态响应上,系统的零状态响应的变换解能够直接表示为激励信号的变换与系统传输函数的乘积,计算非常方便。这种求解方法在求解时往往要经过对激励信号的傅里叶、拉普拉斯或 z 变换和对零状态响应的反变换计算,计算量比较大。但是这些方法往往能够引出一些具有普遍性的概念,例如频响、稳定性等。

在诸多变换方法中,傅里叶变换方法有着其特殊的地位。这不仅由于它与其他变换有着紧密的联系,而且因为它有着很强的工程应用背景,由此导出的系统频响对实际系统应用有着重要的指导意义。实际上现在很多系统的特性就是用频率特性来描述的。

上述时域和变换域的方法一般是用于计算系统对确定性输入信号的响应。如果输入信号是一个随机信号,这时对系统的分析任务就有一定的改变。因为无法确认输入信号是随机信号中的哪个样本,研究系统对某个特定信号的响应就变得意义不大了,系统分析的任务变成了研究输入和输出信号的统计参量(例如平均值和方均误差等)的变化。对于系统对随机信号的分析也可以通过时域法或变换域法进行。在时域法中,在已知输入信号的一阶和二阶统计参量的条件下,可以通过系统的冲激响应计算出输出随机信号的平均值、方均值和自相关函数值,还可以计算出输入和输出之间的互相关函数;在变换域方法中,可以根据系统的系统函数和频域特性计算出系统输出的功率谱密度以及其他有关输出的统计参量。

三、系统特性分析

在对系统进行分析的时候,除了系统的频率特性以外,还有着很多特性需要研究,例如系统的稳定性、因果性、不失真传输特性、可控制性、可观测性等。这些特性对系统的实际应用具有很重要的意义。

对系统特性的判定可以在时域进行,也可以在变换域进行。在时域中,利用系统的冲激响应或单位函数响应,可以判定系统的稳定性和因果性。但是在很多情况下,用系统的变换域特性进行分析更为方便。例如,根据系统的传输函数的极零点分布,可以判定系统的稳定性。甚至在只有系统的特征方程、没有计算出极点位置的情况下,利用罗斯-霍维茨准则(在离散时间系统中还要辅以双线性变换)也可大致判别出极点的分布情况,从而判定系统的稳定性。

对系统的特性的判别也可以从状态方程着手,而且用状态方程可以更加全面地分析系统特性。状态方程中的 A 矩阵在系统特性判别中有着很重要作用。一方面在判别系统的稳定性时, A 矩阵的特征根直接反映了系统的极点。另一方面,在判定系统的可控制性和可观测性等特性的过程中, A 矩阵也是必不可少的。

以上从三个方面简单回顾了线性时不变系统的分析方法。线性时不变系统分析方法的基础,一方面是线性系统的叠加性和齐次性,另一方面是系统的时不变特性。系统的叠加性和齐次性决定了系统的响应可以分解为多个部分分别求解,从而使求解过程得到简化。例如,可以将系统的解分为零输入响应和零输出响应分别求解;零输入响应中各个初始条件可以分别计算其单独响应而后相叠加;零状态响应中系统对于输入信号的各分量的响应也可分别计算而后叠加得到对输入信号的响应。系统的时不变特性则是进行卷积运算时以及进行变换域分析的基础,正是因为系统对各不同时刻施加的冲激所产生的响应波形是完全相同的,从而导出了卷积积分或卷积和公式,同时也使系统的变换域分析更加方便。所以,系统的线性和时不变特性是本书中各种分析方法的核心。离开了这些基础,本书所讨论的整套分析方法也就都无效,或者要进行适当的修改,结论也就不可能那么简单了。非线性系统就是因为它不具备叠加特性,所以在分析上遇到了极大的困难。线性时变系统虽具备叠加特性,但其输出信号波形随输入信号的施加时间而变,在使用变换域法时也就显得不是很方便,失去了能把微分方程或差分方程变换成代数方程的优越性,因而分析时也很困难。

作为电气与电子类专业教材,本书中绝大多数实例都是电系统方面的,所涉及的大多数信号是随时间变化的电信号。正如本书第一章中所指出的,在实际应用中遇到的系统也可以是非电系统,例如机械系统、水利系统、天文系统等。这些系统与电系统有一些差异。首先,从物理模型提取出数学模型时所用的方法和依据的理论有所不同,例如在电系统中常常利用基尔霍夫电流和电压定律建立系统数学模型,而机械系统的依据常常是牛顿定理。其次,非电系统中的信号也不会是随时间变化的电信号,而是其他物理量,例如受力大小、物体的位置、加速度等。

尽管非电系统与电系统有这些差异,但从这些系统提取出的微分或差分方程的形式相同,这里介绍的时域和频域分析方法也可以直接用于这些非电系统的分析,很多系统分析的结论依然成立。在系统分析中的信号一般都是随时间变换的物理量,但是在实际应用中也可以是随其他参量变换的物理量,例如在图像处理中,一幅彩色的静止图像中各个位置上的图像元素的颜色可以表示一个以空间位置为自变量的函数,这个物理量或函数也可以用本书介绍的时域和变换域方法求解,只是在求解时有些参量的物理含义有些变化,例如对图形信号处理时,如果采用频域分析法,这时频率单位不再是由时间单位引出的赫兹,而是以长度单位引出的其他量。在静止图形处理中,空间变量有两个坐标,相应的信号是一个二维的信号,处理这个信号的系统也是二维系统。在运动图像处理中,信号也可以同时是二维空间和时间三个自变量的函数,由此可以引出三维信号以及处理三维信号的三维系统等。这些系统的分析方法和结论自然要比一维系统复杂,但是其基本方法和原理仍然与一维系统的分析相似。

当今计算机技术的迅猛发展,给线性时不变系统的分析带来了很多方便,也给线性非时变系统的分析带来了很多新的课题。通过计算机数值计算,可以求出系统对于任何信号的响应,而且可以达到很高的计算精度。这种计算机数值分析方法不仅可以用于线性系统的分析,也可以用于非线性系统的分析;不仅可以用于时不变系统的分析,而且可以用于时变系统的分析。这种分析方法已经在工程应用以及非线性科学研究中得到了广泛的应用并取得了很好的效果。可以预见,这种方法在今后的系统分析中将起到越来越大的作用。

部分习题参考答案

第 十 章

10.1 （1）$F(m) = \{20, 1+j7, -2, 1-j7\}$

（2）$F(m) = \{68, 1+j3, -6, 1-j3\}$

（3）$F(m) = \{8, 0, 0, 0, 0, 0, 0, 0\}$

（4）$F(m) = \{4, 1-j(\sqrt{2}+1), 0, 1-j(\sqrt{2}-1), 0, 1-j(\sqrt{2}-1), 0, 1-j(\sqrt{2}-1)\}$

（5）$F(m) = \{0, 8, 0, 0, 0, 0, 0, 8\}$

（6）$F(m) = \{0, 8e^{j\frac{\pi}{8}}, 0, 0, 0, 0, 0, 8e^{-j\frac{\pi}{8}}\}$

10.2 （1）$F(m) = 1 \quad m = 0, 1, 2, \cdots, N-1$

（2）$F(m) = W_N^{k_0 m} \quad m = 0, 1, 2, \cdots, N-1$

（3）$F(m) = \dfrac{1-a^N}{1-a W_N^m} \quad m = 0, 1, 2, \cdots, N-1$

（4）$F(m) = \begin{cases} N_0 + 1 & m = 0 \\ \dfrac{1 - W_N^{m(N_0+1)}}{1 - W_N^m} & m = 1, 2, \cdots, N-1 \end{cases}$

10.3 （1）$f(k) = \{3, 4, 5, 6\}$

（2）$f(k) = \{10, 20, 40, 80\}$

（3）$f(k) = \{32, 20, 40, 60\}$

（4）$f(k) = \{38, -2+j10, -2, -2-j10\}$

10.4 （1）$\dfrac{1}{N}, k = 0, 1, \cdots, N-1$

（5）$f(k) = \cos\left(\dfrac{2\pi}{N}N_0 k\right), k = 0, 1, \cdots, N-1$

10.5 $F(m) = \dfrac{1}{2}\left[\dfrac{1-e^{j\omega_0 N}}{1-e^{j\left(\omega_0 - \frac{2\pi m}{N}\right)}}e^{j\phi_0} + \dfrac{1-e^{-j\omega_0 N}}{1-e^{j\left(-\omega_0 - \frac{2\pi m}{N}\right)}}e^{-j\phi_0}\right]$

10.6 （1）$\{159, 189, 135, 147\}$

（2）$\{10, 10, 10, 10\}$

（3）$\{3,3,3,3\}$

（4）$\{4,1,2,3\}$

10.7 （1）循环卷积：$\{67,34,80,147,147,155\}$，线性卷积：$\{12,34,80,147,147,155,55\}$

（2）循环卷积：$\{5,3,6,10,9,7\}$，线性卷积：$\{1,3,6,7,10,9,7,4\}$

（3）循环卷积：$\{1,2,3,3,2,1\}$，线性卷积：$\{1,2,3,3,2,1\}$

（4）循环卷积：$\{0,1,2,3,4,0\}$，线性卷积：$\{0,1,2,3,4,0\}$

10.8 $Y(m) = \begin{cases} X\left(\dfrac{m}{L}\right) & m \text{ 为 } L \text{ 的倍数} \\ \dfrac{1}{N}\displaystyle\sum_{n=0}^{N-1} X(n)\dfrac{1-W_L^m}{1-W_{LN}^{-nL+m}} & \text{其他} \end{cases} \qquad k = 0,1,\cdots,LN-1$

10.9 $Y(m) = X((k))_N G_{LN}(k) \qquad k = 0,1,\cdots,LN-1$

10.10 $Y(m) = \begin{cases} L \cdot X\left(\dfrac{m}{L}\right) & m \text{ 为 } L \text{ 的倍数} \\ 0 & \text{其他} \end{cases}$

10.12 $X(m) = \dfrac{1}{2}\left[C(m)+C^*(N-m)\right], Y(m) = \dfrac{1}{\mathrm{j}2}\left[C(m)-C^*(N-m)\right]$

10.13 （1）$\dfrac{1}{2}\left[X((m+N_0))_N + X((m-N_0))_N\right]G_N(m)$

（2）$\dfrac{1}{2}\left[X((m+N_0))_N - X((m-N_0))_N\right]G_N(m)$

10.18 $\dfrac{z^n-1}{z^n-z^{n-1}}$

10.19 $\dfrac{1}{16}$ s，小于 8 Hz。

10.20 （1）<40 kHz，1 s，40 000点 （2）1 kHz，40点 （3）利用公式（10-29）内插

10.23 $0,16,8,24,4,20,12,28,2,18,10,26,6,22,14,30,$

$1,17,9,25,5,21,13,29,3,19,11,27,7,23,15,31$

10.24 $F(5) = 2-\mathrm{j}3, F(6) = 1-\mathrm{j}, F(7) = -\mathrm{j}, \displaystyle\sum_{k=0}^{7} f^2(k) = \dfrac{61}{8}$

10.25 任意两个序列间的卷积和或相关函数都为零

10.26 加法次数为 $\dfrac{N}{2}\log_2 N - \dfrac{N}{2}$，乘法次数为 $\dfrac{N}{4}\log_2 N + \dfrac{3}{4}N$

10.27 （1）$F(m) = \{298 \quad -120 \quad -120 \quad 62 \quad -76 \quad 54 \quad 26 \quad -44\}$

（2）$F(m) = \{64 \quad -32 \quad 0 \quad -16 \quad 0 \quad 0 \quad 0 \quad -8\}$

（3）$F(m) = \{224 \quad -32 \quad 0 \quad -16 \quad 0 \quad 0 \quad 0 \quad -8\}$

10.29 （1）$F(m) = \left\{\dfrac{67}{3}\sqrt{3} \quad -\dfrac{17}{2}\sqrt{2} \quad \dfrac{7}{6}\sqrt{6}\right\}$

（2）$F(m) = \{3\sqrt{3} \quad -2\sqrt{2} \quad 0\}$

（3）$F(m) = \{13\sqrt{3} \quad -2\sqrt{2} \quad 0\}$

第 十 一 章

11.1　(2) $\cos[5\pi\times10^4(t-k_0\times10^{-5})]+\cos[\pi\times10^4(t-k_0\times10^{-5})]$

　　　(3) $9\times10^{-6}\cos[5\pi\times10^4(t-k_0\times10^{-5})]+3.13\times10^{-5}\cos[\pi\times10^4(t-k_0\times10^{-5})]$

11.2　(1) FIR,MA　　(2) IIR,ARMA　　(3) IIR　　(4) IIR,AR

11.3　(1) 对　　(2) 对　　(3) 对　　(4) 错

11.4　(1) $H(z)=\dfrac{(e^{-T}-e^{-4T})z}{3[z^2-2e^{-2T}z+e^{-4T}]}$

　　　(2) $H(z)=\dfrac{-z\sin(4T)}{4[z^2-2e^{-T}\cos(4T)z+e^{-2T}]}$

　　　(3) $H(z)=\dfrac{ze^{-2T}}{z^2-2e^{-2T}z+e^{-4T}}$

　　　(4) 无法用冲激响应不变变换法求解

11.5　$H(z)=\dfrac{33\,542z}{z^2-3.064\,4z+5.913\,0}$

11.6　(1) $H(z)=\dfrac{z^2+2z+1}{\left(4+\dfrac{10}{T}+\dfrac{4}{T^2}\right)z^2+\left(8-\dfrac{8}{T^2}\right)z+\left(4-\dfrac{10}{T}+\dfrac{4}{T^2}\right)}$

　　　(2) $H(z)=\dfrac{z^2+2z+1}{\left(17+\dfrac{4}{T}+\dfrac{4}{T^2}\right)z^2+\left(34-\dfrac{8}{T^2}\right)z+\left(17-\dfrac{4}{T}+\dfrac{4}{T^2}\right)}$

　　　(3) $H(z)=\dfrac{z^2+2z+1}{\left(4+\dfrac{8}{T}+\dfrac{4}{T^2}\right)z^2+\left(8-\dfrac{8}{T^2}\right)z+\left(4-\dfrac{8}{T}+\dfrac{4}{T^2}\right)}$

　　　(4) $H(z)=1$

11.7　$H(z)=\dfrac{0.206\,6z^2+0.413\,1z+0.206\,6}{z^2-0.369\,5z+0.195\,8}$

11.8　(1) 是　　(2) 不是　　(3) 不是　　(4) 是　　(5) 不是

11.9　$H(e^{j\omega T})=A(\omega T)e^{-j\frac{N-1}{2}\omega}$

11.10　$h(k)=\dfrac{\sin\dfrac{\pi}{3}(k-4.5)}{\pi(k-4.5)}$或

　　　$\{-0.070\,7,-0.045\,5,0.063\,7,0.212\,2,0.318\,3,0.318\,3,0.212\,2,0.063\,7,-0.045\,5,-0.070\,7\}$

11.11　$\{0,-0.010\,1,0.028\,3,0.141\,5,0.282\,9,0.282\,9,0.141\,5,0.028\,3,-0.010\,1,0\}$

　　　$\{0,-0.005\,3,0.026\,3,0.159\,2,0.308\,7,0.308\,7,0.159\,2,0.026\,3,-0.005\,3,0\}$

　　　$\{-0.005\,7,-0.008\,5,0.029\,3,0.163\,4,0.309\,5,0.309\,5,0.163\,4,0.029\,3,-0.008\,5,-0.005\,7\}$

　　　$\{0,-0.002\,3,0.016\,4,0.133\,7,0.302\,8,0.302\,8,0.133\,7,0.016\,4,-0.002\,3,0\}$

11. 13 $t_0 = \dfrac{N-1}{2}T, h(k) = \begin{cases} 2\pi & k = \dfrac{N-1}{2} \\[3mm] \dfrac{2}{k - \dfrac{N-1}{2}}\left[1 - \cos\left(k - \dfrac{N-1}{2}\right)\pi\right] & \text{其他} \end{cases}$

11. 14 $h(k) = \dfrac{1}{8}\left[1 + 2\cos\left(\dfrac{\pi}{2}k - \dfrac{7\pi}{4}\right) + 2\cos\left(\dfrac{3\pi}{4}k - \dfrac{21\pi}{8}\right)\right]$

11. 16   （1） $H_2(m) = (-1)^m H_1(m)$

        （3） $F(z) = z^{-k_0}, +\infty \geqslant |z| > 0$

第 十 二 章

12. 1   （1） $p(x) = \dfrac{1}{2\sqrt{2\pi}}e^{-\frac{(x-2)^2}{8}}$

        （2） 0.5

        （3） 0.683 2

12. 3   （1） $\overline{X} = 2$ （2） $\overline{X^2} = \dfrac{37}{3}$

        （3） $\sigma_X^2 = \dfrac{25}{3}$ （4） $E[(X-\overline{X})^4] = 125$

12. 4   （1） $\phi(u) = e^{ju\overline{X} - \frac{u^2\sigma_X^2}{2}}$

        （2） $E[(X-\overline{X})^n] = \begin{cases} 0 & n \text{ 为奇数} \\ 1 \cdot 3 \cdot 5 \cdot \cdots \cdot (n-1)\sigma^n & n \text{ 为偶数} \end{cases}$

12. 5   （1） 0   （2） $\dfrac{1}{8}$ （3） 1

12. 6   （2） $P = 5\text{ W}$

12. 7   （1） $p(x) = \begin{cases} \dfrac{4(x-a)}{(b-a)^2} & a < x \leqslant \dfrac{a+b}{2} \\[3mm] \dfrac{-4(x-b)}{(b-a)^2} & \dfrac{a+b}{2} < x \leqslant b \\[3mm] 0, & \text{其他} \end{cases}$

        （2） $\overline{X} = \dfrac{a+b}{2}$

        （3） $\sigma_X^2 = \dfrac{(b-a)^2}{24}$

12. 8   （1） $A = \dfrac{1}{4}$ （2） $\dfrac{1}{4}$ （3） -2

12. 9 $\overline{Y} = 1.33$， $\overline{Y^2} = 3.20$， $\sigma_X^2 = 1.42$

12. 10   （1） $p_Y(y) = \dfrac{1}{|a|}p_X\left(\dfrac{y-b}{a}\right)$

（2）$\overline{Y}=a\,\overline{X}+b,\sigma_Y^2=a^2\sigma_X^2$

12.13　（1）$p(x\mid M)=\begin{cases}\dfrac{2}{\pi\sqrt{1-x^2}} & -1<x<1 \\ 0 & 其他\end{cases}$

　　　　（2）$E[X\mid M]=\dfrac{2}{\pi}$

12.14　$p(x\mid M)=\begin{cases}\dfrac{x}{4} & -1<x<3 \\ 0 & 其他\end{cases}$

12.15　（1）$p_R(r\mid R>r_0)=\begin{cases}\dfrac{p_R(r)}{e^{-\frac{r_0^2}{2}}} & r>r_0 \\ 0 & r\leqslant r_0\end{cases}$

　　　　（2）$r_0+\sqrt{2\pi}\,e^{-\frac{r_0^2}{2}}\Phi(-r_0)$，式中 $\Phi(-r_0)$ 为归一化高斯密度函数

12.19　（1）$K=12$

　　　　（2）$P(x,y)=(1-e^{-3x})(1-e^{-4y}),x>0,y>0$

　　　　（3）$P\{0<X\leqslant1,0<Y\leqslant2\}=(1-e^{-3})(1-e^{-8})$

　　　　（4）$p_X(x)=\begin{cases}3e^{-3x} & x>0 \\ 0 & 其他\end{cases}$

　　　　　　$p_Y(y)=\begin{cases}4e^{-4y} & y>0 \\ 0 & 其他\end{cases}$

12.20　（1）$E[XY]=\dfrac{1}{4}(x_1+x_2)(y_1+y_2)$

　　　　（2）$p(x)=\dfrac{1}{x_2-x_1}$，　$p(y)=\dfrac{1}{y_2-y_1}$，

　　　　（3）$\dfrac{1}{3}$，　$\dfrac{1}{6}$

12.21　$f_W(w)=\begin{cases}\dfrac{w}{a} & 0\leqslant w<a \\[2mm] \dfrac{1}{b} & a\leqslant w<b \\[2mm] \dfrac{a+b-w}{ab} & b\leqslant w<a+b \\[2mm] 0 & w\geqslant a+b\end{cases}$

12.22　（1）$f_X(x)=e^{-x}\varepsilon(x),f_Y(y)=\dfrac{1}{(y+1)^2}\varepsilon(y)$,不独立

　　　　（2）$f_Y(y\mid x)=xe^{-xy}\varepsilon(x)\varepsilon(y)$

12.23　（1）$\overline{W}=1$

(2) $\sigma_W^2 - 3$

第 十 三 章

13.3　(1) 5,50,25　(2) $0,A^2,A^2$　(3) $0,A^2,A^2$

13.4　$R_{XX}(\tau) = e^{j\omega_0\tau}\displaystyle\sum_{n=1}^{N}\overline{A_n^2}$

13.6　$R_{XX}(\tau) = \dfrac{A^2}{2}\cos(\omega\tau) + B^2 e^{-a|\tau|}$

13.7　(1) $\overline{X^2} = 5,\sigma^2 = 5$　(3) $\dfrac{P_{SS}}{P_{NN}} = \dfrac{1}{4}$

13.8　(1) $R_{ZZ}(\tau) = 13(9 + e^{-3\tau^2})[2e^{-2|\tau|}\cos(\omega\tau)]$　(2) $\overline{Z} = 0$

13.9　(2) $R_{XY}(t,t+\tau) = -\sigma^2\sin(\omega_0\tau)$

13.11　(2) 1　(5) 0.5　(7) 1

13.12　$\dfrac{1}{6}$

13.13　$S_{XX}(\omega) = \dfrac{\pi}{2}\Big\{a_0^2\delta(\omega) + \displaystyle\sum_{n=1}^{\infty}(a_n^2 + b_n^2)[\delta(\omega - n\omega_0) + \delta(\omega + n\omega_0)]\Big\}$

13.14　(1) $R_{NN}(\tau) = \dfrac{N_0\omega_c}{\pi}\left[\dfrac{\sin(\omega_c\tau)}{\omega_c\tau}\right]$

　　　　(2) $R_{NN}(\tau) = A^2 e^{-a|\tau|}\cos(\beta\tau)\ (A,a,\beta\ 待定)$

13.15　$S_{XX}(\omega) = \dfrac{2Aa}{\omega^2 + a^2}$

13.16　(1) 5　(2) 0.02

13.17　(2) $R_{XX}(\tau) = \dfrac{5}{2}\left[\dfrac{\sin(10\tau)}{10\tau}\right]$

　　　　(3) $S_{XX}(\omega) = \dfrac{\pi}{4}[\varepsilon(\omega+10) - \varepsilon(\omega-10)]$

13.18　$S_{XX}(\omega) = \dfrac{A\alpha}{(\omega-\omega_0)^2 + \alpha^2} + \dfrac{A\alpha}{(\omega+\omega_0)^2 + \alpha^2}$

13.20　(1) $S_{ZZ}(\omega) = S_{XX}(\omega) + S_{YY}(\omega) + S_{XY}(\omega) + S_{YX}(\omega)$

　　　　(2) $S_{XY}(\omega) = S_{YX}(\omega) = 2\pi\,\overline{X}\,\overline{Y}\delta(\omega)$

　　　　(3) $S_{XZ}(\omega) = S_{XX}(\omega) + S_{XY}(\omega)$

第 十 四 章

14.1　$\overline{Y} = \overline{X}$

14.2　$\overline{Y^2} = 25\pi$

14.3　$R_{YY}(\tau) = \dfrac{1}{3} + \dfrac{\alpha^2\cos(2\pi\tau)}{2(\alpha^2 + 4\pi^2)},\quad \alpha = \dfrac{1}{RC}$

14.4　（1）$\overline{Y}=0$

（2）$P_{YY}=\dfrac{\alpha N_0}{2}$,　$\alpha=\dfrac{R}{L}$

（3）$R_{YY}(\tau)=\dfrac{\alpha N_0}{2}e^{-\alpha|\tau|}$, $-\infty<\tau<\infty$

（4）$S_{YY}(\omega)=\dfrac{\alpha^2 N_0}{\alpha^2+\omega_0^2}$

14.6　$2,\dfrac{5}{8},0$

14.7　$0,11$

14.8　（1）$R_{YY}(\tau)=N_0\left[\delta(\tau)-\dfrac{R}{2L}e^{-\frac{R}{L}|\tau|}\right]$

（2）$R_{XY}(\tau)=N_0\left[\delta(\tau)-\dfrac{R}{L}e^{-\frac{R}{L}\tau}\varepsilon(\tau)\right]$

（3）$R_{YX}(\tau)=N_0\left[\delta(\tau)-\dfrac{R}{L}e^{\frac{R}{L}\tau}\varepsilon(-\tau)\right]$

14.9　$R_{YY}(\tau)=\dfrac{\beta^2 S_0}{2\left[\left(\dfrac{R}{L}\right)^2-\beta^2\right]}\left[\dfrac{R}{L}e^{-\frac{R}{L}|\tau|}-\beta e^{-\beta|\tau|}\right]$

14.10　$S_{YY}(\omega)=N_0-\dfrac{\alpha^2 N_0}{\omega^2+\alpha^2}$, $\alpha=\dfrac{R}{L}$

14.11　（1）$h(t)=\varepsilon(t)-\varepsilon(t-T)$　（2）T　（3）$N_0 T$

14.12　$R_{YY}(\tau)=2N_0 B\cos(2\pi f_0\tau)\left[\dfrac{\sin(\pi\beta\tau)}{\pi\beta\tau}\right]$

14.14　（2）$R_{Y_1Y_2}(\tau)=g_{12}(\tau)*R_{XX}(\tau)$

（3）$R_{YY}(\tau)=g(\tau)*R_{XX}(\tau)$

（4）$g_{12}(\tau)=h(\tau),R_{XY}(\tau)=h(\tau)*R_{XX}(\tau)$

14.15　（1）$\begin{cases}g_{12}(\tau)=\dfrac{\alpha_1\alpha_2}{\alpha_1+\alpha_2}e^{-\alpha_2\tau}&\tau\geqslant 0\\[2mm]g_{12}(\tau)=\dfrac{\alpha_2\alpha_1}{\alpha_1+\alpha_2}e^{\alpha_1\tau}&\tau<0\end{cases}$

（2）$\begin{cases}R_{Y_1Y_2}(\tau)=\dfrac{N_0\alpha_1\alpha_2}{\alpha_1+\alpha_2}e^{-\alpha_2\tau}&\tau\geqslant 0\\[2mm]R_{Y_1Y_2}(\tau)=\dfrac{N_0\alpha_1\alpha_2}{\alpha_1+\alpha_2}e^{\alpha_1\tau}&\tau<0\end{cases}$

14.20　（1）$h_{\text{opt}}(t)=\varepsilon(1-t)\varepsilon(t)$, $\left[\dfrac{y_s^2(t_0)}{y_N^2(t_0)}\right]_{\max}=150$

（2）$h_{\mathrm{opt}}(t) = \varepsilon(-t)\varepsilon(t)$，$\left[\dfrac{y_s^2(t_0)}{y_N^2(t_0)}\right]_{\max} = 60$

14.21 $h_{\mathrm{opt}}(t) = A\mathrm{e}^{-3(t_0-t)}\varepsilon(t)$，$\left[\dfrac{y_s^2(t_0)}{y_N^2(t_0)}\right]_{\max} = \dfrac{A^2}{2\beta N_0}(1-\mathrm{e}^{-2\beta t_0})$

14.22 $RC = \omega_0$

索　引

B

C

D

E

K

L

M

N

P

X

Y

Z

参 考 文 献

［1］ 郑君里,杨为理,应启珩.信号与系统(上、下册)[M].北京:高等教育出版社,1981.

［2］ 郑君里,应启珩,杨为理.信号与系统(上、下册)[M].2 版.北京:高等教育出版社,2000.

［3］ 吴大正,杨林耀,张永瑞.信号与线性系统分析[M].3 版.北京:高等教育出版社,1998.

［4］ 刘永健.信号与线性系统[M].北京:人民邮电出版社,1985.

［5］ Oppenheim A V, et al. Signals & Systems[M].2nd ed.Prentice-Hall Inc.,1997.

［6］ 郑钧.线性系统分析[M].毛培法,译.北京:科学出版社,1978.

［7］ Siebert W M. Circuits, Signals, and Systems[M]. The MIT Press, McGraw-Hill Book Company, 1986.

［8］ Lathi B P. Signals, Systems, and Controls[M]. Intext Educational Publishers, 1974.

［9］ Frederick Dean K,Carlson A Bruce.Linear Systems in Communication and Control[M]. John Wiley and Sons, Inc.,1971.

［10］ Gabel R A,Roberts R A. Signals and Linear Systems[M].3rd ed. John Wiley and Sons, Inc.,1987.

［11］ Liu C L,Liu Jane W S.Linear System Analysis[M]. McGraw-Hill Inc.,1975.

［12］ Lago G,Benningfield L M. Circuit and System Theory[M]. John Wiley and Sons, Inc.,1979.

［13］ 德陶佐 M L,等.系统、网络与计算:基本概念[M].江缉光等,译.北京:人民教育出版社,1978.

［14］ Mason S J,Zimmermann H J. Electronic Circuits, Signals, and Systems[M]. John Wiley and Sons, Inc.,1960.

［15］ 拉斯 B P.通信系统[M].路卢正,译.北京:国防工业出版社,1976.

［16］ 施瓦茨 M.信息传输、调制和噪声[M].柴振明,译.2 版.北京:人民邮电出版社,1979.

［17］ Muth E J. Transform Methods with Applications to Engineering and Operations Research[M]. Prentice-Hall, Inc.,1977.

［18］ Papoulis A. The Fourier Integral and It's Applications [M]. McGraw-Hill Book Company, Inc.,1962.

［19］ Jury E I. Theory and Application of the Z-Transform Method[M]. John Wiley and Sons Inc., 1964.

［20］ Kuo F F. Network Analysis and Synthesis[M]. John Wiley and Sons, Inc., 1962.

［21］ Balabanian N, Bickart T A, Seshu S. Electrical Network Theory[M]. John Wiley and Sons, Inc., 1969.

［22］ 江泽佳.网络分析的状态变量法[M].北京:人民教育出版社,1978.

［23］　斯坦利 W D.数字信号处理［M］.常迥,译.北京:科学出版社,1979.

［24］　Cadzow J A. Discrete-Time Systems, Probabilistic Methods of Signal and System Analysis［M］. Holt, Rinehart and Winston, Inc., 1971.

［25］　Peebles P Z. Probability, Random Variables, and Random Signal Principles［M］. McGraw-Hill, New York, 1980.

［26］　Wong E. Introduction to Random Processes［M］. Dowden & Culver, Inc., 1983.

［27］　帕普里斯 A.电路与系统,模拟与数字新讲法［M］.葛果行等,译.北京:人民邮电出版社,1983.

［28］　吴镇扬.数字信号处理［M］.2 版.北京:高等教育出版社,2010.